MESSERSCHMITT ME 262

GEHEIME PRODUKTIONSSTÄTTEN

Alexander Kartschall

Motor
buch
Verlag

Einbandgestaltung: Frank Zähringer

Bildnachweis: Die zur Illustration dieses Buches verwendeten Aufnahmen stammen – wenn nicht anderes vermerkt ist – aus dem Privatarchiv des Verfassers oder aus dem Bildarchiv des Vereins k.u.k. Kriegsmarinearchiv Wien.

ISBN 978-3-613-04258-2

1. Auflage 2020

Sie finden uns im Internet unter www.motorbuch-verlag.de

Lektorat: Alexander Burden
Innengestaltung: WS – WerbeService Linke, 76185 Karlsruhe
Druck und Bindung: Graspo CZ, 76302 Zlin
Printed in Czech Republic

Inhalt

Einleitung 5

1 Die Me 262 7
- 1.1 Die Entwicklung des Strahltriebwerks 7
- 1.2 Die Entwicklung der Me 262 12
- 1.3 Me 262A-1a Jäger 17
- 1.4 Me 262 A-2a Blitzbomber 18
- 1.5 Die Me 262 als Nachtjäger 20
- 1.6 Me 262 A-1a/U3, 262 A-5a und andere 21

2 Produktion gegen Ende des Krieges 23
- 2.1 Bombenangriffe auf deutsche Industrie 23
- 2.2 Dezentralisierung der Fertigung 23
- 2.3 Auswirkungen der Dezentralisierung auf die Produktion 24
- 2.4 Jägerstab und Rüstungsstab 24
- 2.5 Produktion und Zwangsarbeit 29
- 2.6 U-Verlagerungen 30
- 2.6.1 Beispiel einer U-Verlagerung in St. Astier, Frankreich 33
- 2.7 Großbunker 36

3 Vom Modellflugzeug zum Industriebetrieb 38
- 3.1 Willy Messerschmitt 38
- 3.2 Flugzeugbau Messerschmitt, Bamberg 38
- 3.3 Bayerische Flugzeugwerke AG 39
- 3.4 Neuanfang der BFW AG 41
- 3.5 BFW AG wird zur Messerschmitt AG 43
- 3.6 Die Absetzung Messerschmitts 43

4 Die Produktion der Me 262 45
- 4.1 Montagelinien 50
- 4.2 Herstellung der Rumpfspitze 52
- 4.3 Herstellung des Rumpfes 56
- 4.4 Herstellung der Tragfläche 60

5 Produktionsstandorte 70
- 5.1 Messerschmitt AG, Augsburg 70
- 5.2 Messerschmitt GmbH, Regensburg 72
- 5.2.1 Regensburger Produktion im KZ Flossenbürg 75
- 5.3 Tragflächen aus Gablingen 76
- 5.4 Triebwerksverkleidungen aus Lauingen 76
- 5.5 Rumpfmontage in Obernzell bei Passau 77
- 5.6 Rumpfspitzen aus Günzburg 80
- 5.7 Leitwerke von Blohm und Voss sowie der DLH Staaken 80
- 5.8 Produktion im »Protektorat Böhmen und Mähren« 82
- 5.8.1 Führerraumwannen aus Franzensthal 82
- 5.8.2 Aufklärer aus Eger (Cheb) 82
- 5.8.3 Rumpfnasen von Avia, Prag 82
- 5.8.4 Endmontage bei Leichtbau Budweis 83
- 5.8.5 Sumag GmbH in Klösterle an der Eger 83
- 5.8.6 Triebwerke von CKD Prag-Vysocany 83
- 5.9 Vorrichtungsbau im Allgäu 86
- 5.9.1 Spinnerei und Weberei Kottern 86
- 5.9.2 Mechanische Weberei Fischen 86
- 5.10 Betriebe für Teileproduktion 88
- 5.10.1 Landmaschinen Dechenreiter, Bäumenheim 88
- 5.10.2 Textilweberei Holzhey, Schwabmünchen 88
- 5.10.3 Spinnerei Ay bei Senden 88
- 5.10.4 Messerschmitt GmbH, Ratingen 91
- 5.11 Produktion des Jumo 004 Strahltriebwerks 91
- 5.12 Fahrwerke von Opel, Rüsselsheim 93

6 U-Verlagerungen der Messerschmitt-Werke 94
- 6.1 »Oberbayerische Forschungsanstalt« und Stollen »Cerusit« 94
- 6.2 Messerschmitt Kematen, Tirol (»Seelachs«) 94
- 6.3 Erzgrube bei Schwaz, Tirol (»Stichling«) 98

6.4 Herdfabrik Homann bei Sprockhövel (»Kauz«) 98
6.5 Gläser Karosserie GmbH bei Lunzenau (»Flamingo«) 98
6.6 »Bergkristall«, St. Georgen an der Gusen 99
6.6.1 Hauptlager Mauthausen 99
6.6.2 Außenlager Gusen I und II 99
6.7 »REIMAHG« bei Kahla in Thüringen 102
6.8 Saal / Donau (»Ring-Me«) 107
6.9 Olympiatunnel Eschenlohe (»Ente«) 108

7 Verlagerungen im Großraum Stuttgart 112
7.1 Presswerk Leonberg 114
7.2 Zelthalle Münchingen 122
7.3 »Stoffel« in Vaihingen/Enz 122
7.4 Flugplatz Großsachsenheim 134
7.5 Projekt »Galenit« in Unterriexingen 142

8 Großbunker 155
8.1 Aufbau der Großbunker 155
8.2 »Weingut II« bei Landsberg/Lech 155
8.3 »Weingut I« bei Mühldorf 158
8.4 »Biber« bei Glesch an der Erft 161

9 Waldwerke 162
9.1 »Gauting« bei Hagelstadt 169
9.2 Gerätebau Leipheim 172
9.3 Autobedarf GmbH, Schwäbisch Hall 178
9.4 »Stauffen« bei Obertraubling 184
9.5 Kuno AG Werk I bei Burgau 192
9.6 Kuno AG Werk II bei Riedheim 195
9.7 »Sand & Kieswerk Kießling & Co.« bei Neuburg/Donau 197
9.8 »Blechschmiede« Horgau 200
9.9 »Nachrüstbetrieb Nord«, Brandenburg-Briest 202
9.10 Geplantes Waldwerk, »Burghausen 3« 202
9.11 Weitere Wald- und Montagewerke 212
9.11.1 Kitzingen 212
9.11.2 Cham 212
9.11.3 Erding 212
9.11.4 Bodenwöhr 214
9.11.5 Vilseck 214

Anhang A – Zeitleiste 217
Anhang B – Produktionsstätten 219
Anhang C – Fertigungs- und Lieferantenübersicht 225
Anhang – D Verlagerungsplan Stand Juli 1944 226
Anhang – E Endmontage 8-609 227
Anhang – F Produktionszahlen 230
Anhang – G Abkürzungsverzeichnis 234
Anhang – H Archive 235
Anhang – I Literaturverzeichnis 236

Einleitung

»Wie kommen Sie dazu, sich mit diesem Thema zu beschäftigen?« fragen mich viele, wenn ich bei meinen zahlreichen Besuchen in diversen Archiven und Museen erzähle, dass ich Ingenieur bin und in der Automobilindustrie arbeite. Die Antwort darauf ist meist etwas umfangreicher: als Modellflieger entstand die Faszination für Flugzeuge aus dem zweiten Weltkrieg, als Ingenieur beschäftigt man sich dann ganz automatisch mit der Technik der Originale und wird schließlich von der Faszination dieser außergewöhnlichen Technik angesteckt. Je mehr man sich mit der Materie auseinandersetzt, desto größer werden die Fragen, wie so außergewöhnliche Flugzeuge wie die Me 262 gegen Ende des zweiten Weltkriegs überhaupt noch in dieser Menge produziert werden konnten. Stochert man tiefer, stößt man auf die spektakulären Verlagerungsbetriebe in Großbunkern und Höhlen und wird ergriffen von der Faszination, welche von diesen ausgehen. Wie war das nur möglich, solche Höhlensysteme in der Endphase des zweiten Weltkrieges in dieser Größe zu bauen? Spätestens dann trifft man auf das erste Konzentrationslager und den dunklen Teil dieser Geschichte. Ich stellte fest, dass diese beiden Welten, auf der einen Seite die Faszination für die Technik, auf der anderen die Vermittlung der Geschichte dieses unsäglichen Leids welches den KZ-Häftlingen angetan wurde doch recht weit auseinanderliegen. Auf der einen Seite gibt es das Technik-Buch oder das Museum, in welchem die Technik im Vordergrund steht und das Thema Zwangsarbeit zwar erwähnt, aber auch nicht weiter erläutert wird. Auf der anderen Seite gibt es KZ-Gedenkstätten, in welchen das unmenschliche Leid und die Verbrechen an erster Stelle stehen und der technische Hintergrund nur am Rande erwähnt wird. Beides zu verschmelzen, findet nur selten statt.

Seit ich mich intensiv mit dieser Thematik auseinandergesetzt habe, betrachtete ich beide Seiten dieser Welten, weil sie meiner Meinung nach untrennbar miteinander verbunden sind. Denn ohne die Mithilfe der Zwangsarbeiter wäre es nicht möglich gewesen, ein Flugzeug wie die Me 262 überhaupt erst produzieren zu können. Ohne sie hätte es keine Produktionsbetriebe, keine benutzbaren Flugplätze, keine bombensichere Untertage-Verlagerungen und keine funktionierende Infrastruktur gegeben. In diesem Werk habe ich versucht, diese beiden Welten miteinander zu verschmelzen.

Um zu verstehen unter welchen Umständen dieses

Flugzeug entstanden ist, ist es genauso wichtig die politischen Verhältnisse zu verstehen, wie es nach den ersten Bombenangriffen 1943 und schließlich nach der »Big Week« im Februar 1944 zu immensen Schäden an den Flugzeugwerken kam, wie man in Form des Jägerstabes die Produktion mit allen Mitteln versuchte wieder anzukurbeln und wie rigoros man dabei vorging, nicht nur durch den massenhaften Einsatz von Zwangsarbeitern und KZ-Häftlingen sondern auch unter dem großen Druck auf die Industrie durch den Jägerstab, das Reichsluftfahrtministerium und das Ministerium für Rüstung und Kriegsproduktion. Erst im Zusammenhang mit den zeitlichen Gegebenheiten ist es verständlich, warum diese großen Anstrengungen in den letzten Monaten des Krieges unternommen wurden.

Es gibt zu diesem Thema zahlreiche Primärquellen wie z.B. die vielen Jägerstabprotokolle und viele andere Dokumente der Messerschmitt AG aus dem Bundesarchiv, die Berichte der USSBS (United States Strategic Bombing Survey) und der CIOS (Combined Intelligence Objectives Sub-Committee) sowie etliche weitere Dokumente der Messerschmitt AG aus der U.S. National Archives and Records Administration, dem Imperial War Museum in London und dem Archiv der Airbus Corporate Heritage. Zum technischen Hintergrund existieren sehr viele Sekundärquellen, allen voran das Buch von Manfred Jurleit – »Messerschmitt Me 262 die Technikgeschichte« sowie das Buch »Rüstung, Krieg und Sklaverei« von Michael Sylvester Koziol, der nicht nur die Geschichte des Fliegerhorstes und des KZ Hessental recherchiert hat, sondern viele weitere Details zur Endmontage in den Waldwerken durch Interviews von Zeitzeugen herausfinden konnte. Ebenfalls sehr erschöpfend sind die Dissertationen von Ralf Schabel (»Die Illusion der Wunderwaffen«) und aus der Sicht der Zwangsarbeit und KZ-Systeme diejenige von Jens-Christian Wagner (»Produktion des Todes: das KZ Mittelbau-Dora«). Zum technischen Hintergrund seien vor allem die Werke aus der Reihe »Die deutsche Luftfahrt« aus dem Bernhard & Graefe Verlag genannt, hieraus insbesondere die Werke »Die ersten Strahlflugzeuge der Welt« von Wolfgang Wagner, »Die Entwicklung der deutschen Jagdflugzeuge« von Rüdiger Kosin sowie »Flugmotoren und Strahltriebwerke« von Kyrill von Gersdorff in welchen sehr viele Primärquellen und Zeitzeugenaussagen verwertet wurden.

Durch die vielen kleinen Verlagerungsbetriebe ist es schwierig, hier Informationen zu finden. Meist beschäftigen sich kleine Ortsgruppen oder Heimatvereine mit dem Thema, da hier aber oft auch KZ-Häftlinge beschäftigt wurden findet man viele Hinweise auf diese Betriebe in den umfassenden Werken von Wolfgang Benz und Barbara Distel unter dem Titel »Der Ort des Terrors« in mehreren Bänden. Weiterhin sind viele lokale Historiker mittlerweile dabei, die Geschehnisse ihrer Heimat aufzuarbeiten und zu veröffentlichen, wie z.B. das Buch von Dr. Manfred Scheck »Zwangsarbeit und Massensterben« über das KZ in Vaihingen/Enz und das Bunkerbauvorhaben »Stoffel« sowie das Buch von Gisela Mahnkopf »Blechschmiede Horgau – KZ-Außenlager und Waldfabrik für die NS-Rüstungsproduktion«, in welchem dieses Waldwerk nicht nur ausführlich beschrieben, sondern auch noch detailliert vermessen und dokumentiert wurde.

Durch die Nähe meines Wohnortes zu Leonberg und Vaihingen/Enz habe ich etliche unbekannte Dinge aufdecken können, so habe ich die bisher unbekannte Lage des KZ Unterriexingen gefunden und herausgefunden, dass in Großsachsenheim eine Endmontagelinie für die Me 262 gebaut werden sollte für welche die Stollen im Enzhang bei Unterriexingen dienen sollten.

Dieses Buch soll einen Eindruck davon vermitteln, unter welchen Umständen die Me 262 entstanden ist, wie die Produktion der Einzelteile erst in zahlreiche Einzelbetriebe auf dem Land ausgelagert wurde, wie Großbaugruppen in Tunnels und Bergwerken entstanden sind, die Endmontage in Wäldern versteckt erfolgte und schließlich wie alles später wieder in Großbunkern vereint werden sollte. Aber auch, unter welchen Umständen dies alles geschah, ausgetragen auf dem Rücken zehntausender Zwangsarbeiter und KZ-Häftlingen, von denen tausende den Tod fanden. Diese beiden Welten sind untrennbar miteinander verbunden.

Bedanken möchte ich mich an dieser Stelle ganz besonders bei Peter Schmoll, Karl Rentschler, Stefan Lackner, dem Flugplatzmuseum Schwäbisch Hall und hier im besonderen Herrn Michael Sylvester Koziol, dem Flugplatzmuseum Leipheim mit Martin Mayer und Nicole Schneider von der Stadt Leipheim, Holger Korsten und Eberhard Röhm von der KZ-Gedenkstätte Leonberg, Dr. Manfred Scheck von der KZ-Gedenkstätte Vaihingen/Enz sowie Hans-Ulrich Willbold von der Airbus Corporate Heritage, ohne deren Mithilfe dieses Werk in dieser Form nicht hätte realisiert werden können.

Diese zweite, überarbeitete Fassung entstand zwei Jahre nach der Veröffentlichung des ersten Buches, wo ich noch zahlreiche weitere Quellen in den USA erschließen konnte. Außerdem wurde es mir Möglich, das Archiv der Airbus Space and Defence (Airbus Corporate Heritage) zu besuchen und die dortigen Unterlagen zu sichten. Durch zahlreiche Zuschriften und neue Kontakte zu Museen und lokalen Historikern ergaben sich so viele neue Erkenntnisse, dass eine Überarbeitung und eine Ergänzung der ursprünglichen Fassung unausweichlich wurde.

Alexander Kartschall

1 Die Me 262

Die Me 262 war das erste in Serie gebaute Düsenflugzeug der Welt und wurde gegen Ende des zweiten Weltkrieges als Jäger (»Schwalbe«) und Jagdbomber (»Sturmvogel«) eingesetzt. Sie war neben dem ersten weltweit in Serie gebauten Marschflugkörper Fi 103 (»V1«) und der ersten funktionsfähigen Großrakete mit Flüssigkeitstriebwerk Aggregat 4 (»V2«) eine der »Wunderwaffen« Hitlers, um in den letzten Kriegsmonaten doch noch eine Wende des Krieges herbeizuführen.

Schon vor dem Krieg beschäftigte sich die Firma Heinkel um Physiker und Aerodynamiker Hans Joachim Papst von Ohain mit der Entwicklung von Strahltriebwerken. Die neuartige Technik wurde vom Reichsluftfahrtministerium (RLM) gefördert, parallel zu Heinkel gab man bei Motorenherstellern wie Junkers und BMW ebenfalls die Entwicklung der Strahlturbine in Auftrag, um eine möglichst breit gefächerte Auswahl von Entwürfen zu erhalten und die Entwicklung zu beschleunigen. Da diese Technologie noch ganz am Anfang stand, gab es mehrere verschiedene Konzepte und man musste daraus das erfolgversprechendste auswählen. Die Wahl fiel schlussendlich auf die Axialturbine mit mehrstufigem Verdichter, die Firmen Junkers, BMW und Heinkel sollten diese Turbinen zur Serienreife bringen und produzieren.

Die Entwicklung der Triebwerke war sehr mühsam, da es sich um eine völlig neuartige Technik handelte. Hinzu kam kriegsbedingt die Knappheit an Ingenieuren, Facharbeitern und Materialien, vor allem wegen letzterem musste die Turbine nach erfolgreicher Erprobung und Einsatz erster Muster grundlegend geändert werden, da vor allem Nickel, Molybdän und Kobalt nicht in ausreichendem Maße zur Verfügung standen. Durch den Wegfall dieser für die Temperaturbeständigkeit so wichtigen Rohstoffe musste das Triebwerk grundlegend umkonstruiert werden um alternative Materialien zu erproben und heiße Bauteile besser kühlen zu können, was eine erhebliche Verzögerung im Serienanlauf bedeutete. Ebenfalls erschwerten die zunehmenden alliierten Bombenangriffe auf die Flugzeugwerke und Zulieferindustrie die Entwicklung zusehends.

1.1 Die Entwicklung des Strahltriebwerks

Während seines Physik-Studiums in Göttingen begann der Student Hans Joachim Pabst von Ohain, sich Gedanken über ein Strömungstriebwerk mit Radialverdichter und Radialturbine zu machen. 1934 kam er dabei zum Schluss, dass er ein Verdichtungsverhältnis von 3:1 und eine Gastemperatur von 650°C bis 760°C benötigen würde, um damit ein Flugzeug bis auf 800 km/h beschleunigen zu können[1]. 1935 ließ sich von Ohain seine Idee patentieren und begann, mit dem Automechaniker Max Hahn in dessen Autowerkstatt Bartels & Becker in Göttingen ein solches Aggregat zu bauen. Hahn modifizierte die Pläne von Ohains nach den technischen Möglichkeiten und dessen finanziellen Mitteln[2]. Die ersten Probeläufe wurden in der Werkstatt in der Rheinhäuser Landstraße 18a durchgeführt, mit Unterstützung Professor Pohls von der Universität Göttingen wurde das Aggregat hinsichtlich Druck- und Temperaturverteilung vermessen, es funktionierte aber trotz mehrerer Änderungen nicht, da die Brennkammer nicht zuverlässig arbeitete. Im gleichen Jahr promovierte von Ohain an der Universität Göttingen mit einer Arbeit zur Wellentheorie von Licht und Schall. Sein Doktorvater, Professor Robert Wichard Pohl, erkannte das Potential von Ohains Erfindung und machte diese Ernst Heinkel bekannt. Am 17. März 1936 kam es zu einem Treffen zwischen von Ohain, Hahn und Heinkel, der von dieser Idee sofort begeistert war und die beiden Männer engagierte. Von Ohain bekam eine eigene Arbeitsgruppe mit dem Ingenieur Wilhelm Gundermann zugeteilt, sie mussten im Geheimen arbeiten, da Heinkel befürchtete, dass das Ministerium den Arbeiten nicht zustimmen würde[3].

Am 15. April 1936 begannen von Ohain und Hahn mit der Entwicklung eines weiteren Aggregats (He S2) bei Heinkel in Rostock-Marienehe, wo mit einem weiteren Mitarbeiter und einem technischen Zeich-

[1] Gerdsdorff, Schubert, Grasmann, Ebert; Flugmotoren und Strahltriebwerke: Heinkel-Triebwerke ab 1935, S. 273

[2] Spektrum, Zeitschrift der Universität Göttingen, Nr. 2/95, »Meine Liebe war die wahre Physik«, S. 12

[3] ebenda

Max Hahn mit dem Demonstrationstriebwerk. (SZ Foto)

ner die Abteilung Sonderentwicklungen gegründet wurde. Da die Brennkammer mit Benzin nicht beherrschbar war, verwendete man stattdessen Wasserstoff, was in weiten Mischungsbereichen einfacher brennbar und somit leichter zu beherrschen war, was die Entwicklung wesentlich beschleunigte. Da die Lagerung und die Abdichtungsmöglichkeiten bei radialem Verdichter und Turbine durch ein fast perfektes Kräfte- und Druckgleichgewicht einfacher waren, wählte man diese Anordnung. Im März 1937 lief das Triebwerk zum ersten Mal auf dem Prüfstand und erreichte einen Schub von 1,27 kN (130 kp) bei einer Drehzahl von 10.000 1/min was der Entwicklung einen großen Schub verlieh, da nun auch die letzten Zweifler von der Zukunft des Strahltriebwerks überzeugt waren.

1935 holt der Generaldirektor von Junkers in Dessau, Dr. Heinrich Koppenberg, den an der Technischen Hochschule Berlin lehrenden Prof. Dr.-Ing. Herbert Wagner zu Junkers mit der Absicht, ein Höhenflugzeug mit dazu passendem Antrieb zu entwickeln. Er erkannte, dass der Schnellflug in Verbindung mit dem Höhenflug nur durch ein Luftstrahltriebwerk zu verwirklichen war[4]. 1936 holte er seinen ehemaligen Assistenten in Berlin, Max Adolf Müller, zu sich, der zusammen mit Wilhelm Peppler und Rudolf Friedrich im Magdeburger Zweigwerk der Junkerswerke mit der Entwicklung einer Fluggasturbine axialer Durchströmung begann[5]. Man führte zahlreiche Versuche mit Verdichtern und Brennkammern durch. Durch diese Arbeiten wurde das RLM auf diese Antriebsart aufmerksam[6].

Bei von Ohains Versuchen bereitete das Einspritzen und Verbrennen von Benzin weiterhin große Schwierigkeiten beim Anlassen und bei niedrigen Drehzahlen, weshalb man weiterhin Wasserstoff verwendete und schließlich dazu überging, das Benzin vorzuverdampfen. Max Hahn schlug Ende 1937 eine Umlenkbrennkammer vor, in welche der Kraftstoff über ein Vorverdampfungssystem eingebracht wurde.

[4] Wagner, die ersten Strahflugzeuge der Welt, S. 45
[5] Gerdsdorff, Schubert, Grasmann, Ebert; Flugmotoren und Strahltriebwerke; Junkers-Triebwerke, S. 299
[6] Wagner, die ersten Strahflugzeuge der Welt, S. 45

Dieses System wurde bei der nachfolgenden Entwicklung, der He S3, angewendet. Dieses Triebwerk sollte 4,9 kN (500 kp) erreichen, auf dem Prüfstand behalf man sich weiterhin zum Anlassen mit Wasserstoff. Im Frühjahr 1938 lief das Triebwerk zum ersten Mal auf dem Prüfstand und erreichte 4,4 kN (450 kp), es war nun in weiten Bereichen beim Anlassen, Beschleunigen und bei Schubänderungen stabil.

Im August 1938 fand in München eine Sondertagung der Lilienthal-Stiftung zum Thema »Flugwerk und Triebwerk« statt, wobei Professor Karl Leist einen Vortrag über Gasturbinen hielt und erwähnte, dass bei der Deutschen Versuchsanstalt für Luftfahrt (DVL) in Berlin-Adlershof eine Anzahl dieser Sondertriebwerke rechnerisch untersucht wurden – von den Entwicklungen bei Heinkel wussten nur sehr wenige etwas[7]. Im Herbst 1938 unternahmen die beiden Referenten des Refarats für Sondertriebwerke im RLM, Helmut Schelp und Hans Mauch, eine Rundreise zu diversen Flugmotorenherstellern, um sie für die Entwicklung von Strahltriebwerken zu begeistern, wobei sie aber auf wenig Begeisterung stießen, lediglich bei Bramo (Brandenburgische Motorenwerke) zeigte man Interesse wo man Anfang 1939 einen Entwicklungsauftrag erteilte dessen Leitung Dr. Hermann Oestrich übernahm[8]. Auch BMW zeigte Interesse am Strahlantrieb, wo man mit der Entwicklung eines Axial-Triebwerks mit siebenstufigem Verdichter und zweistufiger Turbine unter der Projektbezeichnung F9225 begann.

Anfang 1939 lief das erste Versuchstriebwerk bei Junkers Magdeburg. Weitere Versuche konnten aber nicht durchgeführt werden, da der Leiter der Abteilung, Max Adolf Müller, zu Heinkel wechselte und die restliche Abteilung nach Dessau über- und Dr. Anselm Franz unterstellt wurde. Da mit dem Weggang Müllers und einem Teil seiner Truppe zu Heinkel das Wissen verschwand und auch das Versuchstriebwerk in Dessau nicht wieder gestartet werden konnte, begann man bei Junkers wieder bei null was ab Juli 1939 unter Dr. Anselm Franz mit 30 bis 40 Mitarbeitern geschah. Durch gute Erfahrungen mit einem sechsstufigen Axialverdichter, welcher 1934/35 zusammen mit der AVA Göttingen parallel zu einem Radiallader für die Aufladung eines Kolbenmotors gebaut wurde, legte man sich auf eine reine Axialmaschine fest. Man verwendete Einzelbrennkammern, da man auf den Versuchsprüfständen nur die Druckluftmenge für diesen relativ kleinen Brenner zur Verfügung hatte.

Heinkel drängte unterdessen darauf, sein Aggregat zum Fliegen zu bringen und ließ als streng gehütetes Firmengeheimnis ein Flugzeug dafür bauen, die He 178. Das erste von zwei Versuchsaggregaten wurde unter eine He 118 gehängt, um damit im Flug Erprobungen durchführen zu können. Das zweite Aggregat wurde nach dessen Fertigstellung in die He 178 gebaut, wo es am 27. August 1939 von Heinkels Testpilot Erich Warsitz geflogen wurde – der erste Flug eines Strahlgetriebenen Flugzeugs überhaupt. Geflogen wurde aus Geheimhaltungsgründen morgens zwischen 4 und 5 Uhr, da die Existenz dieses Flugzeugs noch nicht einmal dem Reichsluftfahrtministerium bekannt war[9].

Unterdessen übernahm im September 1939 BMW die Firma Bramo, wobei die bisher bei BMW laufende Strahltriebwerks-Entwicklung im Werk Spandau unter Dr. Oestrich zusammengefasst wurde. Man untersuchte weiterhin die axiale und die radiale Bauweise und stellte einige Berechnungen hierzu an. Das rein axiale Triebwerk lief dabei unter der Projektbezeichnung P3302.

Im Oktober 1939 begann Heinkel eine größere Entwicklungsabteilung aufzubauen, von denen sich eine Gruppe mit Triebwerken mit radialem Verdichter und eine weitere mit axialem Verdichter auseinandersetzte, eine dritte Gruppe befasste sich mit Motor-Luftstrahltriebwerken, zahlreiche Versuchseinrichtungen und Prüfstände wurden dafür gebaut. Nachdem die He 178 schließlich am 1. November 1939 vor Udet, Göring und Lucht vorgeflogen wurde, verkannten diese das Potential dieser Entwicklung und gaben dieser keine besondere Priorität[10]. Trotzdem legte Helmut Schelp Ende 1939 ein erstes Entwicklungsprogramm fest, welches sechs Strahltriebwerke umfasste[11]:

RLM-Nummer	Name	Verantwortlicher
109-001	Heinkel He S8	Dr. von Ohain
109-002	Weinrich TL* bei BMW (P3303)	Dr. Oestrich
109-003	BMW 003 (P3302)	Dr. Oestrich
109-004	Jumo 004	Dr. Franz
109-006	Heinkel He S30	M.A. Müller
109-007	Daimler-Benz ZTL	Prof. Leist

* gegenläufiges Triebwerk, benannt nach seinem Erfinder Weinrich

[7] Gerdsdorff, Schubert, Grasmann, Ebert; Flugmotoren und Strahltriebwerke; Karl Prestel: BMW-Triebwerke S. 269
[8] ebenda; S. 284
[9] ebenda, S. 276
[10] ebenda, S. 277
[11] ebenda, S. 270

He 178 (NARA)

1939 lief bei Heinkel das überarbeitete He S3, das He S3B mit nun 4,9 kN (500 kp) sowie das He S6, ein überarbeitetes He S3B mit 5,8 kN (600 kp). Bei Junkers in Dessau unter Dr. Anselm Franz entwickelte man in Zusammenarbeit mit der Aerodynamischen Versuchsanstalt (AVA) in Göttingen einen achtstufigen Axialverdichter mit einem Druckverhältnis von 3.1, der einen Wirkungsgrad von ca. 75 lieferte. Die sechs Brennkammern erhielten zur besseren Zerstäubung des eingespritzten Kraftstoffs Dralleinsätze, die einstufige Turbine wurde in enger Zusammenarbeit mit der Firma AEG entwickelt[12]. Das erste Jumo 004-Triebwerk lief am 11. Oktober 1940 zum ersten Mal in Dessau. Man hatte noch Probleme mit Schwingungen der Leitschaufeln des Verdichters, erst nach dem Lösen des Problems im August 1941 erreichte das Triebwerk einen Schub von 5,8 kN (600 kp).

Bei BMW entschied man sich indes bei der Entwicklung des P3302 für einen sechsstufigem Verdichter und ein Druckverhältnis von 2.7. Es kam zu Problemen mit der Brennkammer, es waren viele Versuche nötig um diese zum Funktionieren zu bringen. Bei der Turbine konnte man auf Erfahrung mit Abgasturboladern zurückgreifen, weshalb man von Anfang an gekühlte, hohle Turbinenschaufeln verwendete. 1940 wurde die Konstruktion des P3302 beendet und gegen Ende des Jahres der erste Prototyp hergestellt, welcher am 20. Februar 1941 auf dem Prüfstand lief.

Nach der He S3B entwickelte man bei Heinkel die He S8, wie die bisherigen Triebwerke mit Radialverdichter und Radialturbine, aber mit vor dem Verdichter angeschlossenem, einstufigem Voraxialverdichter. Im Gegensatz zu den vorangegangenen Turbinen war die Brennkammer nun zwischen den beiden Radialstufen angeordnet, was das Triebwerk zwar länger, aber deutlich kleiner im Durchmesser werden ließ. Das Aggregat lieferte 7,4 kN (750 kp) und flog am 30. Mai 1941 erstmals in der zweistrahligen He 280. Ebenfalls 1941 erarbeitete der von Junkers zu Heinkel gewechselte Max Adolf Müller mit seinem Team die He S30, einem reinen Axialtriebwerk welches zuletzt 8,0 kN (820 kp) Schubkraft lieferte. Da das Jumo 004 und das BMW 003 allerdings kurz vor der Serienfertigung stand, ließ man das He 30 zugunsten derer fallen.

Bei Junkers absolvierte das Jumo 004 A Triebwerk am 06. August 1941 den ersten 10-Stunden-Dauerlauf. Aufgrund der guten Prüfstandsergebnisse erteilte das RLM einen ersten Fertigungsauftrag von 80 Jumo 004 A Turbinen. Ab dem Sommer 1941 begann man mit der radikalen Umkonstruktion des Jumo 004 A Triebwerks, da es die für die warmfesten Werkstoffe benötigten Legierungsbestandteile Nickel, Chrom und Molybdän im dritten Kriegsjahr nicht mehr in ausreichender Menge für eine Serienproduktion gab. Die Turbinenschaufeln der A-Triebwerke bestanden aus dem Krupp-Werkstoff Tinidur, welcher aus 30% Nickel, 15% Chrom und

[12] Wagner, Die ersten Strahlflugzeuge der Welt, S. 229

1,7% Titan bestanden. Viele Teile wurden nun aus Tiefziehblech »Fliegerwerkstoff 1010« gefertigt, dessen Oberfläche eine Aluminiumschicht als Oxydationsschutz erhielt. Die Turbinenschaufeln wurden nun nicht mehr aus dem Vollen gefräst, sondern wie bei BMW und Heinkel als Hohlschaufeln ausgeführt, zur Kühlung dieser und der Leitschaufeln und der Schubdüse wurde ab der 4. Verdichterstufe zwischen 5% und 6% Luft abgezweigt. Sie bestanden nun aus dem Werkstoff Cromadur, welcher aus 13% Chrom, 18% Mangan und 0,7% Vanadium oder Nickel bestanden[13].

Bei BMW kämpfte man mit vielen Problemen und Rückschlägen bei der Entwicklung des P3302, so hatte man beispielsweise Risse zwischen Turbinenschaufel und Leitscheibe, Schäden an den Turbinenschaufeln bereits bei 8000 1/min, Probleme mit der Brennkammer u.s.w. außerdem war die Verdichterförderhöhe von 10.000m zu niedrig weshalb man von 6 auf 7 Stufen gehen musste um eine Förderhöhe von 11.500m zu erreichen. Man erreichte mit diesem Triebwerk einen Schub von 4,5 kN (450 kp) und führte damit am 25. März 1942 den ersten Flug in einer Me 262 durch, welche allerdings kurz nach dem Start wegen defekter Triebwerke wieder landen musste.

Am 15. März 1942 begann die Flugerprobung bei Junkers mit dem Jumo 004 A Triebwerk, welches man unter eine Me 110 hängte, in Rechlin unternahm man Testflüge mit einer Ju 88. Am 18. Juli 1942 fand der erste rein strahlgetriebene Flug der Me 262 mit dem Testpilot Fritz Wendel in Leipheim statt. Der Flug dauerte 12 Minuten, die Triebwerke funktionierten einwandfrei.

Da man mit der Auslegung bei BMW nicht die erforderlichen Schubwerte erreichte, begann man mit der Neuauslegung des Triebwerks, mit welchem man schon Ende 1942 auf den Prüfstand konnte. Durch die Anhebung der Nenndrehzahl von 9000 1/min auf 9500 1/min konnte man den Luftdurchsatz um 30% erhöhen, der Durchmesser des Triebwerks vergrößerte sich von 600 auf 690mm. Erstmals kam ein verschiebbarer Düsenpilz zur Anwendung, mit welchem man den Massenstrom durch das Triebwerk regeln konnte. Die verschweißten Turbinenschaufeln wurden durch eine Entwicklung der Fa. Leistritz in Nürnberg ersetzt, welche nun durch sechs zylindrische Stifte eingesetzt wurden. Die Schaufeln verfügten außerdem über einen Kühllufteinsatz, der in den Schaufelfuß mit eingepresst wurde. Die endgültig eingesetzte Schaufel kam jedoch von der Württembergischen Metallwaren Fabrik in Geislingen (WMF), welche aus einem leicht konisch gewalzen Blech gefertigt, in Gesenken gebogen, an der Austrittseite und am Fuß unter Schutzgas geschweißt wurden[14]. Für die Kühlung dieser Schaufeln wurde zwischen 2 und 2,5% der verdichteten Luft abgezweigt und durch die hohlen Turbinenschaufeln geleitet. Geregelt wurde das Triebwerk, indem der Pilot eine bestimmte Drehzahl eingestellt hat, die der Regler mit der Einspritzung einer bestimmten Menge Kraftstoff konstant hielt. Als Regler verwendete man den Jumo Isodromregler den man vom Jumo 004 übernahm. Für das Anlassen des Triebwerks entwickelte man ein Anlassystem mit Flugbenzin (B4), das Triebwerk selbst lief mit Dieselkraftstoff (J2), der Anlassvorgang selbst wurde mit einem Riedel-Anlasser vorgenommen, einem kleinen, sehr kompakten 2-Zylinder-Boxer 2-Takt-Motor der vorne im Lufteinlauf saß und der elektrisch gestartet werden konnte. Das Triebwerk leistete im Serienstand 7,85 kN (800 kp). 1943 begann die Fertigung der 0-Serie des BMW 109-003 A-0 Triebwerks (BMW-Bezeichnung BMW 003 A0), die Erprobung fand unter einer Ju 88 statt.

Im Juni 1943 lief das umkonstruierte Jumo 004 B-0 zum ersten Mal auf dem Prüfstand und erzeugte 8,9 kN (900 kp) Schub, wobei allerdings Schwingungsbrüche an den Turbinenschaufeln durch eine Resonanz mit den sechs Brennkammern auftraten wodurch man die Drehzahl von 9000 1/min auf 8700 1/min zurücknehmen musste, um nicht in den Resonanzbereich zu kommen. Die ersten Triebwerke hatten zu Beginn eine Laufzeit von 25, später 50 Stunden. Das Anlassen der Triebwerke musste nach einer sehr genau einzuhaltenden Prozedur erfolgen, um ein Überhitzen der Turbine oder das Ausgehen des Triebwerkes zu vermeiden. Im Betrieb musste der Pilot lediglich einen Hebel pro Triebwerk bedienen, mit welchem er die Belastungsstufe des Triebwerks bestimmte. Die Höchstdrehzahl durfte maximal 15 Minuten lang gehalten werden.

In erster Linie hatte der Pilot auf die Temperaturanzeigen zu achten, die einen bestimmten Wert nicht überschreiten durften. Der Regler selbst war so ausgelegt, dass er das Triebwerk vor mechanischer oder thermischer Überlastung schützte, indem er die verstellbare Schubdüse und die Einspritzmenge entsprechend regelte. Mit der Schubdüse bestimmte man den Gegendruck und dadurch die Temperatur, mit der Einspritzmenge die Turbinendrehzahl. Wie das BMW-Triebwerk wurde das Jumo-Aggregat mit J2 (Dieselöl) betrieben.

Ab Februar 1944 wurden laufend Jumo 004 B-1 Triebwerke an Messerschmitt geliefert, die ersten Flugzeuge kamen im April 1944 zum Einsatz, in den letzten Monaten 1944 wurde das 004 B-1 vom 004 B-4 mit hohlen Turbinenschaufeln ersetzt. Im Früh-

[13] Gerdsdorff, Schubert, Grasmann, Ebert, Flugmotoren und Strahltriebwerke, S. 301
[14] ebenda, S. 287

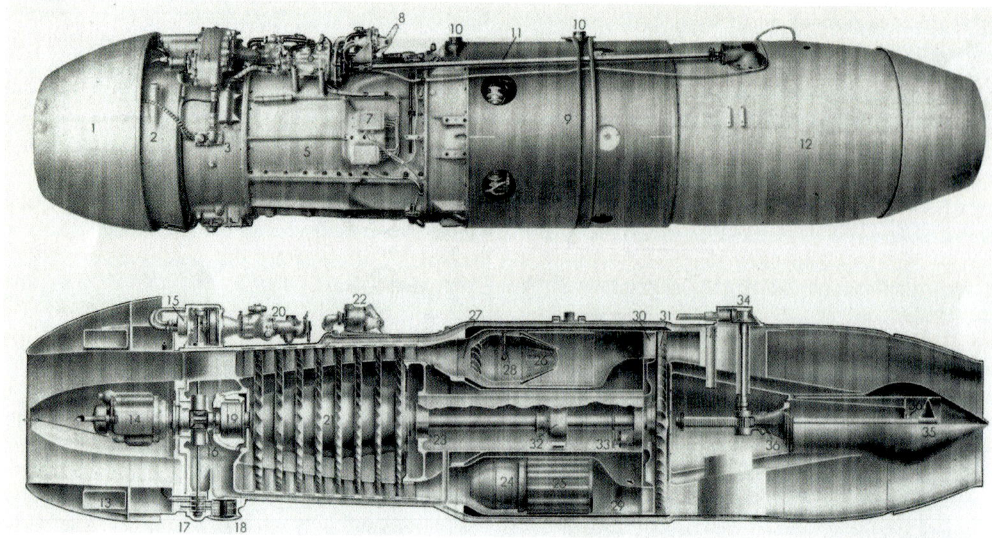

Das in Serie gefertigte Jumo 004 B-1 Triebwerk.

sommer 1944 fanden die ersten viermotorigen Flüge mit einer Ar234 mit BMW 003 A-0 Triebwerken statt, am 6. Dezember 1944 startete zum ersten Mal eine He 162 mit BMW 003 A-0 Triebwerk. Für die Serienfertigung unterschied man später zwischen dem BMW 003 A-1 für Ar 234 und dem BMW 003 E-1 für die He 162. Gebaut wurden 100 0-Serientriebwerke und ca. 450 Serientriebwerke für die Ar 234 und He 162. Gebaut wurden sie anfangs im BMW-Werk Spandau und Basdorf (Wandlitz), die Blechteile kamen aus Eisenach. Anfang 1945 wurde die Produktion in ein Salzbergwerk bei Staßfurt, 400 bis 600m unter die Erde verlegt. Die Produktion des Jumo 004 Triebwerks wird in Kapitel 5.11 näher beschrieben.

1.2 Die Entwicklung der Me 262

Im Herbst 1938 begann man bei der Messerschmitt AG mit der Entwicklung der Zelle eines Strahlflugzeugs, nachdem bei Heinkel bereits ein Versuchsflugzeug mit Turbinenantrieb erfolgreich geflogen ist (He 178). Auch Heinkel arbeitete an einem 2-strahligen Turbinenjäger (He 280), schlussendlich konnte sich aber Messerschmitt mit seinem Entwurf durchsetzen.

Das Reichsluftfahrtministerium (RLM) initiierte bereits 1938/39 die Entwicklung eines Strahltriebwerks, welches parallel bei Junkers und BMW stattfand. Da die Technik noch völlig neu war, konnte erst 1942 das erste Flugzeug, die Me 262, mit einem solchen Triebwerk abheben. Erst im Juli 1944 war die Serienproduktion des Jumo 004 Möglich, produziert wurden 6000 Einheiten dieses Triebwerks wobei aber nur etwa die Hälfte an Messerschmitt geliefert wurden. Die restlichen Einheiten wurden zu Versuchszwecken benutzt oder für die Ar 234 verwendet.

Das BMW 003 Triebwerk war erst ab Ende 1944/ Anfang 1945 einsatzbereit und wurde in der He 162 verbaut[15]. Im April 1941 war der erste Prototyp der Me 262 fertiggestellt, da aber die Entwicklung der Turbinen noch andauerte, rüstete man diesen mit einem Jumo 210G Kolbenmotor aus (der Motor wurde bei der frühen Bf 109 C und D verbaut, war besonders leicht und deshalb für die Montage in die Bugspitze geeignet, hatte aber nur 750 PS) und führte damit ab dem 18. April 1941 die ersten Flugversuche in Augsburg durch. Fritz Wendel schreibt dazu: *»Am Abend um 19:35 Uhr startete ich dann zum ersten Flug in der Geschichte mit der Me 262. Die Schwierigkeiten in diesem Flug lagen darin, dass in die schwere Flugzeugzelle ein verhältnismäßig schwerer Motor eingebaut war. Das Gesamtgewicht war 2660 kg, die Motorleistung 750 PS. Dazu kam noch, dass die Me 262 ein sogenanntes Schnellflugzeugprofil hatte, ein vollkommen symme-*

[15] USSBS, Aircraft Division, Report No. 4, Industry Report, S. 102

trisches Profil, welches eine hohe Abhebegeschwindigkeit voraussetzte. Es war also zu erwarten, dass ich eine sehr hohe Startstrecke benötigen würde. Die Bedingungen auf unserem Augsburger Flugplatz standen dazu allerdings in krassem Gegensatz. Der Start glückte erfreulicherweise gut, wenn ich auch den Platz ungefähr bis zum letzten Meter ausnützen musste. Ich war, soweit ich es nach diesem Flug beurteilen konnte, mit den Flugeigenschaften sehr zufrieden. Die Höchstgeschwindigkeit dieses mit Luftschraube angetriebenen Versuchsmusters lag nur bei 420 km/h. Deshalb musste ich das Verhalten bei höheren Geschwindigkeiten durch Bahnneigungsflüge mit Vollgas untersuchen. Dabei ergab sich zweifelsfrei, dass so etwa bei 540 km/h die anscheinend ‚unvermeidlichen' Leitwerksschwingungen auch an diesem Muster auftraten. […] Die Maschine hat uns von allen unseren Baumustern, die den Namen Messerschmitt trugen, die wenigsten Schwierigkeiten verursacht. Änderungen waren fast gar nicht notwendig. Wir konnten nun an den Einbau der ersten Düsentriebwerke denken«.[16]

Kurz zuvor am 2. April hob in Rostock die He 280 V1 mit Heinkel Strahltriebwerken mit reinem Strahlantrieb ab. Erst im März 1942 waren die ersten BMW P3302 Strahltriebwerke für die Me 262 fertig gestellt, man brauchte bei Messerschmitt noch einmal knapp einen Monat um die Triebwerke in die Zelle der V-1 einzubauen und zu installieren, während man den Kolbenmotor eingebaut ließ. Fritz Wendel: *»Am 25. März 1942 stand meine Me 262 V-1 startklar auf unserem Flugplatz Augsburg. Es war damals noch eine Kunst, diese Sondertriebwerke, wie wir sie nannten, zu bedienen. Aber ich hatte es lange genug, sowohl in Berlin-Schönefeld als auch bei Jumo in Dessau, geübt. Der Start verlief einwandfrei, wenn ich auch wieder erst kurz vor dem Zaun abheben konnte. Aber als ich in ca. 50m Höhe war und gerade das Fahrwerk einziehen wollte, setzte erst das linke und bald darauf auch das rechte Triebwerk vollständig aus. Es war nun schwierig, mit dem Mittelmotor allein die Maschine auf Höhe zu halten. Es gelang mir aber trotzdem, die Platzrunde zu beenden und unversehrt wieder auf dem Flugplatz aufzusetzen. Eine Überprüfung zeigte, dass an beiden Triebwerken die Verdichterschaufeln den Beanspruchungen nicht gewachsen waren und sich selbstständig gemacht hatten. Eine unerklärliche Tatsache, denn bei meinem Flug war die Drehzahl nicht höher als bei meinen vorangegangenen Versuchen in Berlin-Schönefeld. Die BMW-Versuchsingenieure zogen wieder nach Schönefeld zurück und Monate lang hörte man nichts mehr von ihnen«.*[17] Man musste bis zum Sommer 1942 warten, bis weitere zwei Strahltriebwerke, dieses Mal von Junkers, fertig waren. Die Me 262 V-3 wurde mit den Jumo 004 A V-9 und V-10 Triebwerken ausgerüstet und nach Leipheim gebracht.

Fritz Wendel: *»Diese Maschine hatte keinen Mittelmotor und sah im Wesentlichen der späteren Seri-*

Die Me 262 V1 mit Jumo 210G und Strahltriebwerken. (Airbus Corporate Heritage)

[16] Fritz Wendel, Die Werkserprobung der Me 262 in Weltluftfahrt, Coburg, Heft 11/1955, S. 265

[17] ebenda

en-Maschine schon sehr ähnlich. In den frühen Morgenstunden des 18. Juli 1942 machte ich dann in Leipheim die ersten Startversuche. Wir gingen deshalb nach Leipheim, weil dieser Platz damals Geheimplatz war, wegen der dort laufenden Erprobung der Me 321 und Me 323, unserer sogenannten ‚Giganten'. Aber auch diese Startbahn mit ihren 1100m war bescheiden in ihrer Ausdehnung für die ersten Flugversuche eines Düsenflugzeugs.
Nach unserer Berechnung und insbesondere nach der Umrechnung der durchgeführten Versuche mit der V-1 hätte die V-3 bei reinem Düsenantrieb und einem Gewicht von über 5000 kg bei 180 km/h abheben müssen. Bei meinen ersten Rollversuchen erreichte ich diese 180 km/h nach 800m Rollstrecke. Dabei hatte ich auf keinem Ruder Wirkung oder Druck. Es war einfach nicht möglich, den Sporn vom Boden wegzubekommen und dem Flugzeug eine Lage zu geben, aus der man ungefährdet vom Boden abheben konnte. Rollversuche über die 800m hinaus waren nicht möglich, da die restlichen 300m unbedingt zum Auslauf gebraucht wurden.
Nach diesen ersten Rollversuchen kamen wir zu dem Schluss, dass der fehlende Propellerstrahl mit dem großen Anstellwinkel eine wirkungsvolle Anströmung der Ruder bei diesen Geschwindigkeiten ausschloss. Die Versuche zeigten uns schon eindeutig, dass Düsenflugzeuge unbedingt ein Bugradfahrwerk haben müssen, damit sie von Anfang an bereits mit kleinem Anstellwinkel anrollen. Aber wie sollten wir nun unsere damals noch mit Heckrad ausgerüstete Maschine in die Luft bringen?
Irgendjemand machte den Vorschlag, bei 800m Gas drin zu lassen und durch plötzliches Betätigen der Bremsen ein Moment um die Querachse herbeizuführen, wodurch unter Umständen die Maschine in die Fluglage gebracht werden könnte. Der Vorschlag war einleuchtend, die praktische Durchführung jedoch sehr riskant. Denn sollte der Versuch misslingen, konnte ich die Maschine bis zum Platzende nicht mehr zum Stillstand bringen. Aber es gelang. Nachdem ich die Bremsen betätigt hatte, kippte die Maschine nach vorne über und als sie ihre Fluglage erreichte, hatte ich sofort Ruderdruck und Ruderwirkung und konnte unmittelbar danach abheben.
Die Triebwerke liefen einwandfrei. Es war eine große Freude, mit dieser Maschine zu fliegen. Ich war selten bei einem Erstflug mit einem neuen Muster so begeistert wie diesmal mit der Me 262. Der erste Flug dauerte von 8:40 bis 8:52 Uhr. Nach einer ausgiebigen Unterredung mit Professor Messerschmitt und den leitenden Konstrukteuren sowohl unserer Firma als auch von Jumo, führte ich von 12:05 bis 12:18 Uhr den zweiten Flug durch. Dabei zeigte sich, dass in den Kurven die Strömung am Innenflügel verhältnismäßig früh abriss und dadurch in der Steilkurve nur relativ kleine Anstellwinkel erreicht wurden«.[18]

Die V-3 wurde anschließend auch von Wolfgang Späte (zu der Zeit Gruppenkommandeur des Erprobungskommando 16 welches die Me 163 erprobte) und am 22. Mai 1943 von Adolf Galland (General der Jagdflieger) geflogen, wobei er hier den berühmten Satz sagte, dass die Me 262 so schnell sei »als ob ein Engel schiebt«. Im November 1943 wurde die V-5 mit Bugrad Adolf Hitler vorgestellt.
Die vielen Legenden um den so genannten »Entwicklungsstopp« und die Verzögerung durch die »plötzliche« Eingebung Hitlers, er hätte bei dieser Vorführung der Me 262 seinen »Blitzbomber« erkannt, soll hier kurz eingegangen werden. Der Entwicklungsstopp hat, wie er häufig erläutert wird, in dieser Form nie stattgefunden. Aufgrund einer

[18] Fritz Wendel, Die Werkserprobung der Me 262 in Weltluftfahrt, Coburg, Heft 11/1955, S. 265f.

Die Me 262 V1 mit Jumo 210G und Strahltriebwerken. (Airbus Corporate Heritage)

schon unübersichtlich gewordenen Anzahl von Entwicklungen und fehlender Ingenieure wollte Hitler derzeit vielmehr eine Konzentration und Rationalisierung bei der Rüstungsendfertigung erreichen, weshalb er befahl, sich nur auf bestimmte Projekte, welche in einem kurzen Zeitrahmen realisiert werden konnten zu konzentrieren, weiter zu entwickeln und bauen zu lassen. Das Strahljägerprojekt war aber zu dieser Zeit ein fester Bestandteil der Entwicklung und war von dieser Maßnahme nicht betroffen, auch nicht die Turbinen-Entwicklung[19].

Weiterhin war jeder Jäger, welcher damals in der Entwicklung stand, per Vorgabe durch das RLM auch als Jagdbomber vorzusehen, so auch die Me 262. Sie war von Anfang an dazu konstruiert, zwei 250 bzw. eine 500 kg Bombe an ihrer Unterseite zu tragen. Als Hitler Willy Messerschmitt damals die »verhängnisvolle« Frage stellte, ob die Me 262 auch Bomben tragen könne, bejahte er diese Frage sinngemäß. Die einzige Verzögerung die dadurch auftrat, war die Konstruktion der Verkleidungen der Bombenschlösser sowie der elektrischen Leitungen dafür, was aber laut Willy Messerschmitt lediglich zwei Wochen in Anspruch nahm[20]. Da entgegen des »Führerbefehls« die ersten Maschinen lediglich als Jäger gebaut wurden, schaltete sich Hitler vermehrt in die Produktion ein, um seinen »Blitzbomber« durchzusetzen.

Man einigte sich darauf, dass die ersten 500 Me 262 als Bomber gefertigt werden, jedoch so ausgeführt werden sollten, dass nach dem Serienanlauf der Ar 234, welche der eigentliche »Strahlbomber« werden sollte, wieder ohne größeren Aufwand auf Jäger zurückgebaut werden konnte. Weiterhin sollte jede 20.

[19] Ralf Schabel, Die Illusion der Wunderwaffen, S. 56

[20] BArch-MA RL 3/61, S. 124f., Besprechung in den Mtt.-Werken Regensburg am 2. Nov. 1943

Maschine als Jäger vom Band laufen, denn Hitler wollte weiterhin die Erprobung als Jäger weiterlaufen lassen, er wollte ausdrücklich nicht, dass das Flugzeug »von der Jagd abgeschaltet werde«.[21]
Zu dieser Zeit war der Angriffsgedanke noch vorherrschend, weshalb der Entschluss, die Me 262 als Bomber zu bauen, erklärbar ist. Man wollte die alliierten Luftangriffe mit Gegenangriffen kontern, »Terror gegen Terror« vergelten (nur so konnte es zu Waffen wie der V1 oder der V2 kommen). Vor allen Dingen aber wollte Hitler mit der Me 262 als »Schnellstbomber« die drohende Invasion im Westen zurückschlagen. Diese Denkweise sollte sich erst sehr spät wandeln, was vor allem der General der Jagdflieger Adolf Galland bemängelte, der den Jäger nur allzu gerne für die Heimatluftverteidigung benutzt hätte um die immer intensiver werdenden alliierten Bombenangriffe zu bekämpfen. Die eigentliche Verzögerung im Serienanlauf wurde durch die späte Serienfreigabe der Düsentriebwerke verursacht, da bei der Entwicklung dieser neuartigen Antriebsart noch vielerlei Probleme zu lösen waren.
Während des Einsatzes der Me 262 kam es durch Triebwerks- und Fahrwerksstörungen sowie durch Pilotenfehler teilweise zu mehr Abstürzen als zu Abschüssen. Erst gegen Ende des Krieges, Anfang 1945, erreichte die Me 262 einen einigermaßen zuverlässigen Stand, wobei immer noch Triebwerke und das an der Grenze belastete Fahrwerk Probleme bereiteten, die Triebwerke mussten wegen der bereits angesprochenen nicht warmfesten Stähle nach kurzer Betriebszeit (lediglich 25 bis 30 Stunden) überholt bzw. ausgewechselt werden.
Hinzu kam, dass aufgrund des massierten Einsatzes der P51 Mustang als Begleitjäger der Bomber und die Umstellung derer auf Angriffstaktik (bisher wurden lediglich die Bomber verteidigt, aber keine eigenständigen Angriffe ausgeführt) die Verluste in der Luftwaffe dramatisch anstiegen. Nachdem beim »Unternehmen Bodenplatte« am 1. Januar 1945 auch noch ein Großteil der erfahrenen Flugzeugführer gefallen waren, konnte Nachwuchs nur noch in ausreichender Zahl herangeführt werden, indem man die Ausbildungszeit drastisch verkürzte, sodass nur unzureichend geschulte Piloten zur Verfügung standen – beim Kommando Schenk, bei welchem der Bombereinsatz erprobt werden sollte, wurden die Piloten beispielsweise nach nur vier Einweisungsflügen in den Einsatz geschickt.[22]
Eine Verkürzung der Ausbildungszeit machte auch der immer größer werdende Kraftstoffmangel erforderlich, da die Hydrierwerke zur synthetischen Kraftstoffherstellung vermehrt das Ziel alliierter Bombenangriffe waren. Das führte dazu, dass diese jungen, unerfahrenen Piloten meist mit der neuartigen Technik überfordert waren. So neigte das Jumo 004 B Strahltriebwerk z.B. zu so genannten Flameouts, wenn der Gashebel zu schnell nach vorne oder nach hinten bewegt wurde. Johannes Steinhoff beschreibt in seinem Buch »In letzter Stunde – Verschwörung der Jagdflieger«, wie er im JV 44 junge Me 262-Piloten schulte: *»Wir besaßen kein ‚Lehr- und Anschauungsmaterial‘, die Unterrichtsstunden über das ‚Triebwerk‘, die ‚Flugeigenschaften‘ und die ‚Bewaffnung‘ fanden unter freiem Himmel statt, indem wir auf den Erdwällen hockten, die um die Düsenjäger aufgeschichtet waren. Oder wir saßen auf Bänken aus rohem Holz in der Nähe des Telefons ‚in Bereitschaft‘, und ich erklärte ihnen, wie man die Me 262 flog. Was man tun musste, um sie korrekt zu fliegen – und was man auf keinen Fall tun dürfte. Ich sprach von der Schwäche der Me 262, die sehr langsam in Schwung kam, die endlos lange über den Rasen holperte, ehe man es wagen konnte, den Knüppel zu ziehen, und das ganz, ganz vorsichtig, weil ein bis zwei Grad Anstellwinkel ausreichten, um genügend Auftrieb zu erzeugen, und weil ein zu hoher Anstellwinkel, verursacht durch rohes Reißen am Knüppel, die Geschwindigkeit ersterben lassen konnte, was tödlich war. Ich sprach vom Phänomen des Fluges in Bereichen der Geschwindigkeit, die keiner von ihnen bisher erflogen hatte. Dass man in großer Höhe die Gashebel möglichst nicht anrühren sollte. Dass abrupte Steuerbewegungen Explosionen im Triebwerk zur Folge haben konnten, die sich durch plötzlich anschwellendes Getöse ankündigten. Und ich warnte vor allzu steilen Gleit- und Sturzflügen in großer Höhe, da dann die Ruder ohne jede Warnung ihre Wirksamkeit verlieren konnten oder gar entgegengesetzt wirkten.«*[23] Aus solchen Beschreibungen sieht man, wie unausgereift die Me 262 noch war, als sie schon zu hunderten in Serie produziert wurde.
Durch die massierten Bombenangriffe der alliierten, insbesondere auf die Flugzeug- und Triebwerkproduktion, wurden die Produktionsstätten immer mehr auf das Land in kleine Betriebe ausgelagert oder unter Tage verlegt. Durch den großen Mangel an Arbeitskräften wurden mehr und mehr Kriegsgefangene, vor allem aber KZ-Häftlinge herangezogen, weshalb rund um die Produktionsstätten KZ-Außenlager geschaffen wurden. In diesen KZ-Lagern herrschten unmenschliche Bedingungen, die Barbarei nahm in den letzten Kriegsjahren immer mehr zu, als die Kriegslage immer auswegloser schien.

[21] BArch-MA RL 3/62, S. 6325ff., Stenographische Niederschrift über die Besprechung beim Reichsmarschall am 29.05.1944
[22] Dietrich, Chronik KG 51, S. 230
[23] Johannes Steinhoff, In letzter Stunde - Verschwörung der Jagdflieger, S. 223f.

1.3 Me 262A-1a Jäger

Ab April 1944 wurde die Me 262 vom Erprobungskommando 262 in Lechfeld getestet, welches erst Hauptmann Werner Thierfelder und nach seinem tödlichen Absturz im Juli 1944 Major Walter Nowotny führte. Kurz nach der Gründung des Kommandos, welches die Me 262 als Jäger testen sollte, wurde dieses schon wieder geteilt und das ‚Kommando Schenck' gegründet, welches die Me 262 nach dem »Blitzbomber-Befehl« als Bomber testen sollte. Schon im September wurde das Erprobungskommando 262 aufgelöst, um es einerseits zur Neubildung des Kommando Nowotny zu benutzen und andererseits ins Ergänzungsjagdgeschwader 2 überzugeben, welches zur Aufgabe hatte, neue Piloten auf der Me 262 auszubilden.

Am 26. September 1944 wurde im Einsatzhafen Hesepe und dem ca. 8km entfernten Fliegerhorst Achmer bei Osnabrück das Kommando Nowotny aufgestellt, welches erste Einsätze mit der Me 262 gegen die immer stärker werdenden Bomberverbände der Alliierten flog. Nachdem Walter Nowotny bei einem Absturz während eines Einsatzes ums Leben kam, löste man das Kommando auf und führe die Mannschaften und Maschinen am 19. November 1944 in das Jagdgeschwader 7 »Nowotny« in Brandenburg-Briest über (auch wegen ihres Wappens »Windhunde« genannt), welches anfangs unter dem Kommando von Johannes Steinhoff stand und über die meisten der gebauten Me 262 verfügte. Insgesamt plante man 214 Strahlflugzeuge ein, zugeführt wurden letztendlich 372 Maschinen. Steinhoff wurde im Dezember 1944 aufgrund seiner Mitwirkung bei der »Verschwörung der Jagdflieger« abkommandiert (ihm wurde kein neues Amt zugewiesen, er flog erst wieder ab Februar 1945 im Jagdverband 44), woraufhin Theodor Weißenberger das Kommando über das Geschwader übernahm, welches hauptsächlich in der Gegend um Berlin und Norddeutschland von Brandenburg-Briest, Kaltenkirchen und Parchim aus die feindlichen Bomberverbände der Alliierten abfangen sollten. Nach Angriffen der Alliierten am 9. und 10. April 1945 auf die Standorte der Strahljäger wurden die meisten Flugzeuge und Bodeneinrichtungen zerstört und die übrig gebliebenen in alle Winde zerstreut, viele landeten in Alt-Lönnewitz, Brandis bei Leipzig und Prag-Ruzine. Nach besonders schweren Angriffen auf die Kraftstoffproduktion entschloss man sich, einige Kampfgeschwader (die hauptsächlich Ju 88 flogen) in Jagdgeschwader umzurüsten. Da der Angriffsgedanke aber immer noch vorherrschend war und man nicht komplett auf die Bomber verzichten wollte, entschied man sich für eine Zwischenlösung, die Kampfgeschwader auf die Me 262 umzuschulen und als Jagdgeschwader einzusetzen. Zu gegebener Zeit wollte man dies dann wieder rückgängig machen, sodass »Kampfgeschwader (Jagd) - KG(J)« entstanden. So schulte man Teile des KG

Eine der letzten Me 262 aus Schwäbisch Haller Produktion auf dem Flugplatz Frankfurt/Main. (NARA)

54 sowie des KG 6 auf Me 262 um und nannte sie KG(J) 54 sowie KG(J) 6 (dieses wurde auch als »Gefechtsverband Hogeback« bezeichnet).
Wie bereits erwähnt, wurde die Anzahl der erfahrenen Piloten immer kleiner und neue, junge Piloten konnte man nur noch in ausreichender Zahl durch Verkürzung der Ausbildung heranführen. Diese jungen, unerfahrenen Piloten überlebten meist schon den ersten Einsatz nicht. Viele weitere Faktoren wie die hohen Verluste des Unternehmens »Bodenplatte« am 1. Januar 1945 führten dazu, dass die Luftwaffe zu dieser Zeit nahezu ausgelöscht wurde und die verbliebenen Piloten durch Göring hart kritisiert und angegriffen wurden, woraufhin diese sich zur Wehr setzten.
Aufgrund »unüberwindlicher Differenzen« mit Göring kam es Ende Januar 1945 zur Ablösung Adolf Gallands als General der Jagdflieger. Auf Drängen Hitlers gründete er im Februar 1945 den Jagdverband 44, welcher aus zahlreichen, freiwillig hinzugekommenen Fliegerassen des 2. Weltkrieges bestand. Viele dieser Piloten, u.a. auch Johannes Steinhoff und Günther »Franzl« Lützow, waren an der »Verschwörung der Jagdflieger« beteiligt. Sie gaben Göring die Schuld, dass die Reichsverteidigung gegen die alliierten Bomberströme versagte, indem sie ihm Führungsversagen vorwarfen. Bei einer Besprechung Ende 1944 in Wannsee, wo er die Führer sämtlicher Tag- und Nachtjagdverbände zusammenrief, tobte Göring unbeherrscht und schob den Jagdfliegern die Schuld an der katastrophalen Luftlage über dem Reich zu, für die er letztendlich selbst verantwortlich war. Er erzielte damit nicht die beabsichtigte anfeuernde Wirkung, sondern erzeugte nur Verbitterung und Auflehnung. Zu allem Überfluss befahl er auch noch, diese Rede auf Schallplatten zu ziehen und an sämtliche Flugzeugführer zu geben. Durch diese Ereignisse waren Teile der Jagdflieger so entsetzt, dass sie Görings Ablöse forderten und dies durch Vorfühlen bei einigen Größen des dritten Reichs versuchten, durchzusetzen.
Dem JV 44 wurde eine Gruppe kolbengetriebener Flugzeuge beiseitegestellt, welche bei Starts und Landungen für Sicherheit im Luftraum sorgen sollten, da gerade hier die bei Langsamflug nur sehr träge zu manövrierende Me 262 besonders verwundbar war. Diesen Fw 190 D (»Dora«) des damals so genannten »Sachsenbergschwarms« (benannt nach seinem Kommandeur Heinz Sachsenberg) gab man eine rot/weiße Lackierung auf der Unterseite, weshalb sie auch nach dem Krieg »Papageien-Staffel« genannt wurde. Nicht nur der JV 44 hatte solche »Beschützer«, es sind auch solche vom III./KG(J) 54 sowie vom III./JG 7 bekannt.
Einige Tage vor der Kapitulation führte man den JV 44 noch als IV. Gruppe ins JG7 über, was aber nur auf dem Papier stattgefunden hat.
Am 8. Mai 1945 um 16:00 Uhr führten Piloten des JG 7 den letzten Luftkampf des Zweiten Weltkriegs in Europa. Gegen 15:20 Uhr hoben Oberleutnant Fritz Stehle und sein Flugkollege ab, um russische Yak-9-Flugzeuge abzufangen, die sie über Freiberg (Sachsen) überraschten. Stehles Sieg war wohl der letzte Luftsieg eines deutschen Jagdfliegers im Zweiten Weltkrieg.

1.4 Me 262 A-2a Blitzbomber

Parallel zum Erprobungskommando 262 erprobte man ab 20. Juni 1944 im Einsatzkommando Schenck den Bombeneinsatz mit der Me 262. Um das eigentlich als Jäger konzipierte Flugzeug als Bomber benutzen zu können, musste es erst mit Bombenträgern ausgerüstet werden. Hierzu baute man zunächst ETC-503 Bombenträger an, wechselte später aber auf die aerodynamisch günstiger gestalteten »Wikingerschiffe«. Die letztendlich zum »Blitzbomber« entwickelte Variante Me 262 A-2a verfügte über einen zusätzlichen 600 Liter Tank hinter dem bereits vorhandenen 900 Liter fassenden Tank hinter dem Pilotensitz, welcher nur beim Tragen von Bomben befüllt werden durfte da die Maschine sonst zu schwanzlastig wurde. Trug die Maschine Bomben, musste dieser hinterste Tank zuerst entleert werden, sonst wurde die Maschine beim Abwurf der Bomben schlagartig zu schwanzlastig und bäumte sich auf, wobei im Extremfall Vorflügel weggerissen werden konnten und die Wirkung des Höhenruders nicht mehr ausreichte, um die Maschine wieder horizontal aufzurichten was wohl auch im Eifer des Gefechts öfter geschah[24]. Zusätzlich musste man von den vier Mk 108 Maschinenkanonen in der Rumpfspitze die oberen beiden entfernen.
Am 2. Juni 1944 befahl das Oberkommando der Luftwaffe, eine Einheit zur Erprobung der Me 262 als Bomber aufzustellen. Dazu benutzte man die erfahrenen Piloten und Bodenmannschaften des KG 51 »Edelweiß« unter dem Kommando von Major Heinz Unrau, welcher mit Me 410 zuvor verlustreiche Nachtangriffe auf England flog. Die Bodenmann-

[24] Dierich, Chronik KG 51, S. 226

Eine Me 262 A-1a »Jabo« mit zwei an »Wikingerschiffen« untergehängten 250 kg Bomben. (Airbus Corporate Heritage)

schaften wurden nach Lechfeld verlegt und dort im Umgang mit dem Jumo 004 B Strahltriebwerk und dem Düsenjäger geschult, das Kommando der neuen Einheit übernahm der vom ZG 26 kommende Major Wolfgang Schenk. Das Kommando wurde in »Kommando Schenk« oder auch »Sonderkommando E-51« umbenannt. Ziel war, die Einheit nach der Invasion vom 6. Juni 1944 sobald als möglich dorthin zu verlegen.

Das Fehlen geeigneter Zielvorrichtungen führte dazu, dass die Bomben mit Hilfe des für die Jäger vorgesehenen Reflexvisieres im Bahnneigungsflug abgeworfen werden mussten, geübte Piloten konnten auch mit dieser Behelfslösung gute Trefferergebnisse erziehen. Ein Führerbefehl verbot aber anschließend den Abwurf von Bomben unter 4000 Metern, um die Flugzeuge auf keinen Fall dem Gegner in die Hände fallen zu lassen, was die Zielgenauigkeit wesentlich verschlechterte.

Am 7. Juli 1944 verlegte das Kommando mit neun einsatzbereiten Maschinen von Lechfeld nach Châteaudun bei Orléans. Am 17. Juli wurden zwischen 100 und 200 Mann Bodenpersonal dorthin verlegt, woraufhin das Kommando über neun einsatzbereite Me 262 verfügte. Der Gruppenkommandeur der II./KG 51, welche in Schwäbisch Hall auf Me 262 umschulte, berichtete, dass diese wenig Probleme bereitete. Allerdings mussten sie sich die Erfahrungen selbst erfliegen. Probleme bereitete das Abwerfen der Bomben, denn die Me 262 war nicht für den Bahnneigungsflug geeignet, um in geringer Höhe die beiden 250kg Bomben abzuwerfen. So war die Maschine bei zu hoher Geschwindigkeit nicht mehr abzufangen, es blieb nur die Notauslösung der Bomben sodass sich der Schwerpunkt ruckartig veränderte, was so hohe Belastungen für das Flugzeug bedeutete, dass sich Tragflächen und Rumpf derart verformten, dass die Maschine schrottreif war, obwohl sie sich danach noch mit ausgefahrenem Fahrwerk landen ließ[25].

Nach nur wenigen Einsätzen über der Invasionsfront in der Normandie und vielen, teils tödlichen Unfällen während der Ausbildung neuer Piloten in Lechfeld verlegte das Kommando am 12. August 1944 aufgrund der näherkommenden Front nach Ètampes bei Paris. Da die Triebwerke zu dieser Zeit lediglich acht Stunden Betriebszeit hatten, mussten diese relativ schnell wieder ausgetauscht werden, wozu ein kleiner, gut getarnter Konvoi mit Triebwerken und Ersatzteilen in Frankreich unterwegs war, um das Sonderkommando E-51 zu versorgen. Am 15. August ging es wenige Tage später nach Creil

[25] Michael Koziol, Rüstung Krieg und Sklaverei, S. 43f.

und am 22. August schon wieder nach Juvincourt bei Reims. Von der aus neun Maschinen bestehenden Verstärkung aus Teilen der am 23. August in Marsch gesetzten 3. Staffel aus Lechfeld kamen lediglich fünf in Juvincourt an, zwei gingen bereits beim Start bei Unfällen aufgrund Pilotenfehler verloren, eine verunglückte bei einer Zwischenlandung in Schwäbisch Hall und die vierte fand den Zielflughafen nicht, weshalb sie unweit von Juvincourt notlanden musste. Es wurden noch wenige Einsätze gegen alliierte Truppen in der Nähe der Seine, nordwestlich von Paris und den Bereich Melun geflogen. Die Gefahr von Häuserkämpfen in Juvincourt zwang das Kommando, am 28. August nach Chièvres in Belgien zu verlegen. Hierbei wurde eine Me 262 von vier Spitfire gejagt, weshalb der Pilot in Haltert bei Brüssel zur Notlandung auf dem Bauch gezwungen wurde, der erste Erfolg eines alliierten Jägers über eine Me 262. Am 30. August ging es schon wieder weiter nach Volkel und Eindhoven in den Niederlanden, wo Einsätze nach Löwen, Antwerpen und den Albert-Kanal geflogen wurden.

Am 3. September griffen Avro Lancester und Halifax Bomber der RAF Volkel an, weshalb in einer Nacht- und Nebelaktion zwischen dem 4. und 5. September die verbliebene, mittlerweile in die I. Gruppe des KG 51 aufgegangene Einheit nach Rheine bei Osnabrück verbracht wurde, wo sie mit neuen Maschinen und Piloten von Lechfeld aus aufgefüllt wurde. Mittlerweile wurde die II. Gruppe mit dem Kommandeur Major Grundmann in Schwäbisch Hall aufgestellt und verlegte nach Hesepe bei Achmer, Wolfgang Schenk übernahm als Kommodore die Geschwaderführung.

Fritz Wendel schrieb in einem Bericht am 13. September, dass die Düsenjäger inzwischen Einsätze im Stundentakt fliegen konnten und es kaum noch zu Schwierigkeiten mit der diffizilen Technik kam. Die Bomben wurden in einem steilen Sturzflug in einer Höhe von 4000m abgeworfen, wobei bei der Bombardierung von Lüttich die Bomben alle Ziele irgendwo innerhalb der Stadt trafen. Es kam allerdings immer wieder zu Navigationsfehlern, weshalb auch einige Maschinen verloren gingen. Schuld daran waren ein träger Kompass und Funktionsstörungen des Funkgeräts.

Während der Ardennenoffensive flogen die Me 262 des KG 51 ebenfalls Einsätze an wichtigen Brennpunkten, wobei die I./KG 51 von Rheine und die II./KG 51 von Hesepe und Achmer aus zusammen mit dem KG 76 operierte, welches mit der Arado Ar 234 ausgerüstet war. Die Maschinen wurden ständig bei Starts und Landungen von gegnerischen Jägern bedroht, weshalb die Plätze mit nicht weniger als 160 Vierlings-Flak gespickt wurden. Am 13. September 1944 flogen die alliierten Bombenangriffe auf Rheine und Hesepe, wobei zahlreiche Angehörige des Geschwaders ums Leben kamen, woraufhin der Gruppenstab in die Nähe von Hopsten verlegte, die II. Gruppe verlegte nach Essen-Mühlheim wobei beide die anrückenden alliierten Truppen bekämpften.

In der Silvesternacht 1944/45 flog das KG 51 mit 21 Maschinen zahlreiche Angriffe im Rahmen des »Unternehmen Bodenplatte« in Richtung Arnheim-Eindhoven, Brüssel und Venlo. Auf dem Rückweg wurden die Maschinen von der gegnerischen Flak beschossen, da dieser entlang der »Flakstraße« führte, die die alliierten errichtet hatten um V-1 Flugkörper abzuschießen wobei auch zahlreiche erfahrene Flugzeugführer des KG 51 gefallen sind. Am 1. Januar verlegte die verbliebene Gruppe nach Giebelstadt, Ende Februar wieder zurück nach Hopsten. Am 13. März verlegte die Gruppe nach Leipheim und Giebelstadt, wo Einsätze vom Elsass bis in den fränkischen Raum geflogen wurden. Nach teils chaotischen Rückzügen vor der immer weiter vorrückenden alliierten Übermacht übergab das Geschwader Ende April seine übrig gebliebenen Maschinen in München-Riem dem JV 44 unter Adolf Galland[26].

1.5 Die Me 262 als Nachtjäger

Kurt Welter flog ab Oktober 1944 mit Fw 190 A in der II./JG 301 Nachtjagdeinsätze nach dem Prinzip »Wilde Sau«. Beim Verfahren »Wilde Sau« kamen Jäger der Typen Messerschmitt Bf 109 und Focke-Wulf Fw 190 zum Einsatz. Da diese Tagjäger, wie der Name schon sagt, kaum für den Nachtflug geeignet waren, konnten sie nur über dem Zielobjekt der Bomber zum Einsatz gebracht werden und dies auch nur während des laufenden Angriffes. Sie verfügten auch nicht über eine Nachtjagdausrüstung, wie etwa Funkmessgeräte zur Feindortung. Man bediente sich dabei einer Taktik, die Hajo Hermann (Gruppenkommandeur des JG 300 und Erfinder des »Wilde Sau« Prinzips) als »Mattscheibe« bezeichnete.

Hierbei verschoss die Flakartillerie an Fallschirmen hängende Leuchtgranaten, die Jäger warfen ebensolche Leuchtbomben ab. Gleichzeitig erhellten

[26] Dierich, Chronik KG 51, S. 230 ff.

Eine von den Amerikanern in Frankreich erbeuteter Me 262 B-1a Nachtjäger. (NARA)

Brände am Boden und Leuchtkaskaden (»Christbäume«) den Luftraum. Scheinwerferbatterien, die sowohl in den Abwehrriegeln vor den Städten als auch in den Städten selbst installiert waren, leuchteten vorhandene Wolken an. Auf dieser »Mattscheibe« zeichneten sich dann die Silhouetten der angreifenden Bomber ab. Die Jäger konnten angreifen. Im selben Zeitraum stellte die Flakartillerie das Feuer ein, um die Jäger nicht zu gefährden.
Die Flugzeuge wurden zu dieser Zeit noch mit Tagjägern geteilt, man nannte diese »Aufsitzgruppen«, bevor man eigene Nachtjagdverbände aufstellte. Welter kam hier zur 10./JG 300, wo er einige Moskitos abschießen konnte. Gegen Kriegsende gründete man auf Bitten dem in der Zwischenzeit als Kapitän der 10./NJG 11 fliegenden Kurt Welter das »Sonderkommando Welter«, welches die Nachtjagd mit der Me 262 erprobte. Hierbei führte Welter von Rechlin-Lärz aus mit einer einsitzigen und radarlosen Me 262 Einsätze nach »Wilde Sau« Art aus, in welchen er Jagd auf Moskitos machte und am 27. November auch eine Maschine abschoss.
Bei seinen Einsätzen landete er im Großraum Berlin auf einem Flugplatz und flog die Maschine am darauf folgenden Tag wieder nach Rechlin-Lärz zurück. Später verlegte man das Kommando nach Burg bei Magdeburg, wo es auch einen zum Nachtjäger umgebaute, doppelsitzige Me 262 gab, Welter und andere bevorzugten aber die radarlosen Einsitzer. Am 12. April 1945 fiel der Platz mehreren Bombenangriffen zum Opfer, woraufhin man den Verband mit den vier übrig gebliebenen Maschinen nach Lübeck verlegte.[27]

1.6 Me 262 A-1a/U3, 262 A-5a und andere

Im November 1944 gründete man das Kommando Braunegg, welches Aufklärungsflüge mit der mit Kameras ausgerüsteten Me 262 durchführte. Dieses Kommando gliederte man am 6. Februar 1945 in den Stab und die 2. Staffel der Nahaufklärungsgruppe 6 (2. NAG 6) ein. Die erste Ausführung wurde als »Behelfsaufklärer« Me 262 A-1a/U3 bezeichnet und hatte keine Bewaffnung, später sollte der Aufklärer als Me 262 A-5a mit zwei Maschinenkanonen gebaut werden.
Ab Januar 1945 erprobte das Kommando Stamp den Abwurf von Bomben gegen fliegende Ziele (»Bomben gegen Bomber«), was allerdings aufgrund der ungenauen Zünder (man benutzte u.a. barome-

[27] Ziegler, Turbinenjäger Me 262, S. 151 ff.

Eine von den Amerikanern erbeutete Me 262 bei einem Testflug in Amerika nach dem Krieg. (US Air Force)

trische Zünder) eingestellt wurde. Das Kommando wurde in das JG7 integriert, wo es später wiederum für die Erprobung der Kleinraketen R4M zuständig war, welche zur Zerstörung von Bombern entwickelt wurden und dabei recht erfolgreich waren.

2 Produktion gegen Ende des Krieges

2.1 Bombenangriffe auf deutsche Industrie

Am 17. August 1943 führte die US Air Force die »Operation Double Strike« durch, wobei als Angriffsziel Schweinfurt (SKF) und Regensburg (Messerschmitt) galt. Die Messerschmitt GmbH Regensburg wurde dabei so schwer getroffen (75% wurden zerstört), dass über 400 Menschen ums Leben kamen, die Hälfte des dort gelagerten Rohmaterials sowie ein Drittel aller Werkzeugmaschinen zerstört wurde[28]. Die Produktion musste für 3 Wochen ausgesetzt werden, erst nach 5 Monaten erreichte sie wieder ihr Soll. Dies hatte unmittelbar zur Folge, dass Messerschmitt seine komplette Entwicklungsabteilung des Augsburger Werkes nach Oberammergau verlagerte (Deckname »Oberbayerische Forschungsanstalt«, siehe Kapitel 6.1).
Gleichzeitig wurde in der Nacht vom 17. auf 18. August 1943 im Rahmen der Operation »Hydra« die Heeresversuchsanstalt Peenemünde angegriffen. 127 Bewohner der Wohnsiedlung Karlshagen, u.a. zahlreiche Wissenschaftler, sowie 612 Zwangsarbeiter kamen dabei ums Leben. Die Forschungsarbeiten und die Produktion der Rakete »Aggregat 4« (V2) wurden für 4 Wochen unterbrochen. Dieser Bombenangriff führte zu einer Beschleunigung der Verlagerung der V2-Produktion ins »Mittelwerk« bei Nordhausen in die dortige Untertage-Fabrik. Zwischen dem 20. und 25. Februar 1944 führten die Alliierten die Operation »Big Week« durch, in welcher Ziele der Luftrüstung, speziell die Produktionsstätten der Jagdflugzeuge, getroffen werden sollten. Hierbei wurden am 22. und am 25. Februar auch die Messerschmitt-Werke in Regensburg und Augsburg angegriffen, 30% des Augsburger und 75% des Regensburger Werkes wurden zerstört[29], der Produktionsausfall betrug in Regensburg 100%[30].

2.2 Dezentralisierung der Fertigung

Bereits 1940 und 1941 verlagerte Kurt Tank, der Direktor der Focke-Wulf Werke in Bremen, nach starken Bombenangriffen auf die Stadt die Produktion seiner Flugzeuge außerhalb der Reichweite der britischen Bomber in den Osten und Südwesten von Berlin nach Marienburg, Posen, Cottbus und Sorau. Das Luftfahrtministerium erstellte eine Studie über die Verlagerung der kompletten Luftfahrtindustrie, welche 1942 fertiggestellt wurde. Unternommen wurde schließlich nichts, da der defensive Charakter dieser Studie beim Oberkommando nicht auf Nächstenliebe stieß und die Industriellen Verlagerungen als ineffektiv und kostenintensiv ansahen. Allerdings forderten sie von der Industrie nach einem Bombenangriff der Briten 1942 die Verlagerung der Rohmateriallager in nahegelegene Orte[31].
Willy Messerschmitt wähnte sich mit seinen Werken in Augsburg und Regensburg außerhalb der Reichweite der britischen Bomber, musste diese Einschätzung aber 1943 mit den Bombenangriffen auf Regensburg (17. August 1943) und Augsburg (19. Dezember 1943) als Fehler eingestehen. Während der Konferenz von Casablanca beschlossen die Westalliierten unter anderem, dass die britischen Bomber zukünftig nachts deutsche Städte und die US-amerikanischen Bomber tagsüber strategische Ziele der Industrie angreifen sollten. Durch die steigende Bedrohung durch Luftangriffe verlagerte man bei Messerschmitt im März 1943 die Produktion von Fräs-, Dreh- und Pressteilen nach Untersteinbach bei Pfreimd, wo auf einer Fläche von 750m² produziert wurde. Im KZ Flossenbürg begann man ab April 1943, Kühlerverkleidungsbleche für die Bf 109 zu produzieren, nach dem Luftangriff vom 17. August 1943 wurde eine der drei Endmontagelinien der Bf 109 sowie der Rumpfbau der Me 262 nach Obertraubling verlegt[32].
Nach dem verheerenden Bombenangriff vom 25. Februar 1944 auf die Produktionsstätten in Regensburg musste man sich nach Möglichkeiten umse-

[28] Schmoll, die Messerschmitt-Werke im zweiten Weltkrieg, S. 127
[29] USSBS Aircraft Division, Report No. 11, Messerschmitt AG Augsburg, Over-All Report. S. 10
[30] Schmoll, die Messerschmitt-Werke im zweiten Weltkrieg, S. 141
[31] USSBS, Aircraft Division, Report No. 4, Industry Report, S. 23
[32] Schmoll, die Messerschmitt-Werke im zweiten Weltkrieg, S. 130

hen, außerhalb des Werkes die Produktion der Bf 109 wiederaufzunehmen, da diese innerhalb des stark zerstörten Werkes nicht mehr möglich war. Schon am selben Tag starteten Dr. Wedemeyer und Generalingenieur Lucht mit einem Fieseler Storch, um die Umgebung um Regensburg nach geeigneten Wäldern abzusuchen, in welche man die Produktion verlagern konnte[33] – es entstanden die Waldwerke »Gauting« bei Hagelstadt (Bf 109) und im Oktober 1944 »Stauffen« bei Obertraubling (Me 262).

Die Rumpfendmontage der Me 262 wurde von Regensburg nach Obernzell bei Passau verlegt, alle Werkzeugmaschinen für die Produktion der Bf 109 und der Me 262-Rümpfe schaffte man in den Olympiatunnel nach Eschenlohe. Darunter befanden sich zwei Pressen, von denen nur noch eine in Wiener Neustadt existierte und durch deren Zerstörung die halbe Bf 109 Produktion zum Erliegen gekommen wäre[34].

Die ersten Verlagerungen in Berg- und Waldwerke sollten nur eine Übergangslösung darstellen, zumal sie aufgrund der Weitläufigkeit und der Abhängigkeit von Transportsystemen verwundbar und dadurch nicht sehr effizient waren. Als Endlösung strebte man große Bunkerwerke an, in welche vom Zulieferbetrieb bis zur Endmontage alle Produktionsschritte integriert werden sollten. Bis zum Ende des Krieges sollten zwar einige dieser Bunker entstehen, effektiv produziert wurde in diesen jedoch nicht.

2.3 Auswirkungen der Dezentralisierung auf die Produktion

Durch die Verlagerung der Produktion in zahlreiche Einzelbetriebe auf dem Land sowie Untertage ergaben sich zahlreiche Probleme. Das größte Problem war die Logistik, die Teile und Baugruppen mussten über das Straßen- und Schienennetz weite Strecken zurücklegen um an die entsprechenden weiterverarbeitenden Stellen transportiert zu werden. Außerdem erforderten die weit verstreuten Werkzeugmaschinen eine erhöhte Menge an Personal, um diese wie bisher warten zu können. Dieses Personal fehlte, sodass die Zuverlässigkeit und Genauigkeit dieser Maschinen nachließ. Göring gab an, dass die Qualität signifikant unter der Verlagerung litt, so waren die Toleranzen für Anbauteile zu groß, dass diese nicht mehr passten[35]. Weiterhin konnten wärmebehandelte Aluminiumteile in den verlagerten Produktionsstätten aufgrund von unerprobten Maschinen in ihrer Qualität ebenfalls nicht mehr gehalten werden.

Im Sommer 1944 konnten Flugmotoren aufgrund des immer knapper werdenden Benzins anstelle zwei Stunden nur noch 1,5 Stunden eingelaufen werden, die Knappheit an Munition hatte den Wegfall des Einschießens der Bordwaffen zur Folge[36].

2.4 Jägerstab und Rüstungsstab

Die Luftrüstung lag bis 1944 in den Händen des »Generalluftzeugmeisters« Erhard Milch, welcher die Lenkung der Luftrüstung koordinierte. Milch war vor dem Krieg Technischer Direktor und Vorstandsmitglied der 1926 gegründeten Deutschen Luft Hansa. Um die Produktion anzukurbeln und die Flugzeugindustrie mehr in die Rüstungspolitik mit einzubeziehen, gründete Göring im Mai 1941 den »Industrierat des Reichsmarschalls für die Fertigung von Luftwaffengerät«. Im August 1941 fasste Göring gleichgerichtete Industriezweige zu Ringen zusammen, wobei in einem Ring alle Flugzeugbaufirmen zusammengefasst wurden. Im August 1942 wurden schließlich nach Vorbild des von Todt und Speer konzipierten Systems drei Hauptausschüsse gebildet, wobei jedem Hauptausschuss Sonderausschüsse unterstellt wurden (siehe nachfolgende Tabelle). Die Rüstung der übrigen Waffengattungen übernahm Albert Speer mit dem riesigen Ministerium für Rüstung und Kriegsproduktion, wodurch

33 Schmoll, die Messerschmitt-Werke im zweiten Weltkrieg, S. 147

34 BArch-MA RL3/1, S. 192, Schlussbesprechung Regensburg am 10.3.1944 während der ersten Reise des »Unternehmen Hubertus«

35 USSBS, Aircraft Division, Report No. 4, Industry Report, S. 90

36 ebenda, S. 91

sich eine Art Konkurrenzkampf zwischen den beiden Rüstungsämtern entwickelte die sich gegenseitig die Ressourcen wegnahmen.
Dadurch kam es ab Sommer 1943 schon zu gemeinsamen wöchentlichen Besprechungen zwischen dem Speer-Ministerium und dem Generalluftzeugmeisteramt, die aber wenig erfolgreich waren[37].
Aufgrund der gezielten Bombenangriffe auf die Rüstungsbetriebe der Luftwaffe während der »Big Week« führte Milch am 22./23. Februar 1944 eine Reise unter dem Decknamen »Unternehmen Hamburg« zu den betroffenen Unternehmen zur Wiederankurbelung der Jägerproduktion durch, begleitet von Karl Otto Saur und seinem Stab, da Speer zu diesem Zeitpunkt wegen eine Knieoperation und anschließender Lungenembolie im Krankenhaus lag. Während dieser Reise erörterte Milch bereits die Möglichkeiten zur Auslagerung der Industrie als vorbeugende Maßnahme gegen neue Luftangriffe. Da es der Luftwaffe an Personal und Mittel für die Wiederaufnahme der Produktion fehlte, sah er es als einzige Möglichkeit die Jägerproduktion weiterhin aufrecht zu erhalten an, Speer um Hilfe zu bitten. Einer der Spezialisten Speers, ein Vorstandsmitglied von BMW und Leiter des Hauptausschusses Kraftfahrzeuge, Wilhelm Schaaf, machte den Vorschlag, einen Sonderstab nach Vorbild des »Ruhrstabs« von 1943 zu schaffen (dieser baute die Industrie des Ruhrgebiets nach den Luftangriffen des »Battle of the Ruhr« wieder auf). Am nächsten Tag rief Milch eine gemeinsame Besprechung ein, in welcher man sich auf die Bildung eines Jägerstabs einigte[38].

Haupt- und Sonderausschüsse der Luftrüstungsindustrie 1941[39]

Hauptausschuss Zellen (Karl Frydag)	**Hauptausschuss Triebwerke** (William Werner)	**Hauptausschuss Flugzeugausrüstung** (Hans Heyne)
	Sonderausschüsse	
F1 Junkers-Zellen	T1 Junkers-Triebwerke	N12 Fernkompassanlagen
F2 Messerschmitt-Zellen	T2 Daimler-Benz-Triebwerke	A2 Mechanische Messgeräte
F3 Heinkel-Zellen	T3 BMW-Triebwerke	A13 Fallschirme und Zubehor
F4 Focke-Wulf-Zellen	T4 Argus-Triebwerke	A14 Versorgungsabwurf
F5 Dornier-Zellen	T5 Holzluftschrauben und Flügel	A15 Höhenatmeranlagen
F6 Arado-Zellen	T6 Metallluftschrauben und Regler	Sauerstoff-Nachschub
F7 Siebel-Zellen	T8 Leichtmetall für Triebwerke und Zubehör	A22 Flugzeug-Hydraulik
F8 Henschel-Zellen	T9 Armaturen	A23 Druckluft-Geräte
F9 Blohm u. Voß-Zellen	T11 Abgasgeräte	A24 Kleingetriebe
F10 Bücker-Zellen	T12 Gleitlager	Steuerungen und Fernsteuerungen für Fluggerät
F11 Fieseler-Zellen	T14 Kraftstoffförderpumpen	SW1 Schwere Lafetten
F12 Gotha-Zellen	T15 Einspritzpumpen, Düsen, Entlüfter	SW2 Leichte Lafetten
F13 Klemm-Zellen	T16 Askania-Regler	Fernrichterantriebe
F14 Fahrwerke und Sporrne	T17 Flugzeug-Vergaser	Abwurfwaffen (Schloss)
F15 Räder	T18 Hirth-Triebwerke	Abwurfwaffen (ETC)
F17 Zellenguss	T19 Triebwerksverkleidungen	Bomben-Minen
F28 Einheitsbedienungsgeräte		Fallschirm-Minen
F29 Flugzeugpanzerung		Flugzeug-Torpedos
F31 Geschütze, Behälter		

[37] Boog, Luftwaffenführung, S. 296
[38] Irving, Tragödie, S. 347f.
[39] Schabel, S. 140 sowie S. 206

Am 1. März gründeten Speer und Milch auf sechs Monate befristet den Jägerstab, welcher in erster Linie die Aufgabe hatte, »ohne bürokratische Hemmungen durch unmittelbare Befehlsgebung« die Produktion der zur Reichsverteidigung so wichtigen Jäger wieder in Gang zu bringen und die Verlegung von Industriebetrieben durchzuführen[40]. Der Stab ging sofort an die Arbeit, jeden Tag fuhr Milch zu Speer um Unterschriften für wichtige Erlasse abzuholen. In jedem ausgebombten Flugzeugwerk wurde ein Werkbeauftragter für die »Wiederankurbelung der Flugzeugfertigung« ernannt und mit diktatorischen Vollmachten ausgestattet, die Werkbeauftragten waren persönlich für die den Werken auferlegten Produktionszahlen verantwortlich was diese zusätzlich unter Druck setzte[41]. Der erste eingesetzte Werksbeauftragte des Jägerstabs war Prof. Hans Overlach in den Messerschmitt Werken. Weiterhin setzte man Werksverbindungsmänner ein, welche im RLM in Berlin saßen und alles Organisatorische wahrnahmen, was von den Werken herangetragen wurde. Am 4. März fuhr Milch mit Saur zu Göring, der zu dieser Zeit in seiner Burg Veldenstein Urlaub machte. Er begrüßte die Bildung des Jägerstabes und unterrichtete Milch und Saur von dem Befehl Hitlers, sofort zwei bombensichere Flugzeugwerke zu bauen in denen die modernsten Flugzeuge wie die Me 262 gebaut werden sollten. Am nächsten Tag stimmte auch Hitler den neuen Erlassen zu und forderte den Bau von zwei bombensicheren Werken mit jeweils 600.000 bis 800.000m² Produktionsfläche sowie die »großzügige Verlagerung der gesamten deutschen Industrie unter die Erde«[42]. Weiterhin wurden folgende 16 Maschinen für die weitere Produktion des Jahres 1944 festgelegt und andere Muster dafür gestrichen[43]:

Produziert werden sollten:	Eingestellt werden sollten:
Me 262 in großem Umfang	Bf 109
Do 335 als Zerstörer, Kampfmaschine, Aufklärer	Hs 129
Ar 234 Aufklärer und Bomber	Ju 87
Fw 190	Me 210 und 410
Ta 152	Me 110
Me 163 kleine Stückzahl	He 219
Ju 388 Zerstörer, Nachtjäger, Kampfmaschine, Fernaufklärer	Ju 290
Ju 88 mit starkem 2000 PS Motor	Ju 390
Ta 154, wird zur Ta 254	Ju 188
He 111 als einziger Transporter	Ju 52
Ar 432 («Storch-Transporter" für 4 bis 6 to.)	Ju 352
He 177 (später gestrichen)	Me 323
Ju 287 Strahlbomber	Ar 96
Ar 24? Seenotflugzeug	Me 108
Fi 136	
Ar 196 Holz-Schulflugzeug	

Diese Flugzeuge wurden nun »Jägerstabbetreute Maschinen« genannt[44]. Das Rüstungsministerium räumte dem Jägerstab ein Budget von 550 Millionen Reichsmark ein, wohingegen das RLM lediglich 200 Millionen RM erhielt[45]. Während Milch und Speer dem Gremium vorsaßen, übernahm der damals 42-jährige Karl Otto Saur, Staatssekretär im Reichsministerium für Rüstung und Kriegsproduktion sowie Stellvertreter Speers, die operative Führung des Jägerstabes.

40 BArch-MA, RL 3/10, S. 5862ff., Anordnung zur Errichtung des Jägerstabs
41 Pabst, Messerschmitt, S. 67
42 Irving, Tragödie, S. 349
43 BArch-MA RL 3/6 S. 3661ff., Jägerstabsbesprechung vom 26. Mai 1944; wurde mehrmals geändert
44 Uziel, Arming the Luftwaffe, S. 77; NARA, RG243/32/Box 5, 5 Minutes of the interview with Herr Saur, 7. Juni 45, S. 24
45 ebenda; NARA, RG243/6/Box 221, Beschluss während des 56ten Treffen der zentralen Planung, 5. April 44

Der Jägerstab bestand aus folgenden Personen[46]:

Leitung:	Albert Speer Erhard Milch
Stellvertr. Chef des Stabes:	Karl Otto Saur
Mitglieder:	
Planungsgruppe:	Heinz Wegener
Baugruppe:	Walter Schlempp
Sonberbaufragen:	Hans Kammler (SS-WVHA)
Zulieferungsfragen:	Wilhelm Schaaf
Arbeitseinsatz:	Dr. Schmelter
Beschlagnahme von Verlagerungsobjekten:	Ministerialrat Speh
Transportfragen:	Willi Nagel (NSKK)
Energieversorgung:	Richard Fischer
Maschinenfragen:	Otto Lange
Reparaturen:	Ernst Nobel
Reichsbahntransportfragen:	Reichsbahnpräsident Pückel
Reichspostfragen:	Oberpostrat Zerbel
Gesundheitswesen der Arbeiter:	Dr. Poschmann
Sozialbetreuung:	Dr. Carl Birkenholz
Rohstoffe:	Dr. Ing. Heinrich Stoffregen
Später dazu für Programm 262:	Dr. Krome

Weitere, nicht ständige Mitglieder waren die Vorsitzenden der Hauptausschüsse William Werner (Triebwerke, Vorstand Auto Union), Hans Heyne (Flugzeugelektronik, Vorstandsmitglied AEG) und Dr. Karl Frydag (Flugzeugzellen, Direktor Fa. Heinkel). Saur hielt jeden Tag um 10 Uhr ein Stehkonvent ab, wobei die permanenten Mitglieder und die Vorsitzenden der Hauptausschüsse, welche die Flugzeugproduktion und deren Verwaltung vertraten, anwesend waren. Jedes Mitglied berichtete über die relevanten Statistiken seines Ausschusses und der kürzlich aufgetretenen Probleme, anschließend wurden einzelne Themen diskutiert. Saurs Führungsstil war streng und er machte vollen Gebrauch seiner Macht. Er folgte den Produktionszahlen und den damit verbundenen Problemen genau, er reagierte sofort und suchte nach schnellstmöglichen Lösungen. Es geht aus den ersten Monaten der Jägerstabsitzungen, als Milch noch anwesend war klar hervor, dass Saur hier das Ruder in der eisernen Hand hielt. Er schickte oft Experten zu den von Bomben beschädigten Fabriken, um die Reparaturarbeiten zu kontrollieren. Wenn Arbeiter ihm unbefriedigende Produktionszahlen mitteilten, teilte er dem Betriebsobersten mit, dass er die Arbeiten ankurbeln soll, ansonsten sehe er sich gezwungen selbst zu den einzelnen Firmen zu gehen und mit diesen zu sprechen. Dr. Karl Frydag sagte am 9. Juli 1945 der United States Strategic Bombing Survey (USSBS, (US)-Bestandsaufnahme der strategischen Bombardierung), dass sie diese Vorgehensweise »die Peitsche« nannten[47]. Ludwig Bölkow, zu dieser Zeit Chefkonstrukteur bei Messerschmitt, beschreibt eine Besprechung am 14. März 1945 in Saurs Büro im »Mittelwerk«: »*Ins Innere eines Berges bei Nordhausen waren riesige Hallen und Gänge hineingebaut, dort befanden sich die Produktionshallen und die Lager für die fertigen Raketen, aber, wie wir sehen konnten, auch für Triebwerke der Me 262. In einem Querstollen war ein zweigeschossiger Bürotrakt mit einem großen Besprechungszimmer eingebaut. Dort befand sich auch das Büro dieses Herrn Saur. Eine fast gespenstische Runde erwartete uns: Männer mit Luftwaffenuniformen, Generalstabs-Streifen, viele braune Uniformen, dazu einige Zivilisten. Alle in duckmäuserischer Haltung, sichtlich unter Druck vor dem großen Boss Saur. Im Gespräch entwickelte dieser seine Ideen für eine weitere Stärkung der Rüstung für die ‚Endlösung', wie er sagte, auch in Bezug auf den ‚Panama-Bomber'.*

Ich fand das unglaublich kurios und schrieb damals in mein Notizbuch: ‚Man stelle sich die Situati-

[46] BArch-MA RL 3/29, S. 425, St/GL Besprechung am 31. März 1944

[47] Uziel, Arming the Luftwaffe, S. 78, NARA RG243/31/Box 1, USSBS: Interview Nr. 44, Dr. Karl Frydag, 9. Juli 1945, S. 21

on vor. Die Russen durchgebrochen, die Engländer und Amerikaner ebenfalls auf dem Vormarsch. Und dann: Saur verlangt für das Flugzeug mindestens eine Reichweite von 10.000 Kilometern. Die Grundfrage lautete: U-Boote oder Flugzeuge? Eschenauer, General bei der sechsten Abteilung des Generalstabs, erwägt die Wirtschaftlichkeit angesichts der angespannten Rohstofflage. Endziel sei es, die Amerikaner in deren eigenem Land anzugreifen, um dort ihre Kräfte zu binden«.[48] So realitätsfern war man in der Endphase des Krieges.
Aber zurück zum Jägerstab im März 1944. Es sollten folgende Gegenmaßnahmen getroffen werden:

- Oberirdische Verlagerung von Werken in viele kleine, weit gefächerte Betriebe,
- Unterirdische Verlagerung in vorhandene oder neu zu erstellende Stollen- oder Tunnelsysteme (»U-Verlagerungen«) und
- neu zu erstellende Großbunker

Man sah aber schon die Problematik, dass die Verlagerungen unwirtschaftlich, vom Feind leicht erkennbar und wiederum verwundbar waren. Man nahm sich zum Ziel, die Produktion auf einen bestimmten Ort in eine verbunkerte Fabrik zu verlegen um alle Arbeitsschritte von der Konstruktion über den Vorrichtungsbau bis hin zur Serienfertigung zu zentralisieren. Dies sollte am Anfang mit möglichst geringem Aufwand in bestehende Höhlensyteme geschehen wie stillgelegte Straßen- und Eisenbahntunnel, Bergwerke und Höhlen. Am 14. Oktober 1943 wollte Reichsmarschall Hermann Göring beim Reichsverkehrsminister anfragen lassen, welche Tunnel er für Verlagerungen der Flugzeugindustrie zur Verfügung stellen könne[49], bereits am 10. November waren die Tunnel Eschenlohe und Leonberg als Verlagerungsstandorte im Gespräch[50]. In einem weiteren Schritt sollten neue freiliegende Bunkerbauten (z.B. auf Flugplätzen zur Endmontage), teilweise freiliegende Bunkerbauten (z.B. in Steinbrüchen wie in Vaihingen/Enz – siehe Kapitel 7.3) sowie neu zu errichtende Tunnelbauten errichtet werden. Hierbei sollte vorgesehen werden, dass schon während dem Bau fertige Bereiche bereits bezogen werden können. Am 4. März 1944 erteilte Göring eine Sondervollmacht an SS-Gruppenführer Dr. Ing. Kammler für das Untertagebauprogramm. Im März und April besuchten Milch und Saur unter dem Decknamen »Unternehmen Hubertus« Produktionsstätten der Luftrüstungsindustrie, um sich ein Bild von den Schäden zu machen und die Moral der Belegschaft wieder aufzurichten[51]. Folgende »Hubertus«-Reisen wurden durchgeführt[52]:

- 1. Reise, 9.-10. März 1944; Wiener Neustadt, Steyer, Regensburg, München/Allach, Augsburg, Fürth
- 2. Reise, 14./15. März 1944; Leipzig (Erla); Gotha; Braunschweig (Fa. Lutter); Oscherlsleben (Ago); Bernburg (Junkers); Dessau (Junkers)
- 3. Reise, 21. März 1944; Bremen (Focke-Wulf); Hagen (Fa. Schmiedag); Essen (Krupp); Düsseldorf (Werk VDEH)
- 4. Reise, 3./4. April 1945; Sorau (Focke-Wulf); Breslau (Fa. Famo); Posenkreising (Focke-Wulf); Marienburg (Focke-Wulf); Gotenhafen (Reparaturwerk)
- 5. Reise, 2./3. Mai 1944; Giessen, Lüneburg, Stralsund
- 6. Reise, 9. Mai 1944; Wien
- 7. Reise, 18. Mai 1944; Markirch
- 8. Reise, 1./2. Juni 1944; Prag, Budapest
- 10. Reise, 20./21. Juni 1944; Reichenberg, Kattowitz, Krakau

Diese groß angelegten Betriebsverlagerungen stießen auf vielfache Probleme, das größte Problem aller Verlagerungsarten war die Unterbringung und Versorgung einer großen Anzahl von Menschen, die sowohl für den Bau als auch für den Betrieb dieser Verlagerungsstätte nötig waren. In den meisten dieser Verlagerungen wurden auch eine große Anzahl Kriegsgefangener und KZ-Häftlinge eingesetzt.
Der Jägerstab ordnete gleich von Anfang an eine 72-Stunden-Woche an (auch in der Panzerproduktion arbeitete man schon 72 Stunden, sonst üblich waren 60), zu denen aber häufig noch Sonn- und Feiertagsschichten hinzukamen was Unruhe und Unzufriedenheit in der Bevölkerung auslöste. Dem begegnete man mit einer zusätzlichen sozialen Betreuung durch Ernährung und Bekleidung, hierzu gab es im Jägerstab ein separates Referat »Sozialbetreuung«[53].
Die Produktion der Me 262 lief nicht so schnell an wie man es erwartete, deshalb kam es am 12. Mai 1944 zu einer Sitzung des Generalluftzeugmeisters mit Vertretern des Rüstungsministeriums und des Jägerstabes, an der auch Prof. Messerschmitt teilnahm[54].

[48] Bölkow: Erinnerungen, S. 94
[49] BArch-MA RL 3/61 S. 358, Besprechung RM mit GL und Industrierat am 14. Oktober 1943
[50] ebenda S. 170f., Besprechung am 2. November 1943 in den Messerschmitt-Werken Regensburg
[51] Ralf Schabel, Die Illusion der Wunderwaffen, S. 223
[52] BArch-MA RL 3/1 bis RL 3/8
[53] Eichholtz, Kriegswirtschaft, S. 22f.
[54] Ralf Schabel, Die Illusion der Wunderwaffen, S. 227

Vom 23. bis 25. Mai 1944 tagte die Spitze der Luftwaffe bei Göring auf dem Obersalzberg, wo die zukünftige Fertigung und die Straffung des Beschaffungsprogramms besprochen wurden. Nachmittags tagte die Luftwaffenführung bei Hitler auf dem Berghof, wo es zu einem Eklat kam. Hierzu gibt es kein Protokoll, nur Augenzeugenberichte.
Hitler erkundigte sich, wie viele der Me 262 Bomben tragen könnten. Milch antwortete nach Gallands Erinnerungen: »Keins mein Führer, die Me 262 wurde ausschließlich als Jagdflugzeug gebaut«. Hitler antwortete darauf wohl mit einem Temperamentsausbruch, wie ihn Offiziere aus seiner Umgebung nur selten erlebt hätten, hatte man doch ein halbes Jahr lang den »Führerbefehl«, die Me 262 ausschließlich als Bomber zu bauen, missachtet. Angeblich hat Milch ebenfalls mit einem Wutausbruch geantwortet und rief aus: »Mein Führer, das sieht doch jedes Kind, dass das kein Bomber, sondern ein Jäger ist!«
Oberst Petersen, der die Szene als Augenzeuge miterlebte, glaubte, dass diese Auseinandersetzung Milch das Amt des Generalluftzeugmeisters gekostet habe[55]. Aufgrund dieser Vorkommnisse befahl Göring mit Erlass vom 20. Juni 1944 die Konzentration der gesamten deutschen Rüstung auf den Reichsminister für Rüstung und Kriegsproduktion, Albert Speer. Der Jägerstab ging ab 1. August 1944 im Rüstungsstab auf[56], woraufhin Milch quasi ohne Amt dastand und faktisch entmachtet war. Am 1. Oktober 1944 kam Milchs Fahrer im Morgengrauen auf der Rückfahrt von den Schlachtfeldern von Arnhem, wo er mit Speer einen deutschen Gegenangriff beobachtet hatte, bei hoher Geschwindigkeit ins Schleudern, woraufhin der Wagen gegen einen Baum prallte und anschließend in einen Graben stürzte[57]. Nach diesem Autounfall trat Milch bis zum Ende des Krieges nicht mehr in Erscheinung.

2.5 Produktion und Zwangsarbeit

Während der Kriegsphase herrschte akuter Arbeitskräftemangel, was dazu führte, dass Zwangsarbeiter aus dem Ausland in Deutschland eingesetzt wurden. Allein im Sommer 1944 arbeiteten neben sechs Millionen zivilen Arbeitskräften auch zwei Millionen Kriegsgefangene und über eine halbe Million KZ-Häftlinge im Deutschen Reich. Insgesamt mussten im Verlauf des Krieges über zwanzig Millionen ausländische Menschen in Deutschland arbeiten, das Deutsche Reich war damit eines der größten Zwangsarbeiter-Systeme der Geschichte[58].
Der Begriff »Zwangsarbeit« ist recht vielschichtig und beschreibt grundsätzlich zahlreiche unfreie Arbeitsverhältnisse. Man unterscheidet grob zwischen vier Kategorien von Zwangsarbeitern:

1) ausländische Zivilarbeiter
2) ausländische Kriegsgefangene
3) Jüdinnen und Juden
4) KZ-Häftlinge

Durch den seit 1938 herrschenden Arbeitskräftemangel holte man sich immer mehr ausländische Arbeitskräfte nach Deutschland. Anfangs waren dies nach dem Einverleib des »Protektorats« Böhmen und Mähren noch Menschen aus der Tschechei. Nach Beginn des Krieges verschärfte sich die Situation, sodass nach und nach aus den besetzten Gebieten auch Polen, Franzosen, Belgier, Niederländer und Dänen zum Arbeitseinsatz nach Deutschland geholt wurden, wo sie hauptsächlich in der Landwirtschaft und in der Bauindustrie eingesetzt wurden. Anfangs geschah dies noch auf freiwilliger Basis, nachdem dies aber wenig Erfolgreich war wurden vor allem Menschen aus Polen und der Tschechei Dienstverpflichtet.
Während dem Feldzug gegen Russland wollte man die als minderwertig angesehene Rasse der Slawen nicht mit dem deutschen Volk in Berührung bringen und ermordete drei Millionen russische Kriegsgefangene durch Erschießen oder planmäßiges verhungern lassen. Nach dem Ausbleiben der Siege im Osten wendete sich das Blatt, aus der »Blitzkriegstrategie« wurde der »Totale Krieg«, sodass nun auch Menschen aus dem Osten zum Arbeitseinsatz im Reich gezwungen wurden und Zwangsarbeiter aus allen Nationen immer mehr in der Rüstungsindustrie arbeiten mussten.
Die Unterbringung der Zwangsarbeiter erfolgte je nach Nation, rechtlichem Status und Geschlecht unterschiedlich. Ausländische Arbeiter wurden streng überwacht, in einfachen Baracken, überfüllten Gaststätten und Festsälen untergebracht und nur unzureichend verpflegt. Bei Arbeitsverweigerung oder

55 Ralf Schabel, Die Illusion der Wunderwaffen, S. 228
56 Erlass über die Bildung des Rüstungsstabes, 1.8.1944, BArch, NS/3929, S. 70-72
57 Irving, Tragödie, S. 368
58 Stiftung »Erinnerung, Verantwortung und Zukunft«, Berlin

Fluchtversuch drohten ihnen schwere Strafen oder die Einweisung in ein Konzentrations- oder Arbeitserziehungslager, welches einem KZ nahezu gleichkam. Menschen aus der Sowjetunion, »Ostarbeiter« genannt, durften das Lager oft nur zur Arbeit verlassen und mussten die Kennzeichnung »OST« auf der Brust tragen und wurden von Gestapo und Polizei überwacht.

Die seit 1933 existierenden, anfangs von der SA für politische Gegner eingerichteten Konzentrationslager wurden ab 1936 von der SS ausgebaut um Minderheiten und nach der »Reichskristallnacht« auch Jüdinnen und Juden darin festzuhalten. Der organisierte Terror erreichte schließlich Ende 1941 seinen Gipfel in den Vernichtungslagern Auschwitz-Birkenau, Belzec, Sobibór, Treblinka, Majdanek und Chelmno (alle im besetzten Polen), wo im Zuge der »Aktion Reinhard« systematisch über zwei Millionen Juden und 50.000 Sinti und Roma ermordet wurden.

Schon 1938 versuchte die SS, wirtschaftlichen Nutzen aus den Konzentrationslagern zu ziehen indem sie SS-Wirtschaftsunternehmen wie die »Deutsche Erd- und Steinwerke GmbH« (DEST) gründete, in welchen KZ-Häftlinge zur Zwangsarbeit verpflichtet wurden. Die Industrie drängte ebenfalls auf die Nutzung von KZ-Häftlingen, wodurch es eine erste Entwicklung gab, Industrie und Zwangsarbeit unter der SS zusammen zu führen. Dies geschah, indem Betriebe ihre Produktionsstätten zu großen Konzentrationslagern hin verlegten wie beispielsweise die Heinkel Werke mit einem Werk bei Sachsenhausen oder die IG Farben bei Auschwitz.

Ab 1942 wandelte sich das System, als die »Inspektion der Konzentrationslager« in das SS-Wirtschaftsverwaltungshauptamt (SS-WVHA) eingegliedert wurde, von wo aus die Häftlingseinsätze gesteuert wurden. Erstmals wurden KZ-Außenlager gebaut, in welche für die jeweiligen Betriebe geeignete Häftlinge eingewiesen wurden.

Um weiterhin das Ziel, Häftlinge aus politischen oder rassistischen Gründen gezielt ermorden zu können und gleichzeitig die Industrie mit arbeitsfähigen Zwangsarbeitern versorgen zu können, gipfelte dies im Konzept der »Vernichtung durch Arbeit« wie es beispielsweise im KZ Mittelbau-Dora auf barbarische Weise praktiziert wurde, wo die Häftlinge in den Stollen arbeiten und leben mussten, monatelang kein Tageslicht sahen und systematisch ermordet wurden.

Ab 1943 stand die bedingungslose Steigerung der Rüstungsproduktion an oberster Stelle, durch den Arbeitskräftemangel waren Industrieunternehmen auf Zwangsarbeiter angewiesen. So bestanden beispielsweise im Metallbau bei Messerschmitt in Regensburg 80% der Beschäftigten aus Zwangsarbeitern aus dem Osten[59]. Durch die Bombenangriffe während der »Big Week« Ende Februar 1944 und der Forderung an die Rüstungsindustrie seitens der Führung ihre Produktion unter Tage zu verlegen, wurden tausende von KZ-Häftlingen beim Bau von Untertage-Verlagerungen in den Tod getrieben (wie beispielsweise beim Rüstungswerk »REIMAHG« bei Kahla, »Bergkristall« in St. Georgen an der Gusen oder im Mittelwerk bei Nordhausen). Durch diese Maßnahmen stieg die Anzahl der KZ-Außenlager rapide an, ebenso die Anzahl der Häftlinge wobei 60% bis 80% davon in der Kriegswirtschaft arbeiteten. Ab Mai 1944 war der Arbeitskräftemangel so groß, dass sogar der Beschluss, das Reich »judenfrei« zu machen, aufgehoben wurde.

Ohne den Einsatz von KZ-Häftlingen in der Rüstungsindustrie wäre eine Steigerung der Produktion überhaupt nicht möglich gewesen und die Me 262 hätte es in dieser Form nie gegeben. All dies darf trotz der Technikfaszination für dieses Flugzeug niemals vergessen werden.

2.6 U-Verlagerungen

Schon 1936 begann man mit dem Bau von geschützten, unterirdischen Großtanklagern mit 100.000 bis 200.000 Kubikmetern Fassungsvermögen als Kraftstoffreserve für Heer und Luftwaffe. Zuständig dafür war die »Wirtschaftliche Forschungsgesellschaft mbH«, kurz »WiFo«, eine Tarnfirma, welche für die Beschaffung, Lagerung und Herstellung von kriegswichtigen Rohstoffen zuständig war. Das größte WiFo-Tanklager befand sich im Kohnstein bei Nordhausen in Thüringen, wo bereits 1938 Öl, Flugbenzin und andere Rohstoffe des RLM eingelagert wurden.[60]

Nach dem großen Bombenangriff auf Peenemünde am 17. August 1943 entschied man sich, diese Stol-

[59] Schmoll, die Messerschmitt-Werke im zweiten Weltkrieg, S. 109

[60] Frederik Gümmer, Die Rolle der Untertageverlagerung in der deutschen Rüstungsproduktion 1943-1945, S. 27; Siehe auch Dorsch, Xaver: »Die bombensichere Verlagerung von Industrieanlagen«, US Army Historical Division, Allendorf 30.6.1947, BArch, ZA 1/1762 bis 1/1770

lenanlagen nicht mehr zur Kraftstofflagerung, sondern für die Produktion der A4-Fertigung (»V2«) zu nutzen. Es entstand hier ab 1943 eine der größten Untertage-Produktionsstätten des zweiten Weltkrieges.
Am 11. April 1943 forderte Hitler gegenüber Speer und anderen Rüstungsverantworlichen die Umverlagerung von kriegswichtigen Produkten wie Kurbelwellen und Zahnrädern in verbunkerte Fabriken[61]. Aufgrund dieser Forderung gründete das RLM den »Sonderstab Höhlenbau« und ernannte einen zivilen Ingenieur namens Bilfinger zum Kopf dieses Stabes (später auch »Höhlenkommissar« genannt)[62]. Im Juni 1943 gab es einen Führer-Erlass, laut welchem die Verlagerung der wichtigsten Rüstungsfertigungen aus besonders »luftgefährdeten Gebieten« durchgeführt werden sollte[63]. Im Oktober plante man, zwei betonierte Werke zu bauen[64] und man wollte beim Reichsverkehrsminister nachfragen, ob er Tunnel zur Verfügung stellen könne[65]. Der im März 1944 gegründete »Jägerstab« hatte u.a. zur Aufgabe, kriegswichtige Produktion unter Tage zu bringen.

Folgende Produktionsteile hatten Priorität bei der U-Verlagerung:

1.) V-Waffen (speziell V2, Mittelwerk)
2.) Strahl- und Kolbentriebwerke (Jumo 004 und Jumo 213, ebenfalls Mittelwerk)
3.) Daimler-Benz Genshagen in eine Gipsmine bei Heidelberg (Goldfischwerke), Skoda (Daimler-Lizenzproduktion) in einen Granit-Steinbruch bei Kobanya in der Nähe von Budapest, BMW in einen Eisenbahntunnel bei Markirch im Elsass
4.) Strahljäger-Produktion, Me 262 Produktion in Kahla und Kammsdorf bei Weimar[66]

Dazu plante man in der »ersten Welle« die Verlegung in bereits existierende Stollen und Tunnel (»A-Vorhaben«)[67]:

Nr.	Bezeichnung	Nutzfläche	Zu verlegende Industrie	Zu verlegende Fertigung
A1	Reichsautobahntunnel Lengerich	2800	Vereinigte Leichtmetallwerke Hannover	Holmfräserei
A2	Sandsteinbrüche Porta Westfalica. 3 Höhlen rechtes Weserufer; 1 Höhle linkes Ufer	6000	AMBI BUDD, Berlin	Pressen
		4000	Rentrop, Stadthagen	Steuerungsrüstsätze
A3	Salzbergwerk Bartensleben	22000	Askania, Berlin	Steuerung Fi 103
		30500	Lutherwerke, Braunschweig	Zellenteile
A4	Salzbergwerk Hadmersleben	10000	Anschütz, Kiel	Lotzentralen
		15500	Ago, Oschersleben	Jägerzellen
A5	Heimkehle bei Uftrungen	3000	Junkers, Schönebeck	Pressen
A6	Georgischacht u. Schacht Neumansfeld	25000	Südd. Bremse, Augsburg, Erich und Graetz, Berlin; Chr. Mansfeld, Leipzig	Flugzeugteilefertigung
A7	Reichstunnel Bruttig	21500	Bosch Stuttgart	Motorenzubehör
A8	Gipsgrube Friede, Obrigheim	40000	Daimler-Benz Sindelfingen und Genshagen	Pressen Triebwerke
A9	Reichsbahntunnel Markirch	53000	BMW München	BMW 801
A10	Reichsbahntunnel Wesserling	15000	Daimler-Benz Stuttgart	DB 605

61 Boelcke, Deutschlands Rüstung im Zweiten Weltkrieg, S. 247
62 Uziel, Arming the Luftwaffe, S. 123; siehe auch BArch-MA RL3/61 S. 170f., stenographische Niederschrift über die Besprechung beim Reichsmarschall am 2. November 1943 in den Messerschmitt-Werken in Regensburg, S. 50; siehe auch BArch-MA RL 3/65 Aufgaben und Befugnisse Sonderstab Hö/Bau (Befehl Reichsmarschall vom 6. Nov. 1943)
63 Führer-Erlass vom 28.6.1943, siehe auch Martin Moll, Führer-Erlasse 1939–1945, S. 344/345
64 BArch-MA RL 3/61 S. 358, Besprechung RM mit GL und Industrierat am 14. Oktober 1943
65 ebenda, S. 397
66 USSBS, Aircraft Division, Report No. 4, Industry Report, S. 28
67 BArch R 3101/31192, Zusammenstellung der bombensicheren Räume, die mit Unterstützung der SS ausgebaut werden, 12. März 1944

Man merkte recht schnell, dass es mit einer groß angelegten Verlagerung unter Tage nicht so einfach getan war. Die drei Hauptprobleme hierbei waren der Mangel an Arbeitskräften, die Arbeitsbedingungen unter Tage welche den Arbeitern zu schaffen machten und technische Schwierigkeiten, die damit verbunden waren. Den Mangel an Arbeitskräften begegnete man darin, dass man von der SS KZ-Häftlinge zugeteilt bekam, welche teilweise in Ermangelung an Unterkünften direkt in den Stollen unter Tage leben mussten wie beispielsweise im Mittelwerk bei Nordhausen oder bei der U-Verlagerung »Vulkan« in Haslach im Kinzigtal.

In einer zweiten Welle sollten neue Stollenanlagen nach Vorbild des Mittelwerkes entstehen (»B-Vorhaben«)[68]:

Nr.	Bezeichnung	Nutzfläche	Zu verlegende Industrie	Zu verlegende Fertigung
B1	Reichsautobahntunnel Lengerich	2800	Vereinigte Leichtmetallwerke Hannover	Holmfräserei
Bemerkung: Anstelle Stadtoldendorf kann auch Osterode/Harz treten.				
B2	Sandstein Halberstadt	40000 bis 60000	Junkers, Dessau	Strahlbomber
Teilanlage kommt nach Halberstadt-Klusenberge				
B3	Anhydritzug Niedersachswerfen	80000	Junkers, Dessau	TL Gerät Jumo 004
B4	Anhydritzug Krölpa b. Pössneck	40000 bis 60000	Arado, Brandenburg	AR 234
B5	Bisher Kalksteinbrüche Leitmeritz, der Luftwaffe jedoch nicht zugesprochen			
B6	a) Molassesandstein Überlingen	15000	Dornier-Süd	Entwicklung Do 335
	b) und im Raum südwestlich München	45000	Dornier-Süd	Do 335
B7	(Bisher Kalkstein Golling) jetzt: St. Georgen II (Esche II)	Noch unbekannt	?	?
B8	St. Georgen a.d. Gusen (Esche I)	20000	Messerschmitt Regensburg	Me 262
B9	Melk a.d. Donau (Quartz I)	75000	Steyr-Daimler-Puch A.G.	DB 603
B10	(Bisher: Einzendorf) jetzt: Melk a.d. Donau-St. Pölten	Noch unbekannt	Wiener Neust. Flugzeugwerke	Me 262

Zu einem Vorzeigeobjekt mauserte sich die Verlagerung der Flugmotorenproduktion der Daimler-Benz AG von Genshagen bei Berlin nach Obrigheim am Neckar. Zu Problemen führte hier vor allem die Luftfeuchtigkeit und die Temperatur in den Stollen, Experten von Daimler-Benz gaben eine Empfehlung von maximal 75% und 25°C an. Selbst 50% war ihnen für die empfindlichen Werkzeugmaschinen noch zu hoch. Weiterhin erschwerte das Aufquellen der tonigen Schichten der Gipsgrube das Erstellen geeigneter Maschinenbetten für die schweren Werkzeugmaschinen. Die Luftfeuchtigkeit betrug in den Stollen schließlich 100%, innerhalb von vier Wochen brannten 195 Motoren der Werkzeugmaschinen durch. Erst Anfang September standen genügend Ventilatoren zur Verfügung, sodass man die Luftfeuchtigkeit auf 95%, an manchen Stellen sogar auf 80% senken konnte.

Ein weiteres großes Problem war die Gefahr des Steinfalls. So kam es am 3. September 1944 zu einem Ablösen von 60m^2 Gestein, die abgestürzten Massen begruben einen Arbeiter unter sich. Nur einige Stunden später lösten sich 400m^3 Geröll, was 22 Maschinen und ebenso viele Arbeiter unter sich begrub. Nur zwei konnten lebend geborgen werden. Im Ministerium Speer machte man zu viele Maschinen auf zu engem Raum dafür verantwortlich, welche die Decke zu stark erhitzten. Die Bergbaubehörde dagegen gab an, dass mit der Frischluftzufuhr gebildete Kondenswasser das Gestein aufquellen ließ was schließlich zu diesem Unglück führte[69].

[68] Schmoll, die Messerschmitt-Werke im zweiten Weltkrieg, S. 109

[69] Roland Peter, Rüstungspolitik in Baden, S. 190

Das Klima im Stollen war stark abhängig von den Witterungsverhältnissen außerhalb, im Winter war es nur 5 bis 7 °C warm was die Krankheitsfälle stark ansteigen ließ. Es kam zu einer Ruhr-Epidemie, woran jeder fünfte Arbeiter erkrankte. Junkers verlagerte einen Teil seiner Produktion in den Kalischacht »Brefeld« in Tarthun bei Magdeburg, wo von etwa 2400 Arbeitern Baugruppen für die Ju 88, Fw 190 und die He 162 auf einer Fläche von ca. 18.500m² gefertigt wurden. Da die Wände aus purem Salz die Feuchtigkeit der Luft sehr gut aufnehmen konnten und gute Belüftung gewährleistet war, führte dies zu zufriedenstellenden Bedingungen. Ein Problem war aber die unzureichende Kapazität des Aufzugs. Dieser war ständig in Betrieb um die Arbeiter, Material und fertige Baugruppen in eine Tiefe von 500m der Mine zu bringen was die Produktion ineffektiv werden ließ[70]. Trotz aller Widrigkeiten konnten die A-Vorhaben im Spätsommer 1944 weitgehend abgeschlossen werden. Aufgrund der Probleme bei diesen richtete man im Rüstungsministerium alle Hoffnungen auf die »B-Vorhaben«.
Neben diesen U-Verlagerungen kam es auf Initiative von Fritz Sauckel, dem Gauleiter Thüringens, und Hermann Göring zur Gründung der »REIMAHG«. Diese hat den Bau eines Stollensystems im Walpersberg bei Kahla zum Ziel, in welchem die Me 262 produziert werden sollte (siehe Kapitel 6.7). Am 1. August 1944 wurde der Jägerstab aufgelöst, er ging am gleichen Tag im neu gegründeten »Rüstungsstab« auf, welcher neben der Flugzeugindustrie nun für die gesamte Rüstungsindustrie verantwortlich war.
Messerschmitt schuf ein großes Netz von Verlagerungsbetrieben im gesamten süddeutschen Raum. Die Teile- und Baugruppenfertigung verlegte man in zahlreiche kleinere Betriebe (teilweise unter Tage), die Endmontage der Me 262 Prototypen erfolgte erst im Werk Augsburg und Regensburg, die Serienmaschinen hauptsächlich in den Waldwerken »Gerätebau Leipheim« und im Hasenbühl bei Schwäbisch Hall. Weitere Endmontage-Waldwerke errichtete man später bei Obertraubling (»Stauffen«), in Burgau (Kuno AG Werk I), Neuburg / Donau (»Sand & Kieswerk Kießling & Co.«). U-Verlagerungen befanden sich in Thüringen (»REIMAHG« bei Kahla) sowie in Österreich (»Bergkristall« in St. Georgen an der Gusen).

2.6.1 Beispiel einer U-Verlagerung in St. Astier, Frankreich

Der verbunkerte Eingang zur Kalkgrube. (NARA)

[70] USSBS, Aircraft Division, Report No. 4, Industry Report, S. 27

(NARA)

Die Kantine. (NARA)

Eine der ersten U-Verlagerungen fand in Frankreich statt. Diese ist zwar keine U-Verlagerung der Messerschmitt-Werke, sie wurde aber von den Alliierten sehr früh entdeckt und gut dokumentiert. Deshalb soll sie hier als Anschauungsfall mit recht vielen Bildern dienen, da von den übrigen U-Verlagerungen so gut wie keine Bilder während der Produktion entstanden sind. Die französische Firma SNCASO

Werkzeugmaschinen (NARA)

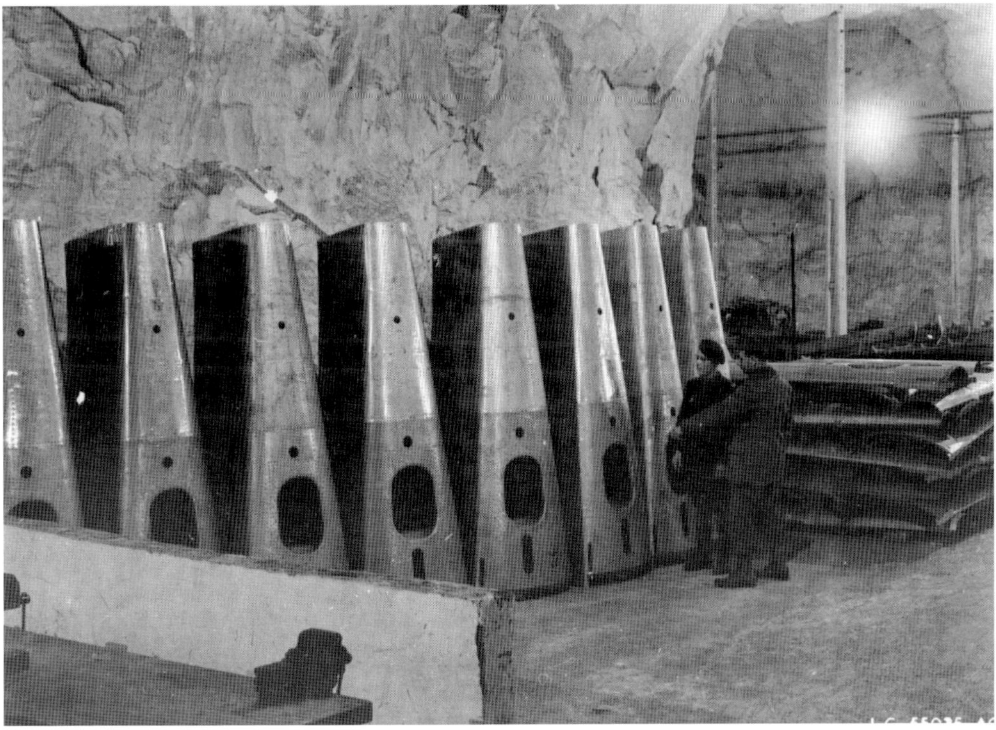

Lager unter Tage. (NARA)

in Bordeaux fertigte Teile für die Fw 190. Da diese Firma schon 1942 Alliierte Bombenangriffe fürchtete, wurde die Produktion in eine Kalkgrube in der Nähe von St. Astier verlegt. Möglicherweise wollte die Firma auch einfach nur ihre Kapazität erhöhen und sah in dem Stollensystem eine einfache Möglichkeit, dies zu erreichen.

Im Spätjahr 1942 begann man mit Arbeiten in den

Produktion und Lagerstätte. (NARA)

Stollen, im Juli 1943 war der erste Bereich fertiggestellt. Die Verlagerung sollte sich als richtig erweisen, denn am 17. Mai 1943 wurden die Produktionsstätten in Bordeaux tatsächlich von alliierten Bombern angegriffen. In dem Stollensystem wurden auf 147.828m² Teile für die Fw 190 produziert, auch eine Kantine befand sich darin.[71] Von dieser Anlage sind zahlreiche Fotos überliefert, welche ein Beispiel dafür geben, wie es in solch einer U-Verlagerungsstätte ausgesehen hat.

2.7 Großbunker

Eine andere Entwicklung nahm das Vorhaben, stark verbunkerte »Jägerfabriken« zu bauen. Schon im Herbst 1943 warb der Leiter der Organisation Todt, Franz Xaver Dorsch, für derartige Projekte, auch Willy Messerschmitt sah in den Großbunkern, wo er die komplette Flugzeugfertigung vom Rohteil bis zum fertigen Flugzeug unterbringen konnte, als die »Endlösung« an[72].

Da Speer aber gegen ein solches Vorhaben war, weil er die Realisierung dessen in absehbarer Zeit für illusorisch hielt und außerdem woanders wichtige Kräfte dafür hätte abziehen müssen[73], trug Dorsch dies am 14. April 1944 bei Hitler auf Einladung Görings vor, als Speer im Krankenhaus lag[74] (Dorsch war Speers Stellvertreter der »Organisation Todt« und wurde am 29. April 1944 Chef der »OT«). Bereits einen Tag später schlug Dorsch Hitler einige günstige Standorte sowie die erforderliche verwaltungstechnische Voraussetzung für die Errichtung der sechs geplanten Großbunkeranlagen vor[75]. Hitler war von Dorschs Plänen begeistert, woraufhin er am 21. April 1944 mit der Errichtung von sechs »Jägerfabriken« beauftragt wurde[76].

Bereits am 5. März 1944 forderte Hitler in einer Besprechung mit Milch, General v. Bodenschatz, Oberst v. Below und Saur als Vertreter Speers ei-

[71] Daniel Uziel: Arming the Luftwaffe: The German Aviation Industry in World War II, S. 121

[72] IWM, Ref. No. F.D. 4355/35 Volume 6, Denkschrift Willy Messerschmitt, Sicherung der Jäger- und Zerstörerfabrikation gegen Luftangriffe, Oberammergau, 16.3.44

[73] Albert Speer, Erinnerungen, S.348

[74] ebenda, S. 339 und 342

[75] ebenda, S. 348

nen Mindestumfang von 600.000 bis 800 000m² für die Betonwerke, außerdem sollten diese durch Flak und Nebel voll gesichert werden. Weiterhin sollte ein Abtransport per Schiff oder zumindest Eisenbahn möglich sein, das Vorhandensein von Kies musste gewährleistet sein. Für die Deckenarmierung sollten mindestens 6 bis 8 Stockwerke berücksichtigt werden[77]. In einer Besprechung am 6. und 7. April 1944 bei Hitler berichtete Milch über das Ergebnis der Bausitzung der Zentralen Planung, wo besprochen wurde, dass wegen der Angespanntheit der Gesamtlage nur die wichtigsten Bauten verwirklicht werden könnten. Hitler forderte, dass »mit aller Energie« die beiden Großbauwerke von je 600.000m² errichtet werden sollten und eines dieser Werke eine Erweiterung des Mittelwerkes sein sollte, welches an dieses anschließt und »Mittelbau« genannt wurde. Dieses Werk sollte unter die Führung der Junkers-Werke kommen und 1000 Me 262 sowie 2000 weitere Jäger pro Monat produzieren. Das Mittelwerk war zu diesem Zeitpunkt bereits die größte unterirdische Fabrik der Welt, in welcher die Rakete A4 gebaut wurde.

Das zweite Großbauvorhaben solle nicht auf deutschem Gebiet, sondern in unmittelbarer Nähe der deutschen Grenze auf französischem, belgischem oder Holländischem Gebiet errichtet werden. Hitler macht zur Bedingung, dass das Werk hinter einer befestigten Zone errichtet werden solle und vor allem das französische Gebiet den Vorteil hätte, dass die notwendigen Arbeiter zur Verfügung gestellt werden könnten. Trotz allem hätte es Hitler aber doch lieber gehabt, dass die zweite Fabrik im »Protektorat« (Böhmen und Mähren) gebaut werden sollte, da er dieses Gebiet als wesentlich sicherer erachtete. Sollte es zu Engpässen mit Arbeiten kommen, würde er sich selbst beim Reichsführer SS dafür einsetzen, dass dieser bis zu 100.000 jüdische Zwangsarbeiter aus Ungarn bereitstellen sollte[78].

Am 14. April 1944 wurden bei einer Konferenz mit Hitler, Göring und als Vertreter von Albert Speer, Xaver Dorsch, noch einmal die »Jägerfabriken« angesprochen. Es wurde angedeutet, dass insbesondere an der deutsch/französischen Grenze ideale Bodenverhältnisse, Kiesvorkommen und Verkehrsverhältnisse für eine derartige Anlage vorlagen, man in 6 bis 8 Monaten eine derartige Anlage errichten könne und die OT diese Bauten errichten sollte. Weiterhin wurde der Bau so genannter »Jägerpilze« beschlossen, dies waren bombensichere Hangars in denen Jäger untergebracht werden sollten[79]. Später in dieser Besprechung wurde noch einmal die bombensichere Jägerfabrik angesprochen, auf die Frage nach der Bauzeit machte Dorsch dies vom Standort abhängig. Als günstigsten Ort nannte er die schwäbisch/bayerische Schottertrasse wie sie etwa bei Landsberg vorkam, wo später dann auch mit solchen Bauvorhaben (»Weingut II«, »Walnuß II« sowie »Diana II«) begonnen wurde. In einem stenographischen Bericht über eine Besprechung des Jägerstabes vom 28. April 1944 im Reichsluftfahrtministerium wird erwähnt, dass Professor Casegrande, der Verbindungsmann zu Dorsch, Vorerkundigungen in der Lech Gegend durchgeführt hatte und der Standort dieses Werkes wohl fest sei. Im Verlaufe des Gesprächs wurden drei Standorte angegeben: Dachau, Landsberg und Mühldorf. Weitere Erkundigungen sollten über die Gebiete Prag, Ruhrgebiet und Karlsruhe eingezogen werden. Weiterhin gab Casegrande bekannt, dass sofort mit dem Bau begonnen werden könne und die Bauzeit lediglich fünf Monate betragen würde. Es wurde angedacht, zur Finanzierung der Bauvorhaben diese an Konzerne und Firmen zu verpachten. Gebaut bzw. begonnen wurden folgende Bunkerfabriken:[80]

- »Weingut I« bei Mühldorf (Beginn: Juni 44[81])
- »Weingut II« bei Landsberg (Beginn: Mai 44[82])
- »Walnuß II« bei Landsberg (Beginn: Mai 44)
- »Diana II« bei Landsberg (Beginn: Mai 44)
- »Biber« zwischen Bedburg und Glesch an der Erft (Bergheim/Nordrhein-Westfalen; Baubeginn: Juni 1944[83])

Möglicherweise entstand im »Protektorat« in Raudnitz an der Elbe (heute Roudnice nab Labem in der Tschechei) ebenfalls ein solches Projekt, es wurde zumindest in einer Jägerstabsbesprechung am 9. Juli 1944 mehrfach angesprochen[84]. Die realisierten Großbunker-Projekte werden in Kapitel 4 näher behandelt.

76 Unveröffentlichter Erlass Hitlers vom 21.4.1944, BAB, R 3/1637, Bl. 8

77 Boelcke, Besprechung bei Hitler am 5. März 1944, S. 337

78 ebenda, Besprechung bei Hitler am 4. und 5. April 1944, S. 346f.

79 ebenda S. 351f.

80 Anton Posset, »Deckname Ringeltaube«, über die Entstehung der OT-Rüstungsbauten unter der Oberbauleitung »Ringeltaube« in den Jahren /45, Publikation der Bürgervereinigung »Landsberg im 20. Jahrhundert e.V.«

81 Frederic Gümmer, Die Rolle der Untertageverlagerung in der Deutschen, Seite 80

82 »Projekt Ringeltaube«, Bildungsinitiative ‚Das andere Leben' des Niedersächsischen Kultusministeriums

83 Uwe Depcik, Die Organisation Todt – Bunkerbau in Bedburg aus: Gezwungenermaßen – Zwangsarbeit in der Region Rhein-Erft-Ruhr / hrsg. von der Arbeitsgemeinschaft der Archivarinnen und Archivare im Erftkreis. – 1. Aufl. – Bergheim/ Erft, 2002

84 BArch-MA, RL 3/9, S. 5089 f.

3 Vom Modellflugzeug zum Industriebetrieb

3.1 Willy Messerschmitt

Friedrich Wilhelm Messerschmitt wurde 1898 in Frankfurt am Main geboren. Er war der zweite Sohn aus der zweiten Ehe seines Vaters Ferdinand Baptist Messerschmitt und hatte vier Geschwister. 1906 zog die Familie nach Bamberg, wo Willy Messerschmitt das Gymnasium besuchte. Mit 12 Jahren baute er Modellflugzeuge mit Gummiantrieb, wobei er anstatt der damals üblichen Doppeldecker schon Eindecker baute.

Im Herbst 1913 experimentierte der 33jährige Friedrich Harth mit einer kleinen Helfergruppe schon seit 3 Jahren mit selbstgebauten, flügelgesteuerten Segelflugzeugen. Willy Messerschmitt stieß im September 1913 dazu, wo er beim Bau des gerade entstehenden S2 genannten Segelflugzeugs mitwirkte. Messerschmitt lernte schnell und half bald bei der Konstruktion der Segelflugzeuge. Der inzwischen 16-jährige wurde bald ein unentbehrlicher Helfer Harths, als dieser 1914 nach Ausbruch des ersten Weltkrieges eingezogen wurde baute Messerschmitt als erstes eigenes Flugzeug die S5, wobei er sich mit Harth mit zahlreichen Briefen und Postkarten abstimmte.

1917 machte Messerschmitt sein Abitur an der Oberrealschule Nürnberg, danach wurde er zur militärischen Grundausbildung eingezogen, nach dem Kriegsende begann er das Studium an der TH in München. Harth arbeitete seit 1917 bei der BFW in München als Konstrukteur, wo die beiden das Segelflugzeug S7 bauen ließen. Mit der S8 stellte Friedrich Harth am 13. September 1921 einen neuen Dauerrekord im Segelfliegen mit 21,5 Minuten auf. Bei dem Flug verletzte sich Harth allerdings schwer, sodass dieser für längere Zeit ausfiel. Im Namen von »Segelflugzeugbau Harth und Messerschmitt« richtete sich Willy Messerschmitt in Bischofsheim an der Rhön eine Werkstätte mit bezahlten Arbeitern ein und suchte mit einer Anzeige im »Flugsport« nach Flugschülern zur Ausbildung auf flügelgesteuerten Flugzeugen, wobei er den später berühmt gewordenen Segelflieger Wolf Hirth kennen lernte. Während der Genesung Harths ging Messerschmitt eigene Wege und baute beispielsweise einen voll verkleideten Rumpf (»Sperrholzboot«), in welchem sämtliche Steuerorgane im Innern verlegt wurden – zu dieser Zeit ein Novum.

1922 trennten sich die Wege von Harth und Messerschmitt. Dieser konstruierte und baute anschließend die S14, welche beim Rhön-Wettbewerb 1923 für einiges Aufsehen sorgte: Hans Hackmack startete bei stürmischem Wetter mit der S14 und erreichte eine Höhe von 303m über dem Startpunkt. Anschließend flog er über drei Orte hinweg und landete danach hinter einem kleinen Wald, wo er leichten Bruch machte. Der Flug galt als größte Leistung des 1923er Rhön-Wettbewerbs.

3.2 Flugzeugbau Messerschmitt, Bamberg

1923 machte sich Willy Messerschmitt als 25-jähriger Student selbstständig und gründete den Flugzeugbau Messerschmitt in Bamberg. Die ersten Flugzeuge, die in einem Schuppen des väterlichen Betriebs entstanden, waren die S14, welche gleichzeitig die Diplomarbeit Messerschmitts darstellten, sowie die S15, ein Motorsegler sowie dessen erstes, motorgetriebenes Flugzeug von dem er 1924 zwei Stück verkaufen konnte. An denselben Auftraggeber verkaufte er zwei weitere Motorsegler S16a und S16b für den Rhön-Wettbewerb 1924, welche erstmals konventionelle Ruder anstelle der Verwindungsflächen aufwiesen. Beide Exemplare fielen allerdings mit Motorproblemen aus.

1925 konstruierte Willy Messerschmitt erstmals ein reines Motorflugzeug, die M17. Theo Croneiß, Gründer der Flugsportschule Fürth, wurde auf dieses Flugzeug aufmerksam und kaufte ein Exemplar. Insgesamt wurden sechs bis acht dieser Kleinstflugzeuge gebaut, eines davon existiert heute noch im Deutschen Museum in München[85]. Theo Croneiß gab Messerschmitt anschließend den Auftrag, auf Basis

[85] Ein flugfähiger Nachbau existiert außerdem im Flugmuseum Messerschmitt in Manching (Messerschmitt-Stiftung)

der M17 ein viersitziges Verkehrsflugzeug in Ganzmetallbauweise zu bauen, welches dieser in seiner neu gegründeten »Nordbayerischen Verkehrsflug GmbH Fürth« einsetzen wollte. Croneiß erkannte, dass die großen Verkehrsflugbetriebe besonders im innerdeutschen Linienverkehr unwirtschaftlich arbeiteten, da sie hier viel zu große Flugzeuge einsetzten welche sie nicht auslasten konnten. Aus diesem Grund setzte Croneiß die von ihm selbst am 15. Juni 1926 beim Erstflug geflogene M18 ein, wobei zwei dieser Exemplare zum Sommerflugplan 1937 seiner Nordbayerischen Verkehrsflug GmbH eingesetzt wurden. Er konnte damit einen Preis von 60 bis 80 Pf. pro Kilometer realisieren, wo die anderen Gesellschaften 2 Mark ansetzen mussten.
Durch die Kooperation mit Croneiß musste Messerschmitt eine GmbH gründen, um geschäftsfähig zu sein. Er war dabei Gesellschafter bei Croneiß' Verkehrsflug GmbH, im Gegenzug war Croneiß Gesellschafter bei Messerschmitts Flugzeugbau GmbH.

Willy Messerschmitt 1958. (BArch Bild 146-1969-169-19)

3.3 Bayerische Flugzeugwerke AG

1926 wurden in München die Bayerischen Flugzeugwerke AG gegründet, um die in Konkurs gegangene Udet Flugzeugbau GmbH aufzufangen. Hierbei stellte das Deutsche Reich 62,5%, der Freistaat Bayern 12,5% und das Bankhaus Merck, Finck & Co. 12,5% des Aktienkapitals. Die BFW kaufte die Firma Eisenwerke Gebr. Frisch sowie die Gebäude der ehemaligen Rumpler-Werke in Augsburg und fertigte in diesen Räumlichkeiten den Udet U-12a sowie U-12b »Flamingo« weiter. Auftraggeber war das Reichsverkehrsministerium, welches nach ersten finanziellen Schwierigkeiten auch den Anteil des Bankhauses Merck, Finck & Co. Übernahm. Wegen erheblicher Meinungsverschiedenheiten verließ der leitende Ingenieur Hermann das Unternehmen woraufhin dieses ohne Chefkonstrukteur dastand.
Zur selben Zeit verhandelte Willy Messerschmitt mit den Behörden über Subventionen für sein junges Unternehmen, da aber die BFW AG schon vom Staat unterstützt wurde versuchte das Reichswirtschaftsministerium und das Verkehrsministerium in Berlin, beide Firmen zusammen zu führen. Da Messerschmitt seine Selbstständigkeit aber nicht aufgeben wollte, kam es zu einem Interessenvertrag zwischen den Bayerischen Flugzeugwerken AG und der Flugzeugbau Messerschmitt GmbH, worin die BFW AG den Bau von Flugzeugen und die Messerschmitt GmbH die Entwicklung und Konstruktion übernahm und alle seine Patente in seiner Firma beließ. Die BFW AG übernahm alle Rechte und Unterlagen für die M17, M18 und M18b sowie den Kundenstamm der Flugzeugbau Messerschmitt GmbH sowie sämtliche Maschinen und Werkzeuge zu einem Preis von 92.000 RM.
Die BFW AG baute anschließend weitere 12 M18b und Messerschmitt entwickelte die M20, eine Verkehrsmaschine für 8 bis 10 Passagiere. Das Flugzeug stürzte allerdings beim Erstflug ab, woraufhin die Deutsche Luft Hansa die beiden auf Weisung des Reichsverkehrsministeriums bestellten Maschinen wieder annullierte. Am 3. August 1928 startete der zweite Prototyp mit Theo Croneiß am Steuer erfolgreich zum Erstflug, nach welchem die Luft Hansa die Bestellung der beiden Exemplare wieder erneuerte. Im Juni 1929 wurden zwei M20b mit erhöhten Lastannahmen an das Unternehmen geliefert.
1928 kam es durch den Deutschen Reichstag wegen seiner Eigentumsrechte an den Augsburger Flugzeugwerken zu Kritik am Reichsverkehrsministerium, weshalb sich dieses dazu entschloss seine Anteile zu verkaufen. Da Messerschmitt um seine Unabhängigkeit fürchtete suchte er nach privaten, ihm bekannten Investoren die er in der Familie Stromeyer-Raulino mit Otto Stromeyer und seiner Frau Baronin Lilly Stromeyer-Raulino (geb. Michel-Rauli-

Messerschmitt M20 und der Pilot der Unglücksmaschine vom 6. Oktober 1930, Erich Prust. (BArch Bild 183-R08592)

no) aus seiner Heimat Bamberg fand. Diese übernahmen 82,5% des Aktienkapitals, Willy Messerschmitt behielt seinen Anteil entsprechend des Wertes seiner Flugzeugbau GmbH von 17,5%. Otto Stromeyer wurde Vorsitzender des Aufsichtsrates, Willy Messerschmitt und Fritz Hille teilten sich die Erledigung des Tagesgeschäfts[86]. Die Baroness ließ sich 1939 von Stromeyer scheiden der 1943 mit 62 Jahren starb. Nach dem Krieg offenbarten die Baroness und Messerschmitt ihre Beziehung und heirateten am 17. Dezember 1951 in München[87].

Es folgten zahlreiche erfolgreiche Flugzeuge von Willy Messerschmitt, wie beispielsweise dem fortschrittlichen Schul- und Sportflugzeug M23a, mit welchem Theo Croneiß den Ostpreußenflug 1928/29 gewann oder die M23c, von welcher gleich zehn Stück beim Europa-Rundflug 1930 teilnahmen wobei eine davon gewann. Theo Croneiß führte bei etlichen Messerschmitt-Neukonstruktionen den Erstflug durch.

Am 6. Oktober 1930 stürzte eine M20b der Luft Hansa ab, bei welchem acht Tote zu beklagen waren. Am 4. April 1931 kam es zu einem weiteren Absturz mit zwei Toten, woraufhin die Luft Hansa eine Sperrung des Flugzeugs bis zur Ermittlung der Absturzursache erwirkte. Das Ergebnis dieser war, dass die vom Gesetzgeber vorgeschriebenen Lastannahmen zu gering waren. Die Luft Hansa und dessen Chef Erhard Milch aber stornierten die bereits vorgenommenen zehn Bestellungen und forderten alle bisher getätigten Vorauszahlungen zurück. Durch dieses Ereignis kam es zum Zerwürfnis zwischen Willy Messerschmitt und Erhard Milch. Da sich die Bayerischen Flugzeugwerke AG zu diesem Zeitpunkt schon in finanzieller Schieflage befanden da trotz staatlicher Subventionen die hohen Kosten

[86] Vann, Messerschmitt, S. 41

[87] Landesgeschichtliches Informationszentrum Hessen, abgerufen am 1.4.2017

der vom Staat beauftragten Entwicklungen nicht durch die knapp kalkulierten Preise der Kleinserien ge-deckt werden konnten, war die BFW AG am 1. Juni 1931 Zahlungsunfähig und musste Konkurs anmelden.
Willy Messerschmitts Flugzeugbau GmbH mit seinen Patenten war von dem Konkurs nicht betroffen, weshalb es ihm möglich war, weiterhin mit einem kleinen Teil der übernommenen Ingenieure und Mechaniker Flugzeuge zu bauen. Durch den Konkursverwalter Rechtsanwalt Konrad Merkel konnte eine Einigung mit der Luft Hansa getroffen werden, nach Überarbeitung der M20b und der Neukonstruktion des Leitwerks die zehn bestellten Maschinen weiter zu bauen.
1932 wurde Rakan Kokothaki eingestellt, es kam mit allen Gläubigern zu einem Zwangsvergleich welcher am 27. April 1933 beurkundet wurde, wodurch die Bayerischen Flugzeugwerke AG wieder geschäftsfähig waren.

3.4 Neuanfang der BFW AG

Mit der Machtübernahme der Nationalsozialisten 1933 wurde Hermann Göring Reichsminister für Luftfahrt, Erhard Milch wurde Staatssekretär im Reichsluftfahrtministerium (RLM), der enge Freund Messerschmitts Ernst Udet wurde Leiter des technischen Amtes und 1938 Generalluftzeugmeister. Im Zuge der Aufrüstung der Luftwaffe erhielt die BFW Nachbauaufträge für die He 45, Ar 66, Go 145, He 50 sowie die Do 11. Im Oktober 1933 wurde Theo Croneiß Vorsitzender des Aufsichtsrats der BFW und gleichzeitig zuständig für den Aufbau der Luftfahrtindustrie in Bayern. In einem vertraulichen Brief von Göring an Croneiß vom 20. Oktober 1933 schrieb dieser, dass sich Croneiß auf den Aufbau einer Flugzeugfirma, der Konstruktion eines »erstklassigen Verkehrsflugzeugs« sowie eines »blitzschnellen Kurierflugzeugs« gefasst machen soll[88]
Ende 1933 entschloss sich das RLM zu einer Teilnahme am Europa-Rundflug 1934, weshalb es im September 1933 tatsächlich den Auftrag zur Entwicklung eines 4-sitzigen Reiseflugzeugs an die BFW AG vergab. Dieses erhielt die interne Bezeichnung M37 und bekam vom RLM die Typnummer 108 zugewiesen. Willy Messerschmitt entwickelte ein sehr fortschrittliches Ganzmetallflugzeug mit Vorflügel, Landeklappen und einziehbarem Fahrwerk. Beim Europa-Rundflug 1934 fand die Maschine, nun Bf 108 genannt, große Beachtung, sie erreichte die höchste Geschwindigkeit des Rundflugs von 291km/h. Trotzdem erreichten die Maschinen lediglich den 5., 6. und 16. Platz. Am 13. August 1935 flog Elly Beinhorn einen spektakulären Ein-Tages-Flug von 3570km in 13,5 Stunden. Sie verlieh ihrem Flugzeug den Namen »Taifun« wonach die Maschine fortan benannt wurde. Willy Messerschmitt besaß selbst auch eine Bf 108 mit dem Kennzeichen D-I MTT welche er allerdings nur im Beisein eines erfahrenen Piloten flog. Die Maschine musste er in der zweiten Kriegshälfte an die Luftwaffe abgeben.
Milch mit seiner Luft Hansa und Croneiß mit seiner Nordbayerischen Verkehrsflug GmbH waren bis 1934 Konkurrenten, außerdem wollte Croneiß ebenfalls das Amt des Staatssekretärs im RLM, weshalb beide nicht gut aufeinander zu sprechen waren. Croneiß versuchte gar, Milch aus dem Amt zu drängen, indem er ihm »nichtarische Abstammung« nachweisen wollte was allerdings daran scheiterte, dass Göring Milch deckte. Eine jüdische Herkunft Milchs ist bis heute nicht nachgewiesen[89]. Dies und die Feindschaft zwischen Milch und Messerschmitt führten dazu, dass Milch die BFW bei staatlichen Aufträgen hinten anstellte was beinahe dazu führte, dass die BFW bei der Ausschreibung zur Entwicklung des neuen Jagdflugzeugs für die Luftwaffe nicht berücksichtigt wurde[90].
Erst als Major Wimmer vom RLM sein Missfallen zum Ausdruck brachte, dass die BFW AG das Modell M37 für das Ausland baute was Willy Messerschmitt dadurch begründete, dass er sich dadurch das Überleben sicherte da er bei der Vergabe von Entwicklungsaufträgen bisher nicht berücksichtigt wurde, erteilte man ihm den Auftrag zur Entwicklung eines Hochleistungsjägers. Am 28. Mai 1935 konnte der Erstflug der Bf 109 durchgeführt werden, beim Vergleichsfliegen in Travemünde überzeuge die 109 so sehr, dass sie als Standardjäger der neuen Luftwaffe festgelegt wurde.
Schon Anfang August 1934 erteilte das RLM einen Vorbescheid für die Entwicklung des Zerstörers Bf 110, der Erstflug erfolgte am 12. Mai 1936. Ebenfalls 1936 wurde eine vom Reichsluftfahrtministerium geforderte Erweiterung der Firma in Augsburg durch die Stadt abgelehnt, woraufhin man in Regensburg die Bayerische Flugzeugwerke Regens-

88 Schmoll, die Messerschmitt-Werke im zweiten Weltkrieg, S. 196 (Original abgedruckt)
89 Pabst, Messerschmitt, S. 16
90 ebenda, S. 31

Eine Bf 109 G-6 des Jagdgeschwader 27 Anfang 1944. (BArch Bild 101I-662-6659-37)

Eine von den Engländern erbeutete Bf 110 in Duxford 1941. (U.S. Navy Naval Aviation News 15 December 1943)

burg GmbH im Ortsteil Prüfening gründete. Im November 1937 erfolgte hier der Serienanlauf der Bf 108 »Taifun«, im Herbst 1938 verlegte man die Produktion der Bf 109 von Augsburg ebenfalls nach Regensburg, die Produktion der Bf 108 verlagerte man 1942 nach Frankreich zum Hersteller SNCAN.

3.5 BFW AG wird zur Messerschmitt AG

1938 wurde aus den Bayerischen Flugzeugwerken AG die Messerschmitt AG, 1941 aus den Bayerischen Flugzeugwerken GmbH Regensburg die Messerschmitt GmbH Regensburg. Auf dem 1938 eingeweihten Fliegerhorst Obertraubling gründete die Messerschmitt GmbH 1940 außerdem eine weitere Produktionsstätte, der mit Graspiste ausgestattete Fliegerhorst wurde als Werksflugplatz benutzt.
1940 erwarb die Messerschmitt AG eine Firma in Kematen/Tirol, welche 1941 in Messerschmitt GmbH Kematen umbenannt wurde (siehe Kapitel 5.2).
Weitere Produktionsstätten für den Bau der Bf 109 waren ab 1938 die Wiener Neustädter Flugzeugwerke, welche nach dem Anschluss Österreichs vom Reichsluftfahrtministerium übernommen und großzügig erweitert wurden sowie das 1934 gegründete Erla Maschinenwerk G.m.b.H. Leipzig. Ein Drittel der gesamten Bf 109 Produktion kamen aus Wiener Neustadt, ein weiteres Drittel aus Leipzig.
Um 1941 die Produktion anzukurbeln und die Flugzeugindustrie mehr in die Rüstungspolitik mit einzubeziehen, wurden drei Hauptausschüsse gebildet, wobei jedem Hauptausschuss Sonderausschüsse unterstellt wurden (siehe Kapitel 2.4). Einer dieser Sonderausschüsse unter dem Hauptausschuss »Zellen« war der »Sonderausschuss F2 Messerschmitt-Zellen« welcher von Direktor Hentzen geführt wurde. Der Sonderausschuss war für die Koordination und Rationalisierung der Fertigung der bei Messerschmitt Regensburg sowie den Großserienwerken Wiener Neustädter Flugzeugwerke und Erla-Maschinenfabrik (Leipzig) gebauten Flugzeugen Bf 108, Bf 109, Bf 110, Me 163, Me210/410 sowie Me 323 zuständig. Hier wurde das Fertigungssoll festgelegt und dafür gesorgt, dass die Produktionszeiten pro Flugzeug reduziert wurden.
Nachdem 1941 Heß nach England flüchtete und Udet Selbstmord beging, verlor Messerschmitt zwei seiner einflussreichsten Fürsprecher. Nachdem Milch das Amt des Generalluftzeugmeisters übernahm, ging ein Ruck durch die Luftfahrtindustrie, da dieser als Scharfmacher auftrat und die Leiter der Werke unter Druck setzte[91].

Die Messerschmitt AG 1938 bis 1942

Aufsichtsrat
Vorsitzender: Willy Messerschmitt

Mitglieder des Aufsichtsrats:
Friedrich Wilhelm Seiler (Stellvertreter), Oberbürgermeister Josef Mayr, Rechtsanwalt Konrad Merkel

Vorstand
Vorsitzender: Willy Messerschmitt

Mitglieder des Vorstands:
Rakan Kokothaki (kaufmännischer Leiter), Fritz H. Hentzen (techn. Direktor, Leiter Serienbau)

Betriebsführer Augsburg:
Willy Messerschmitt

Betriebsführer Regensburg:
Theo Croneiß

3.6 Die Absetzung Messerschmitts

Im Mai 1942 holte Milch zum Schlag gegen Willy Messerschmitt aus, indem er ihn wegen den Problemen mit der Me 210[92] seines Amtes als Vorstand der Messerschmitt AG enthob und die Produktion der Me 210 stoppte, was die Firma in eine prekäre finanzielle Lage brachte[93]. Theo Croneiß rückte

[91] Pabst, Messerschmitt, S. 39
[92] Die Me 210 wurde ohne genügend Erprobungszeit in die Serie genommen, während der Erprobung traten grundlegende Mängel (Strakfehler) und problematisches Flugverhalten auf, was nicht innerhalb einer vom RLM vorgegebenen Frist beseitigt werden konnte und dazu führte, dass die Me 210 aus der geraden angelaufenen Produktion genommen werden musste.
[93] Pabst, Messerschmitt, S. 39

in den Vorstand nach und wurde Betriebsführer des Augsburger Werkes, Messerschmitt blieb weiterhin Chefkonstrukteur.
Theo Croneiß verstarb im November 1942 überraschend durch einen Herzinfarkt, was eine weitere Umstrukturierung der Messerschmitt AG zur Folge hatte. So wurde der Bankier und Verwalter des Raulino-Stromeyer-Vermögens Friedrich Wilhelm Seiler Vorsitzender des Aufsichtsrats, Vorstandsvorsitzender wurde der bisherige kaufmännische Leiter Rakan Kokothaki der auch Betriebsführer des Augsburger Werkes wurde. Betriebsführer Regensburg wurde Karl Linder, der im Mai 1943 für kurze Zeit von Roluf Lucht ersetzt wurde, dem ab 1. April 1944 das Referat Sonderaufgaben im Jägerstab übertragen wurde.

Die Messerschmitt AG 1942 (November 1942)

Aufsichtsrat
Vorsitzender: Theo Croneiß (F.W. Seiler)

Mitglieder des Aufsichtsrats:
Friedrich Wilhelm Seiler (Stellvertreter), Oberbürgermeister Josef Mayr, Rechtsanwalt Konrad Merkel

Vorstand
Vorsitzender: Theo Croneiß (Rakan Kokothaki)

Mitglieder des Vorstands:
Rakan Kokothaki (kaufmännischer Leiter), Fritz H. Hentzen (techn. Direktor, Leiter Serienbau),
Willy Messerschmitt (Entwicklung und Konstruktion)

Betriebsführer Augsburg:	Betriebsführer Regensburg:
Theo Croneiß (Rakan Kokothaki)	Theo Croneiß (Karl Linder; Mai 43 - April 44 Roluf Lucht)

Am 1. März 1944 änderte sich die Situation mit der Einrichtung des Jägerstabs dramatisch. Jede Flugzeugfirma bekam einen Werksbeauftragten vom Jägerstab vorgesetzt, der mit diktatorischen Vollmachten ausgestattet war. Der erste vom Jägerstab entsandte Werkbeauftragte kam zu Messerschmitt, es handelte sich hierbei um Prof. Hans Overlach mit seinem Assistenten SS Untersturmführer Essig. Der technische Leiter Fritz H. Hentzen wurde von Eberhard Schmidt, der diesen Posten recht aggressiv verlangte, ersetzt, Hentzen blieb jedoch im Vorstand mit anderen Aufgaben. Schmidt war zuständig für die Serienproduktion und dadurch ab März 1944 direkter Ansprechpartner des Jägerstabs.
Nachdem Schmidt im Juli 1944 einen Nervenzusammenbruch erlitt und im November 1944 mit geheimen Unterlagen vergeblich in die Schweiz zu flüchten versuchte, wurde Essig zum technischen Leiter berufen, Overlach rückte ebenfalls in den Vorstand ein, sodass das RLM nun wichtige Positionen innerhalb der Messerschmitt AG innehatte. Nachdem sich immer mehr herauskristallisierte, dass Essig den Aufgaben nicht gewachsen war, musste Overlach seinen Vertrauten fallen lassen um nicht selbst bei Saur in Ungnade zu fallen, woraufhin der Messerschmitt-Mann Werner Göttel als Nachfolger berufen wurde. Nachdem Overlach im Februar 1945 von Saur als zu wenig Durchsetzungsfähig abgetan wurde, wurde dieser von Gerhard Degenkolb ersetzt, der nun auch zum Sonderbeauftragten des Sonderausschusses F2 wurde. Degenkolb war für den Bau der V2 Rakete im Mittelwerk zuständig und galt als brutal und gnadenlos. Im März 1945 wurde er außerdem zum Bevollmächtigten für die Me 262 Fertigung ernannt, da die Produktion bei Messerschmitt zur selben Zeit wegen zunehmender Materialengpässe und zerstörter Infrastruktur weitgehend zum Erliegen kam. Am 9. Februar 1945 kam Hans Kammler, gerade zum »Oberbefehlshaber der Strahlflugzeuge« ernannt, zu Messerschmitt und richtete sich mit seinem SS-Stab in Oberammergau ein.

4 Die Produktion der Me 262

Die Me 262 wurde nach einem neuen Fertigungsverfahren hergestellt, der bei Dornier entwickelten, sogenannten »Lochbauweise«. Hierbei wurden von einem Urformkörper Schablonen, Vorrichtungen und Lehren abgenommen, mit der nachher bei vielen Einzelbetrieben exakte Einzelteile und auch Ersatzteile hergestellt wurden, die in der Endmontage ohne Nacharbeit montiert werden konnten. Hier wurde das Nietbild und die Außenkontur vor allem der Außenhautbleche genau vorgegeben, sodass diese von ungelernten Arbeitern dezentral gefertigt werden konnten[94].

Ein großes Problem stellte jedoch der Bau einer Vielzahl benötigter Vorrichtungen für diese neue Bauweise dar. Die Herstellung von Vorrichtungen war sehr aufwendig, die Lochbauweise erforderte eine große Anzahl derer was viel Material und Personal erforderte, das nicht vorhanden war. Man baute die Vorrichtungen schließlich teilweise aus Holz, was dazu führte, dass die Passgenauigkeit der Großbauteile darunter litt[95]. Erschwerend kam hinzu, dass der verlagerte Betrieb für Vorrichtungsbau in Kottern ebenfalls bombardiert wurde, woraufhin dieser wiederum verlagert werden musste (siehe Kapitel 5.9.1).

Die Prototypen der Me 262 wurden in Augsburg gebaut, die ersten Flugversuche mit dem Jumo 210G Kolbentriebwerk erfolgten im April 1941 in Lechfeld bei Augsburg, wo die Messerschmitt AG einen Flugplatz unterhielt. Dort befanden sich auch die Versuchswerkstätten, im März 1942 wurde hier der Flug der Me 262 V-1 mit BMW-Turbinen durchgeführt, die kurz nach dem Start ihren Dienst quittierten woraufhin der Testpilot Fritz Wendel mit dem noch eingebauten Kolbenmotor das Flugzeug wieder landen konnte. Der erste reine strahlgetriebene Flug mit Junkers-Turbinen wurde im Juli 1942 auf dem Fliegerhorst in Leipheim mit der Me 262 V-3 durchgeführt, wo die Messerschmitt AG den Großsegler Me 321 produzierte.

Seit dem erfolgreichen Erstflug in Leipheim war die Planung des RLM für dieses Muster sehr uneinheitlich. Letztendlich war es das Triebwerk, welches einen früheren Anlauf der Serie verhinderte, da es schlicht noch nicht Serienreif war. Erst nach dem Nachfliegen von Wolfgang Späte und Adolf Galland im Mai 1943 wurde der Me 262 eine entsprechende Dringlichkeit gegeben und der geplante Serienanlauf der Me 209 gestoppt, um Kapazitäten für die Me 262 zu erhalten. Geplant war nun, Ende 1943 100 Maschinen zur Verfügung zu haben um das Muster erproben zu können, da der hohe Geschwindigkeitsüberschuss eine ganz andere Taktik erforderte als mit herkömmlichen Kolbenjägern.

Gezeichnet durch die Bombenangriffe vom 17. August 1943 auf Regensburg (siehe Kapitel 2.1) war geplant, die Me 262 dezentral zu fertigen. Jede Fabrikationsstelle sollte zweifach ausgeführt werden, damit es in keinem Fall zu einem Engpass kommen konnte falls doch einmal ein Verlagerungsbetrieb vom gegnerischen Geheimdienst aufgespürt und bombardiert werden sollte. Leitwerke sollten laut Planung vom November 1943 sowohl bei Blohm & Voss in Hamburg als auch bei Messerschmitt Regensburg gefertigt werden[96]. Für die Tragflächen war ein Werk in Gablingen auf dem dortigen Fliegerhorst geplant, eine weitere Verlagerung wurde im November 1943 noch gesucht. Die Rumpfherstellung wurden von Regensburg aus geleitet, ein Mal wurde dieser in Regensburg und ein Mal in Obertraubling gefertigt. Die Montage in Obernzell (siehe Kapitel 5.5) war bereits geplant. Der Flugplatz von Vilseck war bereits im November 1943 für die Bf 109 hergerichtet und für die Me 262 geplant[97]. Die Endmontage war in Augsburg und Leipheim geplant, in Leipheim wurden außerdem Landeklappen und Querruder gebaut. Für weitere Endmontagelinien waren noch Lechfeld und Gablingen gedacht, aber später doch nicht mehr realisiert. Lechfeld sollte als Zwischenstation dienen, wo die neuen Flugzeuge hingebracht und dann von dort an die Einheiten verteilt werden sollten. Neuburg an der Donau wurde bei der Besprechung am 2. November 1943 in Regensburg aufgrund der besonders langen Startbahn schon für den Einflug und eventuell auch für eine Endmontagelinie festgelegt. Die Fahrwerke wurden vom Ringführer Opel organisiert, gebaut wurden sie bei Electron-Co. M.b.H. in Stuttgart-Bad Cannstatt[98]. Bei Junkers stellte man zu dieser Zeit gerade

94 Budraß, S. 840ff.

95 Rakan Kokothaki, Difficulties and Obstacles During the Manufacture and Introduction into Service of the Me 262, in Vann, Messerschmitt, S. 92

96 BArch-MA RL 3/61, Stenographische Niederschrift über die Besprechung beim Reichsmarschall am 2. November 1943 in den Mtt.-Werken Regensburg, S. 127

97 ebenda, S. 131

98 ebenda, S. 134

vom Jumo 004 A auf das 004 B ohne Sparstoffe um, weitere Entwicklungen liefen bei BMW, Heinkel (He S11) und Daimler-Benz.
Die weiteren Flugversuche wurden anschließend wieder in Lechfeld durchgeführt, hier nahm im April 1944 das Erprobungskommando 262 seinen Dienst auf. Die Nullserienmaschinen S-1 bis S-5 wurden in Augsburg und Regensburg gebaut, wobei in Augsburg die Tragflächen hergestellt wurden und die Endmontage erfolge, in Regensburg wurde der Rumpf inklusive Leitwerk gefertigt[99]. Die zweite Nullserie S-6 bis S-12 sowie die Serienproduktion liefen dann in Leipheim an[100].
Aufgrund der Bombenangriffe auf die Werke in Augsburg und Regensburg während der »Big Week« Ende Februar 1944 wurde die Produktion immer mehr dezentralisiert. Der Jägerstab beschloss die Verlagerung auf Fliegerhorste, hierzu sollten entsprechend Hallen zur Verfügung gestellt werden. Die Endmontage der Me 262 verlagerte man nach Leipheim und Schwäbisch Hall. Da man Einfliegerei und Endmontage wieder trennen wollte, verlagerte man die Produktion in speziell hergerichtete Zelte im Wald (»Waldwerke«), wie man es für die Produktion der Bf 109 in Hagelstadt vorgemacht hat.
Willy Messerschmitt hatte schon vor dem Einsatz des Jägerstabs sehr konkrete Vorstellungen davon, wo und wie seine Flugzeuge hergestellt werden sollten. In einer Denkschrift von Mitte März 1944 sah er zum einen *die Auflockerung der Industrie durch weitverzweigte Ausweichwerke auf dem Lande – wie sie bereits im Gange waren - sowie bombensichere Bunkerung der Werke, um ein Angreifen aus der Luft überhaupt unmöglich zu machen* vor[101]. Um auf das zersplittern der Fertigung verzichten zu können, favorisierte er Großbunker, in welchem Flugzeuge vom Rohmaterial bis zum fertigen Produkt an nur einer Stelle gefertigt werden konnten. Da die Anlagen seiner Meinung nach möglichst schnell hätten errichtet werden sollen, sah er den Ausbau stillgelegter Straßen- oder Eisenbahntunnel (in denen er Eschenlohe – Kapitel 5.9 – und Leonberg – Kapitel 6.1 – schon explizit erwähnt) sowie Bergwerke und Höhlen vor. Die Aufgabe zur Suche solcher geeigneten Orte sah er beim Ministerium Speer. Des Weiteren sah er neue Bunkerbauten vor, welche auf Flugplätzen zur Endmontage, in geeigneten Steinbrüchen wie z.B. in Vaihingen/Enz (siehe Kapitel 7.3) sowie in neu zu errichteten Stollen errichtet werden sollten. Für die Fabrikation sah er Werke vor, welche folgende Großbauteile herstellen sollten:

1. Rumpf (evtl. mit Fahrwerk)
2. Leitwerk
3. Tragwerk links (evtl. mit Fahrwerk)
4. Tragwerk rechts (evtl. mit Fahrwerk)
5. Triebwerk
6. Endmontage

Wobei die Endmontage immer in der Nähe eines Flugplatzes hätte geschehen sollen. Er schlug für die Produktion der Me 262 folgende verbunkerte Arbeitsflächen vor:

- »für die größte Wichtigkeit«: ca. 18.000m²
- Für die Endmontage ca. 3000m²
- Für die später zu erfolgende Kleinteilefabrikation ca. 3000m²

Dies entsprachen 24.000m² ohne Lager und Büroräume. Bereits benutzbar waren nach seiner Sicht der Autobahntunnel Leonberg mit ca. 5500m² sowie der Stollenbau Esche I (St. Georgen an der Gusen) mit ca. 4000m² Produktionsfläche. In Angriff genommen wurden bereits Vaihingen/Enz mit 90.000m² sowie Esche II (ebenfalls St. Georgen) mit 40.000m².
Willy Messerschmitt machte sich recht früh für die Verlagerung nach Leonberg stark, bereits am 6. März 1944 schrieb er an den Gauleiter von Württemberg, Wilhelm Murr, und bat um die Überlassung der neuen, noch ungenutzten Kasernengebäude in Leonberg zur Ergänzung der Produktion im Tunnel sowie zur Unterbringung der Angestellten[102]. Er hat sich schon recht früh für die Verlagerung seiner Betriebe stark gemacht und dem Jägerstab aufgezeigt, wie er sich die bombensichere Produktion seiner Flugzeuge vorstelle. Der Jägerstab folgte größtenteils seinen Vorstellungen.
Letztendlich wurden zu Beginn der Produktion der Me 262 Produktionsstätten angemietet oder beschlagnahmt, teilweise waren dies kriegsbedingt stillgelegte Fabriken oder noch produzierende Betriebe, welche einen Teil ihrer Räumlichkeiten abgeben mussten. So wurden die Rümpfe in Obernzell, die Tragflächen im Tunnel von Leonberg, die Rumpfspitzen in der Spinnerei Günzburg sowie der Herdfabrik Homann in Sprockhövel bei Wuppertal, die Leitwerke beim Flugzeugwerk Blohm & Voss in Wenzendorf bei Hamburg und die Triebwerke in einer Papierfabrik in Muldenstein hergestellt, die Endmontage erfolgte Anfangs auf den Fliegerhorsten in Leipheim und Schwäbisch Hall, dessen Endmontagelinien schon kurze Zeit später in die umliegenden

[99] Boehme, Chronik Jagdgeschwader 7, S. 44
[100] Manfred Jurleit, Strahljäger Me 262, die Technikgeschichte, S. 100
[101] IWM, Ref. No. F.D. 4355/35 Volume 6, Denkschrift Willy Messerschmitt, Sicherung der Jäger- und Zer-störerfabrikation gegen Luftangriffe, Oberammergau, 16.3.44
[102] IWM, Ref. No. F.D. 4355/35 Volume 6, S. 386

Aufstellung der Messerschmitt-Verlagerungsbetriebe vom 26.1.1945[103]

Messerschmitt AG Augsburg				
Ort	Firmenname	Tarnname	Fertigungsart	Leiter
Leonberg	Presswerk	Kittelberg	Tragflächen	Kittelmann
Horgau	Blechschmiede	Stolzenberg	Tragflächen	Stolze
Schwaz	-	Stichling	Flächenleitwerk	Brenner
Kematen	-	Seelachs	Justieranlagen	
Lauingen	-	Brummingen	Triebwerksverkleidungen	Brummer
Schwabmünchen	-	Miebach	Mech. Bearbeitung	Miebach
Bäumenheim	-	Bergen	Spenglerei, Schlosserei, Untergruppenbau	Bergmann
Ay bei Senden	-	Genz	Rohrbiegerei, elektr. Anlagen	Genz
Günzburg	-	Günz	Mech. Bearbeitung und Teilebau	Thurner
Leipheim	Gerätebau	Spießingen	Endmontage und Einflug	Emo: Spieß Efl.: Schade
Burgau	Kuno AG Werk I	Kiesweg I	Endmontage und Einflug	Lattke
Riedheim	Kuno AG Werk II	Kiesweg II	Endmontage und Einflug	(im Bau) Spieß
Schwäbisch Hall	Autobedarf	Misgeldingen	Endmontage und Einflug	Mießgeld
Neuburg	Moorkultur	Schlienz	Einflug	Schlinz
Memmingen	Industriebedarf	Kochel	Einflug	Koch
Autobahn Augsb. Ost	Ostenweg AG	Rennweg I	Einflug	(im Bau)
Autobahn Augsb. West	Westenweg AG	Rennweg II	Einflug	(in Planung)
Lechfeld	-	Lechfeld	Einflug	-
Kottern	-	Stehlen	Vorrichtungsbau	Stehle
Loubao	-	Verlagerung Stehlen	Vorrichtungsbau	Schneider
Fischen	-	Fisch	Lehren- und Schablonenbau	Stempfle

Messerschmitt GmbH Regensburg				
Ort	Firmenname	Tarnname	Fertigungsart	Leiter
St. Georgen/Gusen	-	Bergkristall	Rümpfe, Wannen, Kabine, Heckleitwerk, Rumpfspitzen, Vobau	-
Eschenlohe	-	Ente	Mech. Bearbeitung, Schlosserei, Spenglerei, Presserei, Vobau	-
»Gauting« (Hagelstadt)	-	TU	z.Zt. Bf 109 vorgesehen f. Rumpfbau 262	-
Cham ?	-	TA	z.Zt. Rumpf und Fläche 109, Umstellung auf 262	-
Bodenwöhr	-	TO	Rumpfvormont. 109; Umstellung auf 262	-
Obernzell	-	Zell	Rümpfe	-
Vilseck	Küffner	Babel	Endmontage 109, Umstellung auf 262	Külffner
Neuburg	Sand- und Kieswerk Kiesling & Co.	Burghausen	Endmontage	von Kiesling
Obertraubling	-	Werk T	Einflug	-
Obertraubling	-	Stauffen	Endmontage (Waldwerk)	von Kiesling
Budweis	Leichtbau	Elbus	Rumpfspitze, Endmontage, Einflug	Tobolt
Eger (Cheb)	Fz. Werk	Emil, Egstein	Endmontage (Aufklärer)	Sander
Franzensthal	-	Johannisthal	Wannen	Spegel

[103] Übersicht der wesentlichen Verlagerungen Augsburg und Regensburg (Airbus Corporate Heritage)

Wälder in sogenannte Waldwerke verlagert wurden. Nach und nach kamen weitere Produktionsstätten in U-Verlagerungen und Waldwerken hinzu.

Messerschmitt verwendete hier ein System an getarnten Firmennamen, unter denen die Betriebe auch externe Schriftwechsel führten, für die es teilweise auch eigenes Briefpapier mit speziellen Briefköpfen gab. Außerdem erhielt jeder Verlagerungsbetrieb einen Tarnnamen, unter welchem er in den Listen der Verlagerungsbetriebe der Messerschmitt AG Augsburg oder der Regensburger GmbH geführt wurde. Meistens war der Tarnname an den Namen des Leiters der Fabrikation angelehnt (siehe Tabellen auf Seite 47). Sowohl Regensburg als auch Augsburg hatten ihre eigenen Fertigungs- Montage- und Endmontagebetriebe.

Großbauteile und Herstellungsorte (Kapitel)

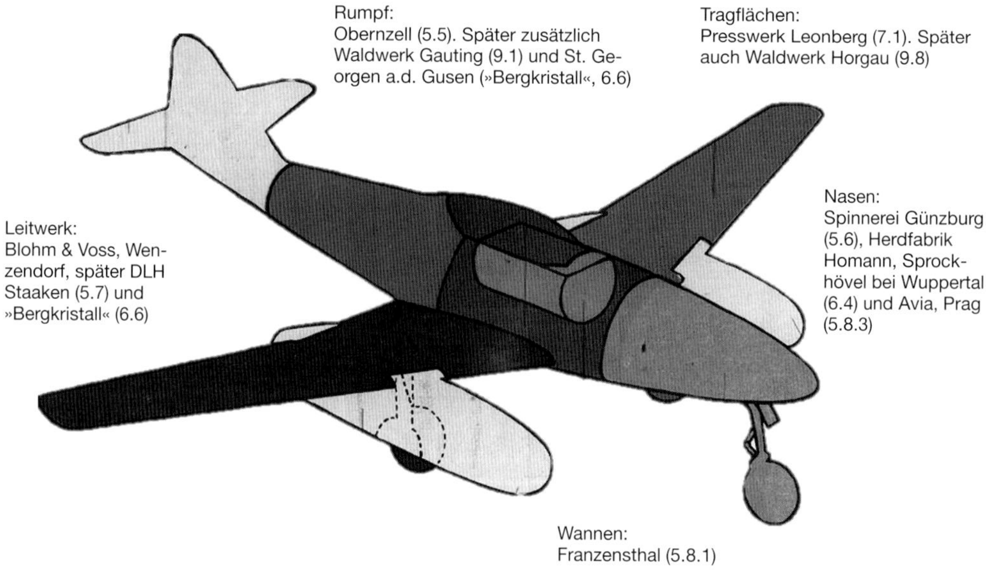

Außerdem:
Triebwerke: Junkers Muldenstein Später: Mittelwerk, Nordhausen (5.11)
Triebwerksverkleidungen: Lauingen (5.4)
Tanks, Elektroteile und Verkleidung zwischen Tragfläche und Rumpf aus Lunzenau (6.5)
Fahrwerke: Opel, Rüsselsheim und Electron-Co., Stuttgart (6.12)

Endmontage:
ausschließlich in Walwerken, ab April 1944 Leipheim (9.2), ab Mai 1944 Schwäbisch Hall (9.3), ab Oktober 1944 Obertraubling (9.4), ab März 1945 in Neuburg/Donau (9.7) sowie Burgau (9.5)

Produktionsstätten

Fähnchen:
Endmontage und Einfliegerei;
Nadeln:
Baugruppenmontage;
Rauten:
Hauptwerke

Die Großbaugruppen wurden so aufgeteilt, dass sie mit minimal möglichem Aufwand herstellbar waren und von möglichst ungelernten Arbeitskräften wie Zwangsarbeitern hergestellt werden konnten. In den Endmontagelinien konnten die Großbaugruppen unter wenigen Handgriffen und mechanischem Aufwand zusammengesetzt werden.
In den Waldwerken wurden die Flugzeuge nur montiert, sie wurden mit Großbauteilen beliefert die beispielsweise aus dem Leonberger Autobahntunnel kamen (Tragflächen) oder aus Obernzell bei Passau (Rümpfe). Auch diese Verlagerungsbetriebe erhielten ihre Bauteile aus kleineren Betrieben, so erhielt der Tragflächenbau Leonberg beispielsweise das Stahlgerüst der Tragfläche von der Heidenheimer Kattunfabrik und der Firma Kolb & Schüle aus Göppingen, die Rumpfmontage in Obernzell erhielt ihre Einzelteile aus dem Straßentunnel bei Eschenlohe. So entstand ein weit verzweigter Industriekomplex mit sehr vielen, immer kleiner werdenden Verästelungen.
Die Produktion der Einzelteile und Baugruppen wurde so aufgeteilt, dass von jedem Teil möglichst so viele Einheiten hergestellt wurden, die auch direkt verarbeitet werden konnten – heute nennt man dies »Just-in-time-Produktion«. Dies wurde genau geplant und in Lieferplänen der »Zentralplanung Serie« festgehalten. Da nach und nach immer mehr Einzelbetriebe hinzukamen, gab es allerdings immer mehr Großbaugruppen die nicht gleich verbaut werden konnten und somit um die Waldwerke herum gelagert werden mussten. So produzierte nach Aussage des Produktionsleiters von Schwäbisch Hall, Ludwig Eder, die Untertage-Fabrik »Bergkristall« in St. Georgen an der Gusen »wie der Teufel«, man wusste gar nicht wohin mit den vielen Rümpfen. Überall lagen sie herum, in Schwäbisch Hall wurden sie bis zu 4km vom Montagewerk entfernt im Wald versteckt, in Erding lagen sie am Rollweg entlang, in Vilseck war eine Montagehalle für die Bf 109 komplett mit Rümpfen gefüllt, sogar auf dem Flugplatz in Mettenheim bei Mühldorf, wo der Großbunker »Weingut I« gebaut wurde, lagerten etliche Rümpfe. Von insgesamt 2052 gefertigten Rümpfen kamen allein 987 aus »Bergkristall«[104]. Bei den Tragflächen hingegen gab es einen Engpass, da Leonberg nicht mit der Produktion hinterherkam. Der Produktionsleiter von Leipheim, Spieß, fuhr persönlich nach Leonberg und erwirkte die Herausgabe von genügend Tragflächen, wohingegen Schwäbisch Hall dann keine Tragflächen mehr bekam. Eder sah sich gezwungen, ebenfalls selbst mit einem umgebauten 3-Tonnen-Opel Blitz nach Leonberg zu fahren um Tragflächen nach Schwäbisch Hall zu schaffen. Die Lösung der Verlagerungsbetriebe und Waldwerke sollte jedoch nur für ein halbes Jahr bestehen, danach sollte die Produktion in großen Bunkeranlagen stattfinden[105], wozu es allerdings nicht mehr kam.
Dies alles setzte eine exzellent funktionierende Organisation und Kommunikation voraus, welche in dieser Zeit schon sehr außergewöhnlich war. Jeder der weiß wie in heutiger Zeit mittels Computer, Internet, Email und Telefon ein derart komplexes technisches Gerät produziert wird, versteht, unter welchen außergewöhnlichen Bedingungen ein solches Flugzeug damals unter den Gegebenheiten der letzten Kriegsmonate entstanden sein muss, wo nur noch nachts sicher Bauteile transportiert werden konnten und teilweise noch nicht einmal die Telefonleitung zuverlässig funktionierte, von den logistischen Voraussetzungen über diese Entfernungen ganz zu schweigen. Insgesamt wurden trotz dieser Umstände 1433 Flugzeuge dieses Typs hergestellt[106].

4.1 Montagelinien

Die Amerikaner besuchten nahezu alle Montagelinien der Messerschmitt AG und erstellten einen recht umfangreichen Bericht, welcher unter dem Titel »Survey of Messerschmitt Factory and Functions Oberammergau« vom Headquarters Air Materiel Command in Wright Fiel, Dayton, Ohio im Februar 1946 veröffentlicht wurde. Die Ausführungen beschreiben den Endzustand der Montagestätten, wie sie bis April 1945 realisiert werden konnten. Bis dahin war es aber ein langer Weg, zu Beginn der Produktion der Me 262 musste man sich oft mit provisorischen Vorrichtungen aus Holz behelfen und die Montagelinien waren noch nicht automatisiert, sondern mussten händisch von Station zu Station weitergeleitet werden.

Standardmäßig wurden alle Unterbaugruppen-, Hauptbaugruppen- und Endmontagelinien mit einem Fließband ausgestattet. Sie waren entweder in einem großen Gebäude, in einem unterirdischen

[104] Fertigungssteuerung Messerschmitt GmbH Regensburg, Sammlung Eisenbeiß, Stadtarchiv Regensburg
[105] Michael Koziol, Rüstung, Krieg und Sklaverei, S. 63
[106] BArch-MA, RL 2-III/624 und RL 3, Produktionsplanungen

Aufnahme der Me 262 in der Endmontagelinie; A: Tripodon-Stütze; B: Arbeitsplattform (Survey of Messerschmitt Factory and Functions)

Tunnel oder in Verlagerungen in Wäldern untergebracht. Die Flugzeugteile wurden in rollenden Aufnahmevorrichtungen gelagert, in Schienen oder U-Profilen geführt. Angetrieben wurde das Fließband durch Ketten mit einem Elektromotor, dessen Geschwindigkeit eingestellt werden konnte. Arbeitsstationen oder Bereiche wurden abgegrenzt, so dass sich die Arbeitsvorgänge wiederholten. Die Förderbänder können in drei Typen unterschieden werden:

a) Das »Ovalförderband«, durch den sich die Antriebsketten und die Rollwägen im Kreis auf Bodenniveau bewegten und automatisch zum Ausgangspunkt zurückkehrten,
b) Der »Ober und Untertyp«, bei welchem die Ketten direkt unter der vorlaufenden Linie zurückgeführt wurden. Die Rollwägen mussten zum Startpunkt wieder auf einem anderen Weg zurücktransportiert werden
c) Der erhöhte Typ, welcher gleich war wie b) aber die Montage von Baugruppen von unten in normaler Arbeitsposition ermöglichte, während sich die Linie weiterbewegte.

zu a) Das »Ovalförderband« wurde bei der Tragflächenmontage der Me 109 und der Me 262 benutzt. Arbeitsplattformen waren auf gleicher Ebene parallel angeordnet, was dem Arbeiter erlaubte, an der Stelle stehenbleiben zu können wobei das Förderband trotzdem weiterbewegt werden konnte.

Zu b) Die «Ober- und Untertyp"-Linie wurde für die Rumpffertigung der Me 109 und Me 262 benutzt. Dieser Typ erlaubt Pausen in der Fließfertigung für maschinelles Nieten oder für Montagearbeiten im jeweiligen Abschnitt. Die Verbindung wurde in einer starren Vorrichtung mit einigen Nieten durchgeführt. Die Baugruppe wurde anschließend durch versenkte Nietmaschinen geführt und dann zurück in die sich bewegenden Aufnahmen des Förderbandes gegeben.

Zu c) Der erhöhte Typ wurde bei der Rumpf-Endmontage und der Flugzeug-Endmontage beider Typen eingesetzt.
(1) Um den Einbau von Baugruppen von unten zu erleichtern, wurde der Rumpf an jedem Ende von unabhängigen Vorrichtungen auf verschiedenen Fließbandsystemen aufgenommen. Die Rümpfe wurden 90° zum Band gesetzt mit sich bewegenden Plattformen zwischen jedem Rumpf. Die Fließband-Rollwägen wurden so ausgeführt, dass die Rümpfe ca. 50cm in einem Winkel von 90° zum Förderband bewegt werden konnten. Dies lieferte einen nötigen Abstand für die Installation der Kraftstofftanks und der Pilotenwanne von unten. In diesem Fall wurde das Band und die Förderkette etwa 1,2m angehoben.
(2) In der Flugzeug-Endmontage wurde die Tragfläche an zwei Punkten außerhalb der Turbinen von dreibeinigen Vorrichtungen getragen, die auf unabhängigen Förderbändern liefen. Nachdem der Rumpf auf die Tragfläche aufgesetzt wurde, wurde das Heckleitwerk auf eine Arbeitsplattform gesetzt, die auf vier Rollen in den jeweils inneren Schienen der beiden äußeren Förderlinien lief. In diesem Fall waren die Schienen und die Antriebskette auf Bodenniveau und die Vorrichtungen auf 1,2m Höhe. Die Förderbänder bewegten sich mit einer Geschwindigkeit von etwa 1 bis 1,5m/h. Jede Station war ausreichend markiert, sodass der Arbeiter seine Arbeitsgeschwindigkeit so anpassen konnte, dass er mit der nächsten Baugruppe anfangen konnte, wenn diese in seinen Bereich einfuhr.

Bei Messerschmitt war man der Meinung, dass Fließbandfertigung eine nötige Einrichtung zur effizienten Produktion war. In vielen Fällen mussten Montagestätten wegen Bombenangriffen mehrmals verlegt werden, aber jedes Mal wurde sofort wieder ein Förderband installiert, was anscheinend als schnelleres Mittel angesehen wurde die Produktion wiederaufzunehmen, als die Zeit die dazu benötigt wurde irgendeine Art von befestigtem Boden herzustellen. In den meisten Fällen war das Fördersystem so gestaltet, sich der Umgebung und dem Terrain anzupassen in welches es installiert wurde wie z.B. Untergrund, im Wald etc.

4.2 Herstellung der Rumpfspitze

Die Rumpfspitze bestand aus acht Unterbaugruppen, welche wiederum aus 797 Einzelteilen, 1586 Normteilen und 613 Nieten bestand. Darin enthalten waren 818 Stahl- und 24 Aluminiumblechteile, 89 Schweißteile, 21 Pressteile aus Stahl, 29 Dreh- und Frästeile sowie 87 verschiedene Teile aus Gummi, Leder, Kunststoff etc. Zur Herstellung der Einzelteile benötigte man 38 Zuschneide-, Beschneide-, Bohr- und Kontierschablonen, 247 Schnittwerkzeuge, 254 Formstanzen, Ziehwerkzeuge und Pressformen sowie 100 Dreh-, Bohr, Fräs- und Schweißvorrichtungen. Für den Zusammenbau erforderlich waren schlussendlich 58 Bauvorrichtungen, 2 Transportwagen, 3 Fließbandanlagen und 70 Punktschweißvorrichtungen.
Für 600 Rumpfspitzen im Monat wurden 292 Arbeitskräfte benötigt, welche in einer Schicht 200 Arbeitsstunden leisten mussten.

Alle Unterbaugruppen wurden separat gefertigt und anschließend in einer Bauvorrichtung im Fließband in neun Arbeitsschritten zusammengesetzt.

Herstellung des linken Kastens

Der linke Kasten wurde in sechs Arbeitsgängen in einem Fließband hergestellt

Arbeitsgang 1: Schale und acht Spanten in Bauvorrichtung einsetzen und heften
Arbeitsgang 2: alle Spante fertigpunktschweißen und Winkel am Spant 1910 bohren und nieten
Arbeitsgang 3: Wand an Spanten sowie Anschlussbeschlag an Spant 2350 heften und fertigschweißen
Arbeitsgang 4: Heftschrauben entfernen und nieten, Schacht links und rechts einsetzen und nieten, Wand mit Schale fertitgpunktschweißen
Arbeitsgang 5: Decke aufsetzen, mit Wand sowie Spanten heftpunktschweißen, Schacht mit Abführhals und Schale fertigpunktschweißen
Arbeitsgang 6: Kasten aus Vorrichtung nehmen und ablegen

Die Rumpfspitze bestand aus zahlreichen Unterbaugruppen:

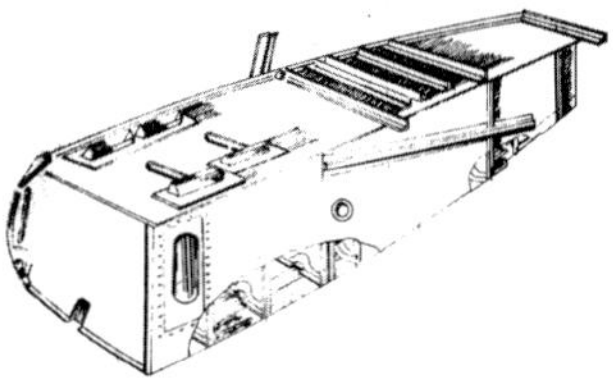	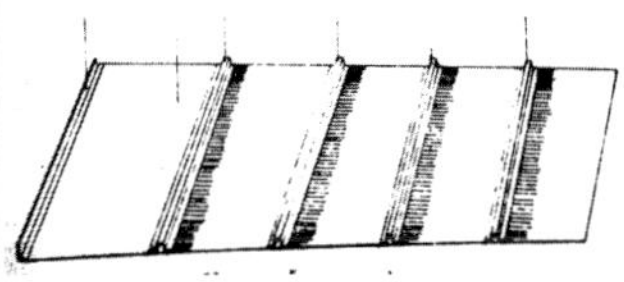	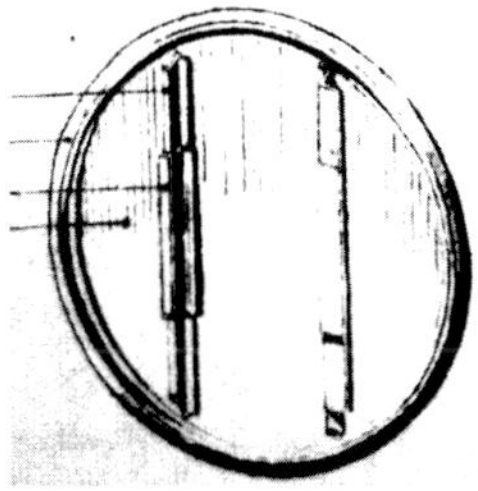
Linker Kasten	Boden-Mittelstück	Spant 500
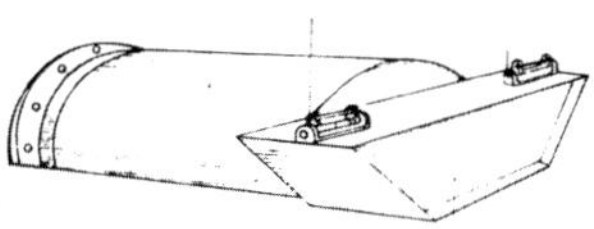	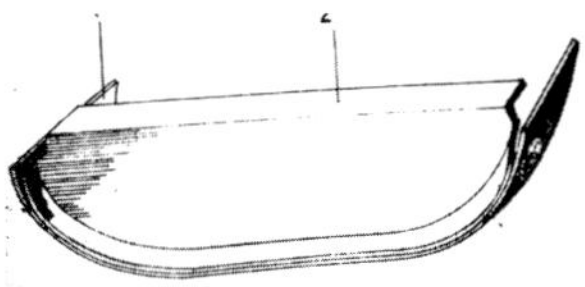	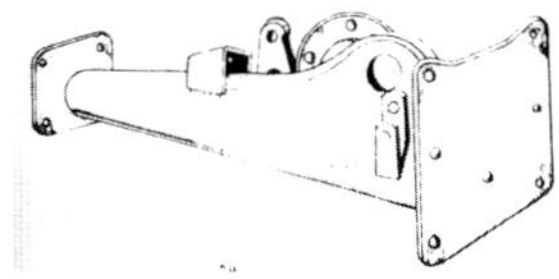
Radkasten	Unteres Mittelstück	Strebenlagerung
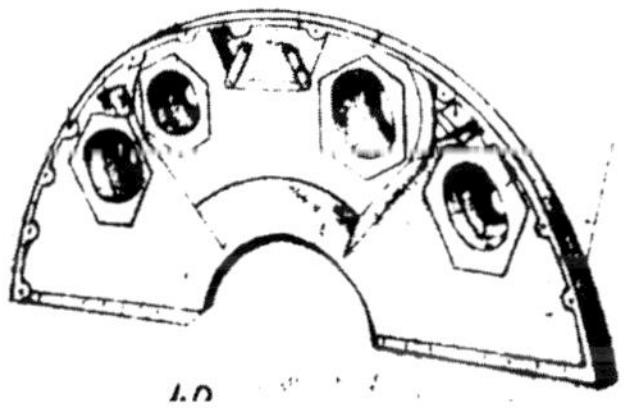	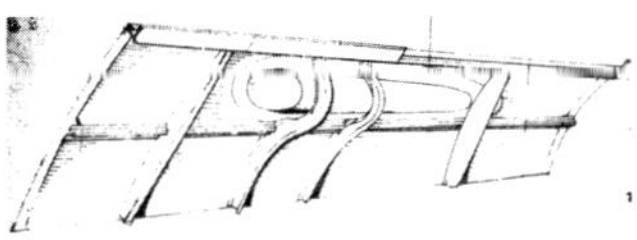	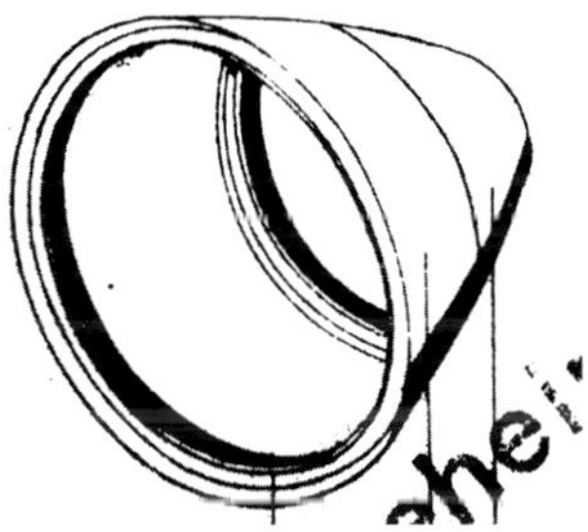
Waffenspant	Seitenteil links	Spitze

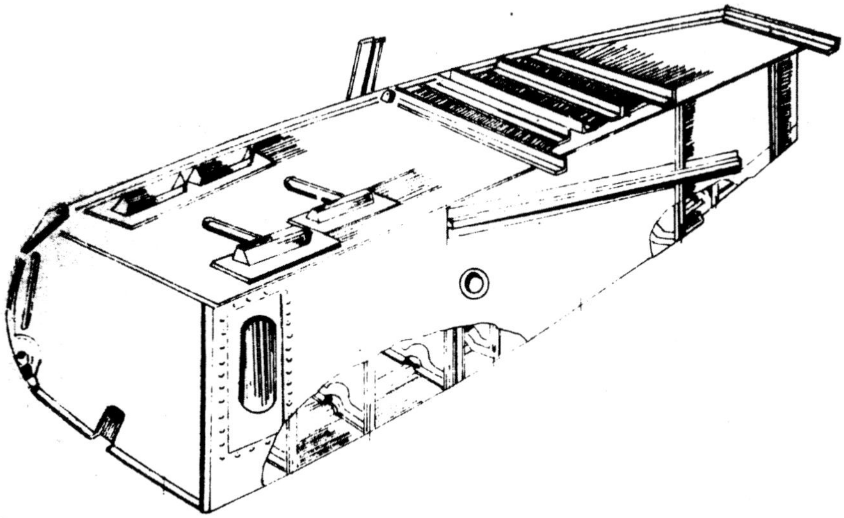

Der linke Kasten

Zusammensetzen der drei Unterbaugruppen im Fließband

Arbeitsgang 1:	Kasten links, Kasten rechts, Boden-Mittelstück und Spant 500 in Vorrichtung aufnehmen und heftpunktschweißen
Arbeitsgang 2:	Radkasten, unteres Mittelstück und Konsole einsetzen und Punktschweißen
Arbeitsgang 3:	Verbindungsteil einsetzen und heftpunktschweißen, Strebenlagerung einsetzen und verschrauben
Arbeitsgang 4:	Waffenspant aufsetzen und verschrauben, Seitenteile links und rechts einsetzen und heftschweißen
Arbeitsgang 5:	Seitenteil links und rechts mit Decke, Schale, unterem Mittelstück und Spant 500 fertigpunktschweißen
Arbeitsgang 6:	Seitenteil links und rechts mit Waffenspant verschrauben, Heftschrauben entfernen und ausnieten
Arbeitsgang 7:	Spitze aufsetzen und komplett verschrauben, aus Vorrichtung entnehmen
Arbeitsgang 8:	Kontrolle
Arbeitsgang 9:	spritzen und tarnen

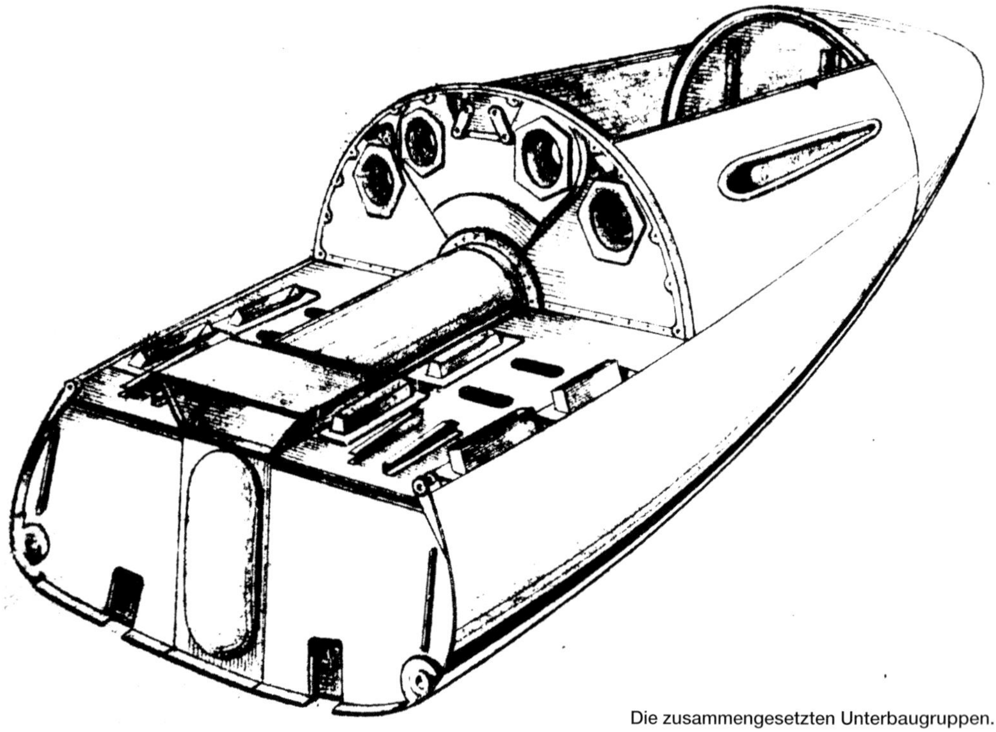

Die zusammengesetzten Unterbaugruppen.

Zusammenbau

Arbeitsgang 1:	Rumpfspitze in Vorrichtung aufnehmen und Pressluftflaschen, elektrische Leitungen und Geräte einbauen
Arbeitsgang 2:	Justieranlage und elektrische Anlage mit Geräteträger einbauen und anschließen
Arbeitsgang 3:	Pressluftflaschen und Flaschenbatterien anschließen, Öldruckanlage einsetzen
Arbeitsgang 4:	Elektrische Leitungen einbauen und anschließen, Bugfahrwerk mit Einziehzylinder einbauen und anschließen
Arbeitsgang 5:	Klappe mit Klappen- und Strebenantrieb sowie Haubenverschlüsse einbauen
Arbeitsgang 6:	Funktionsprobe durchführen, Einziehzylinder und Klappenantrieb einstellen, Aufbaudeckel aufsetzen und aus Vorrichtung entnehmen

Die Rumpfspitze nach Arbeitsgang 6.

4.3 Herstellung des Rumpfes

Der Rumpf bestand aus drei Hauptbauteilen:

1) Rumpfmittelteil
2) Rumpfhinterteil
3) Führerraumwanne

Die Einzelteile wurden in speziellen Montagevorrichtungen vorgefertigt und anschließend in einem Fließband zusammengebaut.

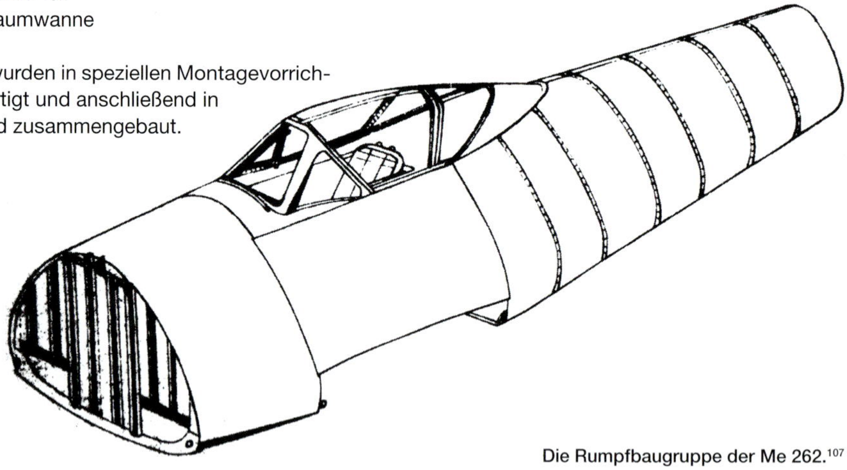

Die Rumpfbaugruppe der Me 262.[107]

Rumpfmittelteil

Das Rumpfmittelteil bestand wiederum aus elf vorgefertigten Einzelteilen, an zwei Schottwände wurden links und rechts vorgefertigte Schalen sowie Anschlussbeschläge, Deckel und Schlossträger genietet.

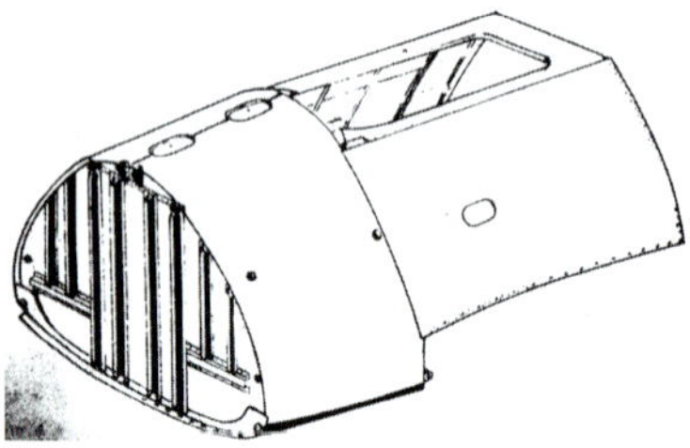	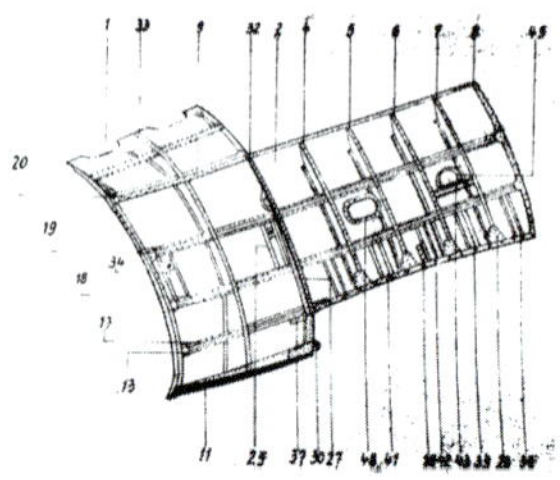
8-262-100 Rumpfmittelteil	8-262-110-001 Schale links
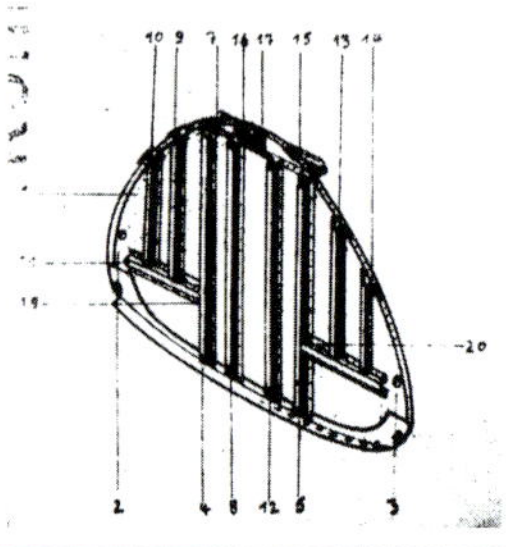	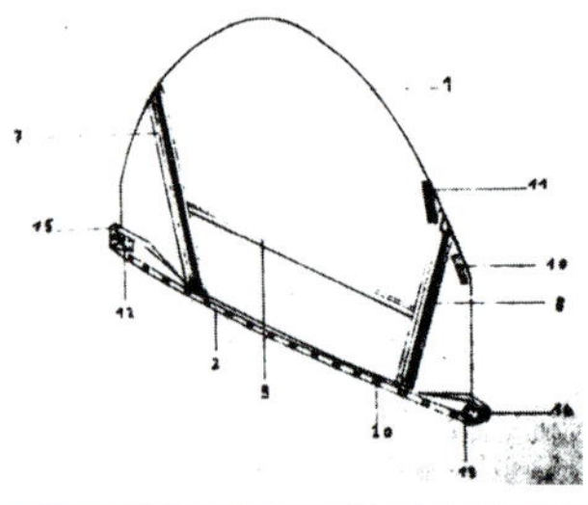
8-262.110-003 Schottwand 2390	8-262.110-004 Schottwand 3245

Das Rumpfmittelteil und dessen Haupt-Unterbaugruppen.[108]

[107] Airbus Corporate Heritage, Fertigungsbeschreibung Rumpfwerk Me 262 Großserie
[108] ebenda

Rumpfhinterteil

Für die Herstellung des Rumpfmittelteils wurden 26 Arbeitskräfte benötigt, welche dieses in insgesamt 606 Minuten Arbeitszeit herstellten.
Das Rumpfhinterteil bestand aus neun Einzelbaugruppen, u.a. aus zwei Schottwänden und einer linken und einer rechten Schale, welche wie das Vorderteil durch Nieten zusammengefügt wurden. Für dieses Bauteil wurden 53 Arbeitskräfte benötigt, welche dafür 1150 Minuten benötigten.

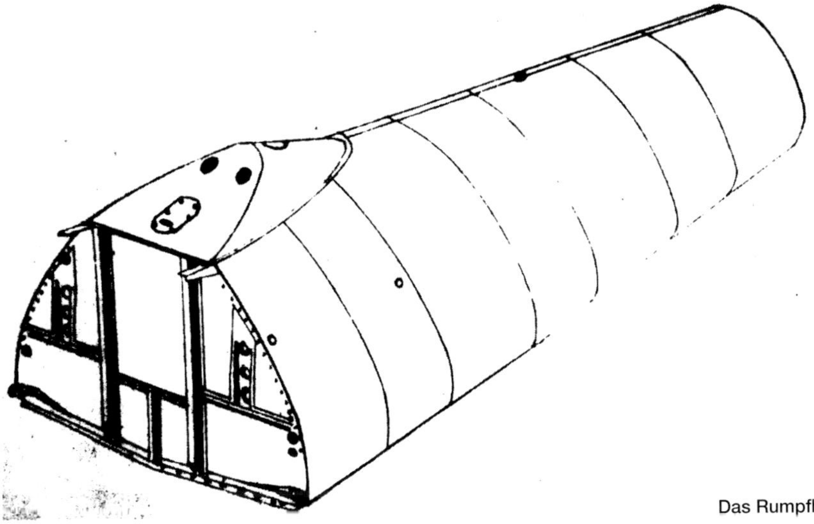

Das Rumpfhinterteil.[109]

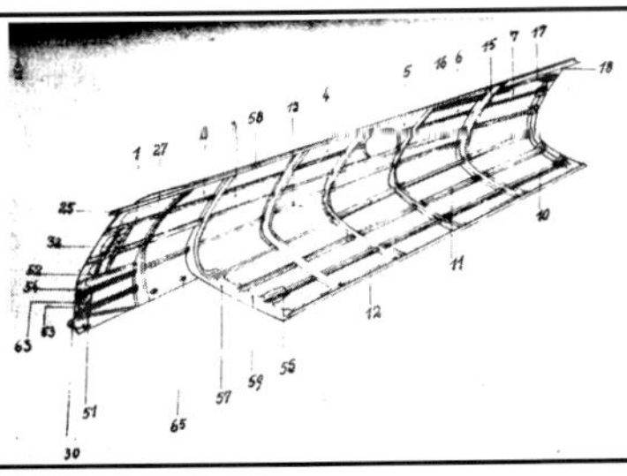	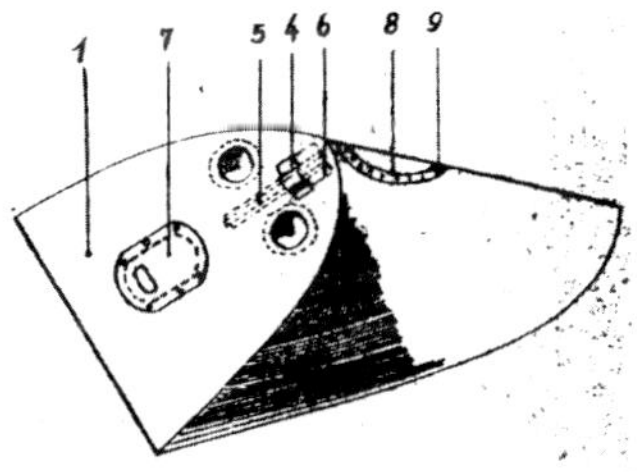
8-262.100-030 Schale links	8-262.100-037 Windabfluß
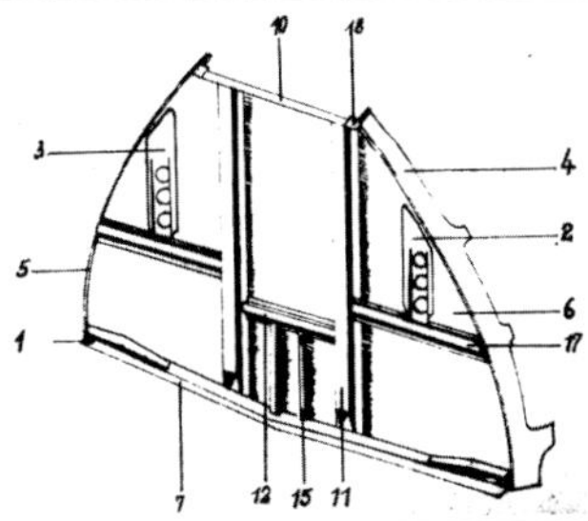	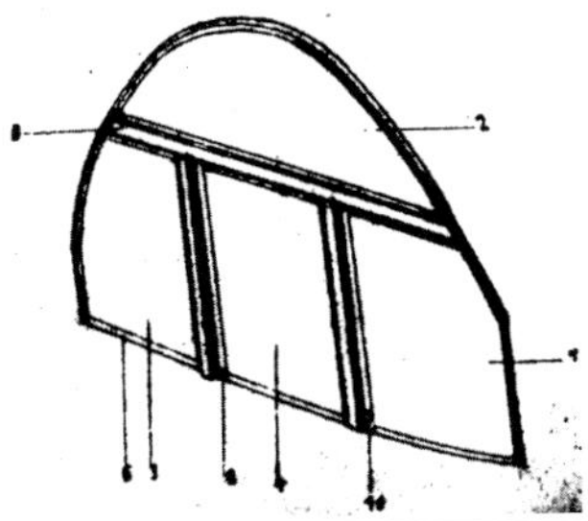
8-262.100-032 Schottwand 4865	8-262.100-033 Schottwand 3720

Die Einzelteile des Rumpfhinterteils.[110]

[109] Airbus Corporate Heritage, Fertigungsbeschreibung Rumpfwerk Me 262 Großserie
[110] ebenda

Produktion des Bf 109 Rumpfes bei Erla Leipzig. Die Produktionsmethoden unterschieden sich nur unwesentlich zu denen der Me 262.[111]

Wanne

Die dritte Unterbaugruppe, die Führerraumwanne, bestand nur aus vier Baugruppen und wurde in acht Arbeitsgängen in einem Fließband zusammengebaut. Es beinhaltete bereits das Gerätebrett, die Gerätebänke, die Steuerung und die elektrische Verkabelung. Für die Montage der Wanne benötigte man 15 Arbeitskräfte, welche 307 Minuten brauchten um das Bauteil zusammenzubauen.

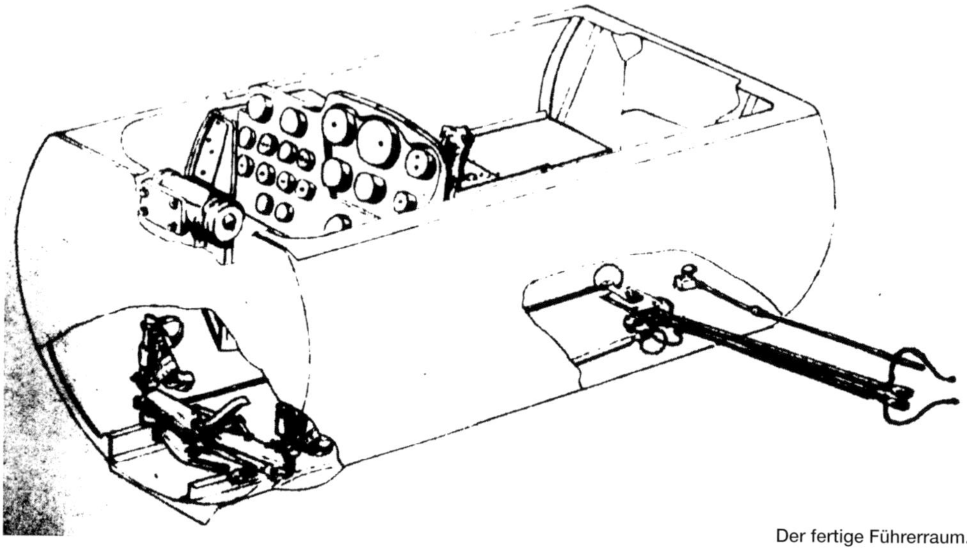

Der fertige Führerraum.[112]

[111] USSBS Aircraft Division, Erla Maschinenwerke GmbH Heiterblick, Germany
[112] Airbus Corporate Heritage, Fertigungsbeschreibung Rumpfwerk Me 262 Großserie

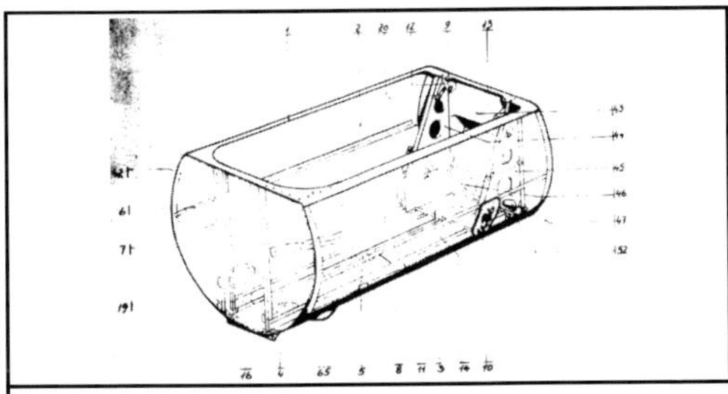

8-262.101-001 Wanne

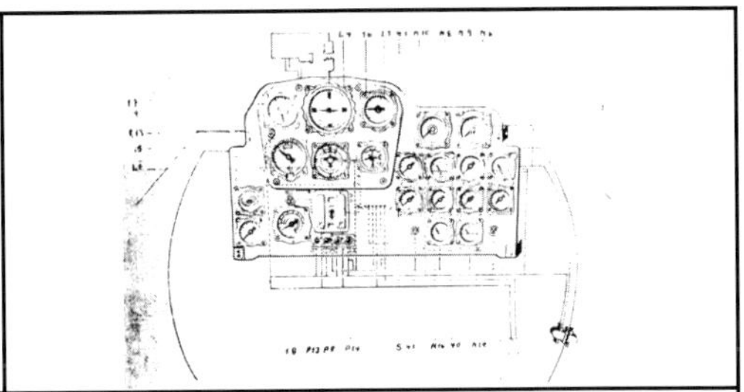

8-262.904-Z001 Gerätebrett

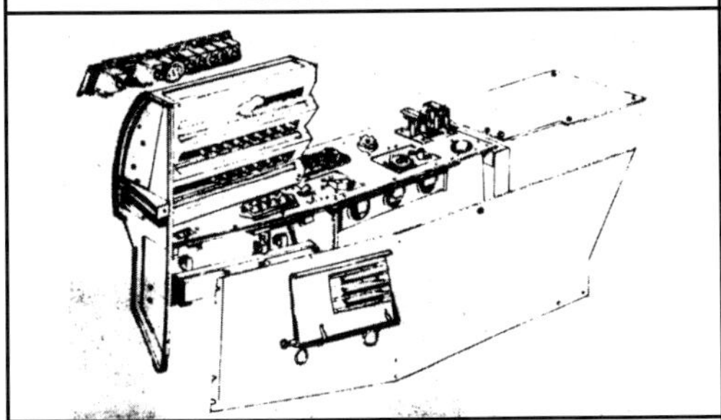

8-262.903-Z002 Gerätebank links

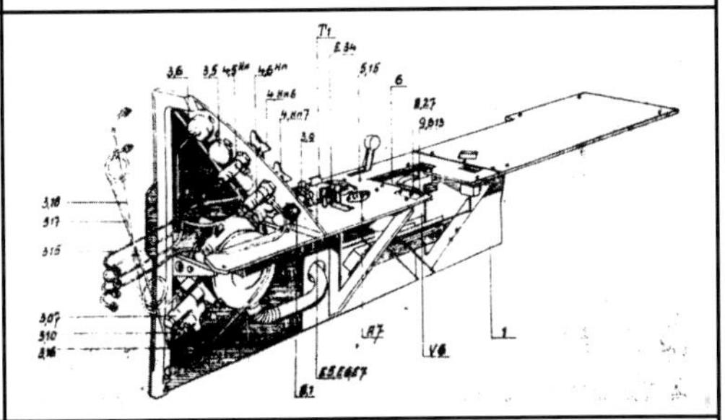

8-262.904-Z004 Gerätebrett rechts

Die Einzelteile des Führerraums.[113]

Arbeitsgänge des Führerraums im Fließband:

Arbeitsgang 1: Doppelstutzen, Dichtringe, Muttern, Sicherungsblech, Winkelstücke und Schottdurchführungen in Wanne einschrauben
Arbeitsgang 2: Druckknopfschalter, Verstellscheid für Seitenruder, Knüppel mit Lagerung sowie Kreuzgelenk vom Trimmantrieb einbauen
Arbeitsgang 3: Bediengestänge mit Hebel einbauen
Arbeitsgang 4: Panzerplatten und Winkelstücke in Pedalpumpe einbauen
Arbeitsgang 5: Gerätebank links einbauen und an rechte Gerätebank anschließen; Handbremse an Wannenrahmen heften
Arbeitsgang 6: Gerätebrett einbauen und anschließen, Gashebel, Rastenblech und Trimmhebel einbauen; Fußboden und Panzerplatten an Rückwand anschrauben
Arbeitsgang 7: Kontrolle
Arbeitsgang 8: Seitenwände anschrauben

Im letzten Arbeitsgang wurden alle drei vorgefertigten Baugruppen in einem Fließband in 15 Arbeitsgängen zum Rumpfwerk komplettiert. Hier wurden außerdem die elektrische Anlage, die Öldruck- und Pressluft- und Sauerstoffanlage, die Tanks sowie sämtliche Rohrleitungen eingebaut.

Arbeitsgänge zur Montage des Rumpfwerks im Fließband:

Arbeitsgang 1: Rumpf mittels Heißvorrichtung in Vorrichtung einlegen
Arbeitsgang 2: Elektrische Anlage im Rumpf komplett einbauen
Arbeitsgang 3: Wanne einbauen
Arbeitsgang 4: Leitungen an Druckdichte-Durchführungen anschließen und sichern
Arbeitsgang 5: Hebel für Kabinenabwurf und Windabfluß anschrauben, Stoßstangen an Hebel anschließen, Flettnerleitungen mit Welle und Gelenk einbauen
Arbeitsgang 6: Öldruck- und Pressluftanlage einbauen
Arbeitsgang 7: Sauerstoffanlage und Schottwand einbauen

113 Airbus Corporate Heritage, Fertigungsbeschreibung Rumpfwerk Me 262 Großserie

Arbeitsgang 8: Rohrleitungen der Öldruckanlage einbauen
Arbeitsgang 9: Rohrleitungen der Bremsanlage einbauen
Arbeitsgang 10: Rohrleitungen und Behälteranlage in Rumpf-Hinterteil einbauen
Arbeitsgang 11: Revi, Führersitz und Mutterkompass einbauen
Arbeitsgang 12: sämtliche Stecker einsetzen und elektrische Anlage prüfen
Arbeitsgang 13: Kontrolle
Arbeitsgang 14: Kontrollbeanstandungen beheben
Arbeitsgang 15: Deckel aufschrauben, Rumpf mit Heißvorrichtung aus Vorrichtung nehmen und auf Transportwagen ablegen

4.4 Herstellung der Tragfläche

Eine Tragflächenhälfte der Me 262 besteht aus 5 Hauptteilen:

1) Hauptholm
2) Nasenkasten Rippe 1-7
3) Nasenkasten Rippe 7-21
4) Endkasten Rippe 1-7
5) Endkasten Rippe 7-21

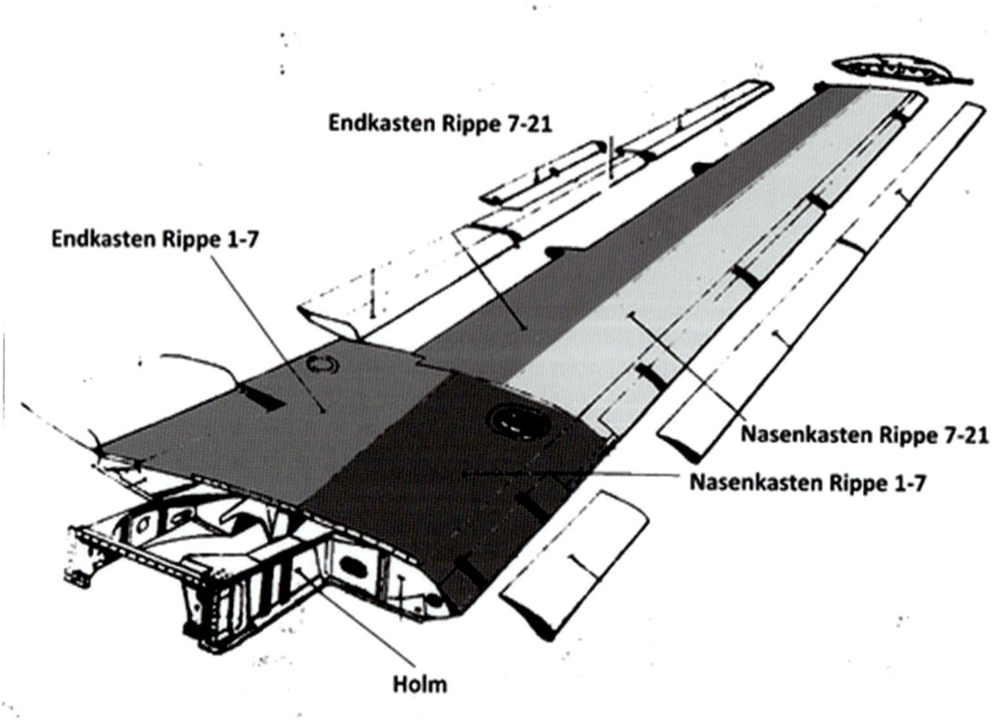

Vorgefertigte Einzelteile der zusammengesetzten Flügelhälfte.

Die Hauptteile bestehen aus 38 Baugruppen, welche wiederum aus 1956 Einzelteilen, 5510 Bohrstellen und 22420 Nieten bestehen. In den Einzelteilen enthalten sind 794 Aluminiumblechteile, 557 Stahlblechteile, 46 Pressteile aus Leichtmetall, 78 Pressteile aus Stahl, 217 Stahl-Schweißteile, 132 Dreh- und Frästeile, 46 Rohrleitungen und 92 sonstige Teile wie Gummi, Leder, Kunstharz etc. Zur Herstellung der Einzelteile werden 1770 Fertigungsmittel wie Schablonen und Vorrichtungen und 392 Lehren benötigt. Für den Zusammenbau sind 4 Fließbandanlagen, 54 Großbauvorrichtungen, 240 Bauvorrichtungen, 39 Nietvorrichtungen, 17 Ablageböcke sowie 10 Heißvorrichtungen erforderlich[114].
Der Produktionsablauf einer Tragfläche gestaltete sich wie folgt:

1) Vormontage der Unterbaugruppen wie Rippen, Kästen etc.
2) Bau des Nasenkastens Rippe 1-7
3) Bau des Nasenkastens Rippe 7-21
4) Bau des Endkastens Rippe 1-7
5) Bau des Endkastens Rippe 7-21
6) Herstellung des Flügels, Zusammenbau der Unterbaugruppen 2 bis 5 im Fließband
7) Kontrolle und Mängelbeseitigung
8) Fertigmontage im Fließband
9) Kontrolle und Mängelbeseitigung
10) Endzusammenbau

Die Schritte 1 bis 9 erfolgten jeweils für die linke und für die rechte Tragfläche spiegelbildlich. Die Nasen- und Endkästen wurden mittels einer Bau- und Bohrvorrichtung sowie einer Nietvorrichtung zusammengebaut. Die Herstellung des Flügels erfolgte anschließend in 27 Arbeitsschritten in einem Fließband, wo die Nasen- und Endkästen mit dem Tragflächenholm verbunden und alle Beschläge, Gelenke und inneren Flügelteile eingebaut wurden. Die meisten Teile wurden hierbei vernietet. Nach diesem Arbeitsgang wurde die Tragfläche aus dem Fließband genommen, gereinigt, einer eingehenden Kontrolle unterzogen und Beanstandungen beseitigt.
Anschließend wurde der Flügel wieder in das Fließband eingesetzt. In weiteren 18 Arbeitsschritten wurde dieser inklusive Fahrwerk, Klappen, Rudern, Vorflügeln, elektrischen Leitungen, Öldruck- und Pressluftanlage sowie allen Triebwerksleitungen fertig zusammengebaut. Mit einem speziellen Prüfgerät wurde das Fahrwerk und die Tragfläche mit einer Lehre geprüft, bevor sie mit einer Hebevorrichtung aus dem Förderband gehoben wurde. Danach wurden die restlichen Abdeckungen montiert.
Sowohl die linke als auch die rechte Flügelhälfte wurden so im Fließband gebaut. Die fertigen Hälften wurden anschließend in einer Zusammenbauvorrichtung miteinander verbunden und die restlichen Bauteile wie Ruderbetätigungen, die übrigen Teile des Fahrwerks und diverse Abdeckungen eingebaut.
Die Durchlaufzeit eines Tragflügels betrug 8,5 Stunden, insgesamt wurden 61 Arbeitsstunden für eine Tragfläche angesetzt. Für den Zusammenbau im Fließband wurden 30 Fachkräfte, 94 männliche und 59 weibliche Hilfskräfte benötigt.

Die einzelnen Arbeitsschritte werden im Folgenden näher erläutert.

Nasenkasten Rippe 1-7

Der Zusammenbau des Nasenkastens von Rippe 1-7 erfolgte in sieben Arbeitsgängen in einer Bau- und Bohrvorrichtung (1) sowie einer Nietvorrichtung (2):

Arbeitsgang 1: Alle Bauteile in Bau- und Bohrvorrichtung (1) aufnehmen
Arbeitsgang 2: Heftnieten schlagen und aus Vorrichtung nehmen
Arbeitsgang 3: obere Beplankung in Nietvorrichtung (2) aufnehmen, Nietlöcher bohren und senken, nieten (bis 4mm mit Einmann-Nietgerät, die übrigen mit Presslufthammer) und wieder aus Vorrichtung nehmen
Arbeitsgang 4: obere Beplankung mit aufgenieteten Rippen wieder in Bau- und Borvorrichtung (1) aufnehmen und unteres Beplankungsblech bohren und nieten
Arbeitsgang 5: ca. 50 Heftnieten schlagen, Heftschrauben lösen, sämtliche Nietlöcher bohren, senken und aus Vorrichtung nehmen
Arbeitsgang 6: Nasenkasten wieder in Nietvorrichtung (2) einlegen und ca. 220 Nieten setzen, anschließend wieder aus Vorrichtung nehmen
Arbeitsgang 7: Nasenkasten wieder in Bau- und Borvorrichtung (1) einlegen, Niet- und Schraubloch im Holmbereich bohren und wieder aus Vorrichtung entnehmen

[114] Airbus Corporate Heritage, Übersicht der Fertigungsbeschreibung Tragwerk Me 262

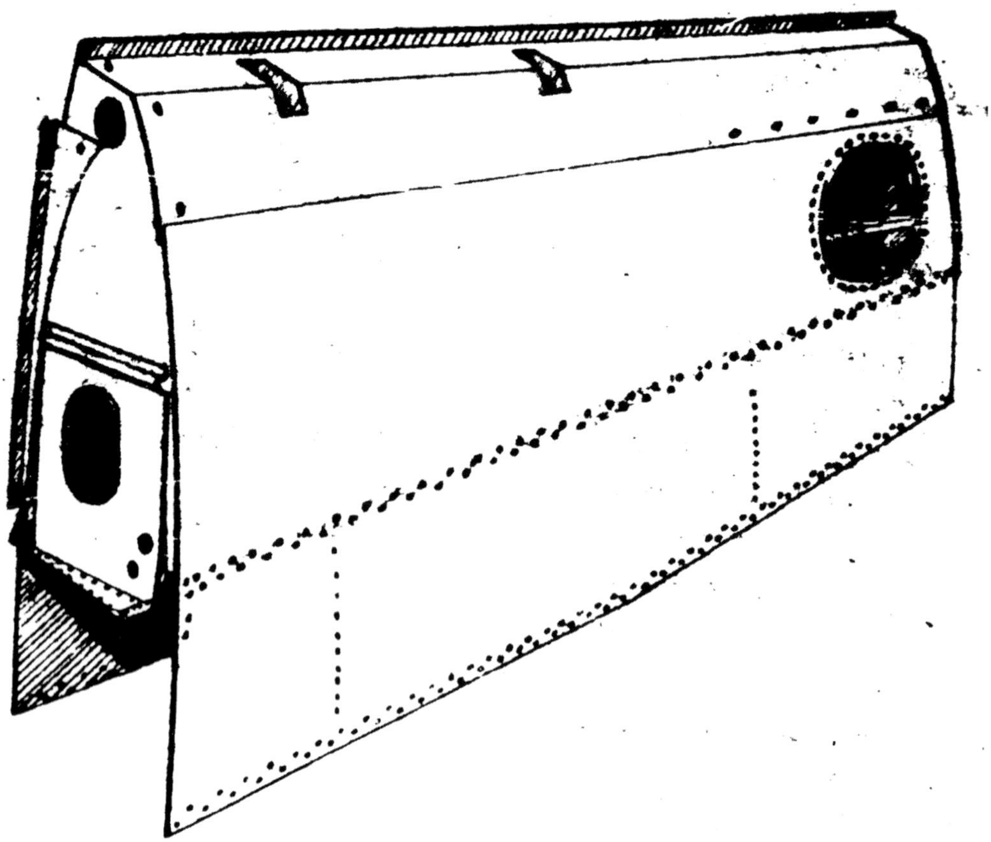

Nasenkasten von Rippe 1-7.[115]

Nasenkasten Rippe 7-21

Der Nasenkasten von Rippe 7-21 war bedeutend länger und wurde in fünf Arbeitsgängen ebenfalls in einer Bau- und Bohrvorrichtung (1) sowie einer Nietvorrichtung (2) gefertigt:

Arbeitsgang 1:	Obere Beplankung, die vier unteren Beplankungen mit den jeweiligen Rippen sowie die sechs Nasenrippen in die Bau- und Bohrvorrichtung (1) einlegen und Lagerpunkte abstecken. Anschließend obere Beplankung abbohren und Teile heften, neben jeder Heftschraube ein Nietloch aufbohren und Heftnieten mit Presslufthammer schlagen. Heftschrauben wieder entfernen und aus Vorrichtung nehmen.
Arbeitsgang 2:	Gehefteten Nasenkasten in Nietvorrichtung (2) einlegen, sämtliche Nietlöcher bohren, senken und mit Nietpresse, Einschlag- und Presslufthammer nieten. Anschließend wieder aus Vorrichtung entnehmen.
Arbeitsgang 3:	Kontrolle im Ablagebock
Arbeitsgang 4:	Kontrollbeanstandungen im Ablagebock beheben
Arbeitsgang 5:	Nasenkasten wieder in Bau- und Borvorrichtung (1) einlegen, Nietlöcher für Gurtlaschen setzen, Nasenkante befeilen und wieder aus Vorrichtung entnehmen

[115] Airbus Corporate Heritage, Fertigungsbeschreibung Tragwerk Me 262

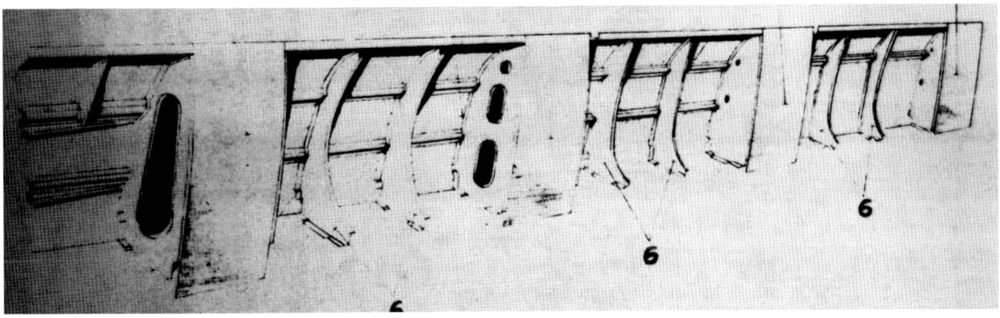

Nasenkasten 7-21.[116]

Endkasten Rippe 1-7

Die Herstellung des Endkastens von Rippe 1 bis 7 erfolgte ebenfalls in einer Bau- und Bohrvorrichtung (1) sowie einer Nietvorrichtung (2) in 9 Arbeitsgängen:

Arbeitsgang 1: Alle sieben Einzelteile inklusive Rippen, Hilfsholm sowie Klappenlager in Bau- und Borvorrichtung (1) einlegen, heften und sämtliche Nietlöcher bohren und senken
Arbeitsgang 2: Neben jeder Heftschraube einen Niet schlagen, Heftschrauben lösen und aus Vorrichtung nehmen
Arbeitsgang 3: Endkasten in Nietvorrichtung (2) geben, mit Einmann-Nietgerät sowie Pressluftthammer nieten und wieder aus Vorrichtung entnehmen
Arbeitsgang 4: Endkasten wieder in Bau- und Borvorrichtung (1) einlegen, untere Beplankung zwischen Rippe 4 und 7 heften, Nietlöcher bohren sowie Nietlöchor für Holm bohren
Arbeitsgang 5: neben jeder Heftschraube ein Niet schlagen, Heftschrauben lösen und aus Vorrichtung entnehmen
Arbeitsgang 6: In Nietvorrichtung (2) aufnehmen und alle Nieten mit Einmann-Nietgerät sowie Presslufthammer nieten, aus Vorrichtung entnehmen und auf Ablagebock lagern
Arbeitsgang 7: Von Spänen reinigen und Absaugen
Arbeitsgang 8: Kontrolle
Arbeitsgang 9: Kontrollbeanstandungen beheben

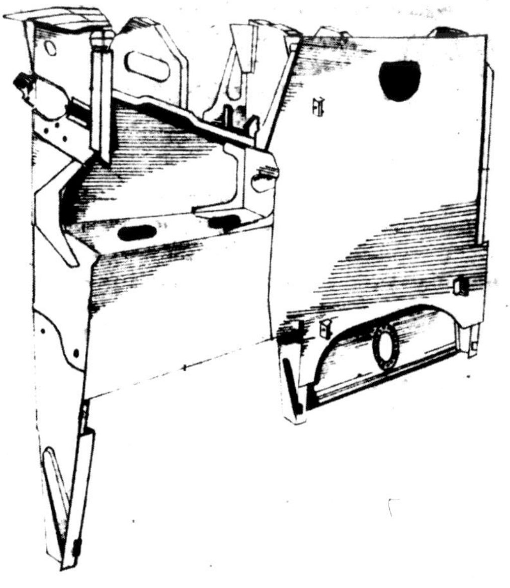

Endkasten Rippe 1-7.[117]

[116] Airbus Corporate Heritage, Fertigungsbeschreibung Tragwerk Me 262
[117] ebenda

Endkasten Rippe 7-21

Der Endkasten von Rippe 7 bis 21 wurde in sieben Arbeitsschritten ebenfalls in einer Bau- und Bohrvorrichtung (1) sowie einer Nietvorrichtung (2) hergestellt:

Arbeitsgang 1:	Obere und untere Beplankungen, Hilfsholm sowie Klappen- und Querruderträger in Bau- und Bohrvorrichtung (1) einlegen; Teile heften, Querruderträger bei Rippe 17 nieten, weite-re Beplankung mit Endrippe 16 und 17 aufnehmen und heften; Nietlöcher aufbohren und senken, Hilfsholm mit Beplankung heftnieten und Endkasten aus Vorrichtung nehmen
Arbeitsgang 2:	Endkasten in Nietvorrichtung (2) aufnehmen, sämtliche Nietlöcher aufbohren und senken
Arbeitsgang 3:	Endkasten mit Einmann-Nietgerät, Nietzange und Presslufthammer-Nietpresse ausnieten und aus Vorrichtung nehmen
Arbeitsgang 4:	Kontrolle
Arbeitsgang 5:	Kontrollbeanstandungen beheben
Arbeitsgang 6:	Endkasten in Bau- und Bohrvorrichtung (1) einlegen und Nietlöcher im Holmbereich bohren und wieder aus Vorrichtung entnehmen
Arbeitsgang 7:	im Ablagebock von Spänen reinigen und absaugen

Endkasten 7-21.[118]

Herstellung des Flügels

Der Zusammenbau des Flügels erfolgte anschließend im Fließband in 27 Arbeitsgängen je Flügelhälfte (links und rechts). Hier wurden die vorgefertigten Nasen- und Endkästen im Fließband mittels 26 Bau- und Bohrvorrichtungen zusammengebaut. Die 27 Arbeitsgänge setzten sich wie folgt zusammen:

Arbeitsgang 1:	6 Mann á 20 Minuten; Hauptholm, Nasenkasten Rippe 1-7 sowie Nasenkasten Rippe 7-21 in Vorrichtung aufnehmen und abstecken
Arbeitsgang 2:	Nietlöcher bohren und senken
Arbeitsgang 3 und 4:	8 Mann 2 Frauen á 40 Minuten; Nasenrippen, Winkelverbindung bei Rippe 7 sowie dieselbe mit oberer und untere Beplankung von Rippe 1 bis 21 mit Landeklappenzylinderlagerung nieten

[118] Airbus Corporate Heritage, Fertigungsbeschreibung Tragwerk Me 262

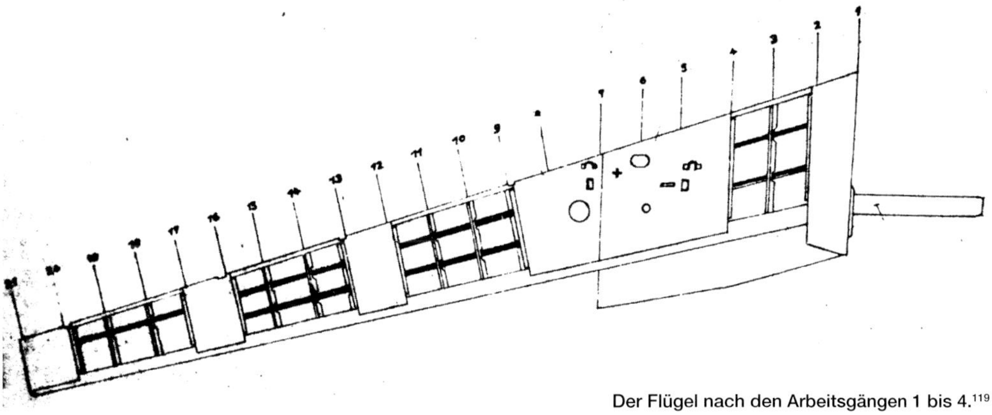

Der Flügel nach den Arbeitsgängen 1 bis 4.[119]

Arbeitsgang 5: 2 Mann und 6 Frauen á 20 Minuten; Vorrichtung schwenken, Endkasten von Rippe 7-21 auf Holm setzen sowie Querruderlager und Klappen aufnehmen und abstecken; Rippe 9 bis 20 mit Holm heften, Nietlöcher in obere Beplankung von Rippe 7 bis 21 bis Gurtlasche hinten bohren, senken und heften

Arbeitsgang 6 und 7: 6 Mann und 1 Frau á 40 Minuten; Rippe 9 bis 20 mit Holm sowie obere und untere Beplankung von Rippe 7 bis 21 mit Gurtlasche hinten nieten

Arbeitsgang 8: 4 Mann und 2 Frauen á 20 Minuten; Endkasten von Rippe 1 bis 7 auf Holm setzen, Landeklappenlagerung und Rumpfanschluss abstecken; Rippe 1 bis 7 heften und Nietlöcher bohren; untere Beplankung bei Gurtlasche aufbohren und heften

Arbeitsgang 9: 3 Mann und 3 Frauen á 20 Minuten; Nietlöcher auf oberer und unterer Beplankung bohren, heften und senken; Vorrichtung schwenken

Arbeitsgang 10: 3 Mann und 6 Frauen a 20 Minuten; Rippe 21 mit Querruderlager einführen, Nietlöcher von Holmbeschlag bohren; Nietlöcher von oberer und unterer Beplankung auf Rippe 21 sowie Hilfsholm zwischen Rippe 0-1 und Beplankung bohren, senken und heften; mit Bohrrahmen von Rippe 9-12, Rippe 13-16 und Rippe 17-20 verschrauben und Nietlöcher für Annietmuttern für Deckel, Nasenverkleidung und Düsenblech bohren

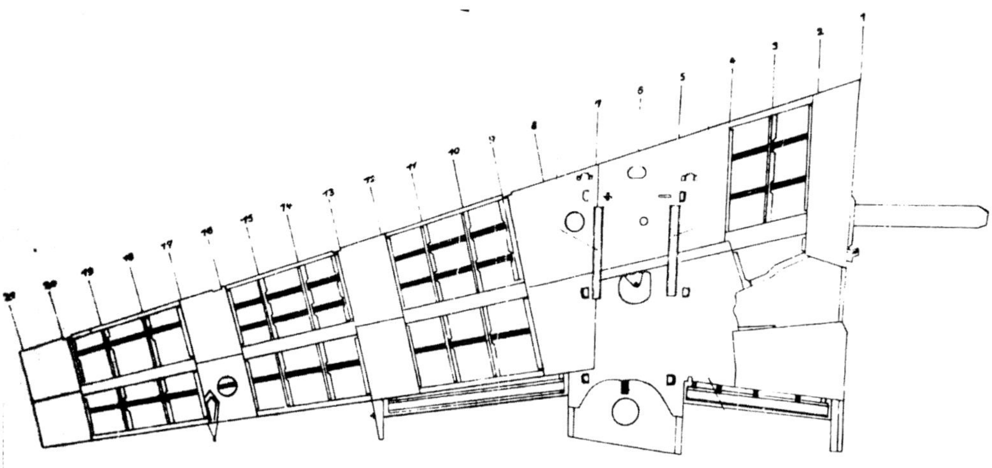

Der Flügel nach den Arbeitsgängen 5 bis 10.[120]

[119] Airbus Corporate Heritage, Fertigungsbeschreibung Tragwerk Me 262

[120] ebenda

Arbeitsgang 11: 4 Mann und 6 Frauen á 20 Minuten; Bohrrahmen abnehmen, Schrauben- und Nietlöcher für Annietmuttern senken; Verkleidungsbleche von Rippe 7-9, Rippe 9-13, Rippe 13-16, Rippe 16-20 und Rippe 20-21 auflegen und heften; Nietlöcher auf Beplankung bohren, Verkleidungsbleche abnehmen und senken, heften und nieten; vorderes Blech zwischen Rippe 0 und 1 mit aufgenieteten Laschen einschieben, Nietlöcher von Holm, Lasche und Winkel bei Endrippe bohren, senken und heften; Rippe 0 mit Profil und oberer sowie unterer Beplankung bohren, senken und heften; Leisten mit Annietmuttern bei Rippe 9, 13 und 20 heften, Nietlöcher bohren und senken, Sprengniet schlagen

Arbeitsgang 12-17: 6 Mann und 2 Frauen á 120 Minuten; Annietmuttern für Deckel zwischen Rippe 9 und 20 heften und nieten; Verkleidungsbleche Rippe 7-21, Endrippen, zahlreiche Bleche, Rippe 1-7 mit Holm, obere Beplankung 1-7 mit Holm sowie Hilfsholme nieten, Heftschrauben lösen und fertignieten

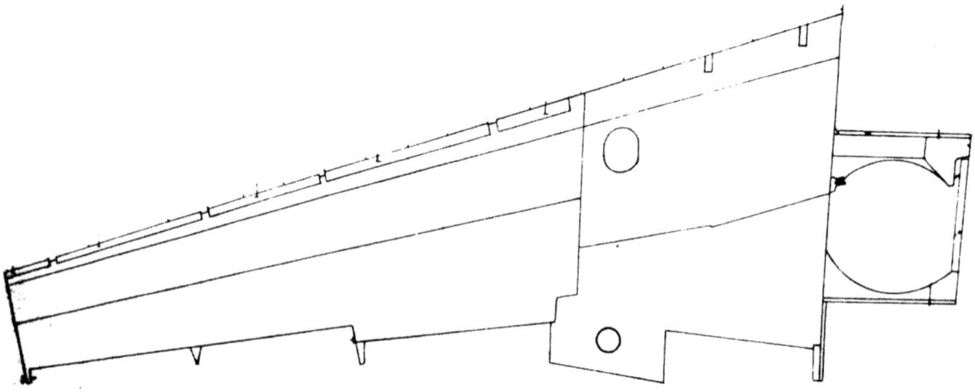

Die Tragfläche nach Arbeitsgang 17.[121]

Arbeitsgang 18: 5 Mann und 2 Frauen á 20 Minuten; Mit Bohrrahmen von Rippe 2-4 Schrauben und Nietlöcher für Annietmuttern bohren, mit Bohr- und Reibvorrichtung zwei Passungen für vorderen Triebwerksbeschlag bohren und reiben, In Triebwerksbeschlag hinten Ösenbolzen einsetzen

Arbeitsgang 19: 3 Mann und eine Frau á 20 Minuten; sieben Böcke und vorderes Blech bei Rippe 1 setzen und heften, Beplankung für vorderen Zylinderbeschlag sowie Verkleidungsbleche von Rippe 1-2, Rippe 2-4 und Rippe 4-5 bohren und senken

Arbeitsgang 20 und 21: 6 Mann á 40 Minuten: Winkel und Einziehzylinderbeschläge bei Rippe 1, Verkleidungsbleche von Rippe 1-5, Annietmuttern für Deckel von Rippe 2-4 nieten

Arbeitsgang 22: 4 Mann und 2 Frauen á 20 Minuten; vier Passungen für Einziehzylinder mit Vorrichtung bohren und reiben, Löcher für Rumpfanschluss bohren, Zylinderbeschlag anbauen

Arbeitsgang 23: 5 Mann und 4 Frauen á 20 Minuten; Schraubenlöcher bei Rippe 0 und 1 oben und unten bohren und senken, Schrauben einsetzen

Arbeitsgang 24: 3 Frauen á 20 Minuten: Flügel von Spänen reinigen

Arbeitsgang 25: Kontrolle

Arbeitsgang 26: 6 Mann á 20 Minuten; Kontrollbeanstandungen beheben, Flügel in Heißvorrichtung aufnehmen, aus Fließband heben und auf Ablagebock legen

Arbeitsgang 27: Kontrolle mit Arbeitslehren für Rumpf-Triebwerks- und Randkappenanschluss, Ausschnitt für Restabdeckung, Anschluss der Landeklappen innen und außen sowie der Querruder und für den Fahrwerksanschluss

121 Airbus Corporate Heritage, Übersicht der Fertigungsbeschreibung Tragwerk Me 262

Montage des Flügels

Nachdem der Tragflügel produziert war, konnte er vollends zusammengebaut werden. Dies erfolgte in weiteren 18 Arbeitsgängen.

Arbeitsgang 1: 4 Mann zu 80 Minuten; Fläche in Aufhängerahmen des Fließbandes einsetzen
Arbeitsgang 2: 5 Mann, 5 Frauen zu 120 Minuten; Vorflügelgetriebe, Halterungen und Winkelhebel einbauen
Arbeitsgang 3: 2 Mann 3 Frauen zu 100 Minuten; Umlenkungen, Umlenkwelle, Trennstelle, Leitungen für Stau- und Messdruck sowie Stoßstangen einbauen
Arbeitsgang 4: 3 Mann und 1 Frau zu 80 Minuten; Teile der Öldruckanlage, Antriebswelle, Landeklappenhebel und Stoßstangen einbauen
Arbeitsgang 5: 3 Mann und 1 Frau zu 80 Minuten; Flügel 90° schwenken, Rollwerk, elektrische Leitungen und Druckstifte einbauen
Arbeitsgang 6: 2 Mann zu 40 Minuten; Rollwerk auf Gangbarkeit und Anstellung einstellen, Flügel zurückschwenken
Arbeitsgang 7: 2 Mann und 1 Frau zu 60 Minuten; Obere Abdeckung an Fahrwerksbeschlag, Kraftstoffanlage und Betriebsgeräte einbauen
Arbeitsgang 8: 2 Mann und 1 Frau zu 60 Minuten; Arbeitszylinder für Rollwerk einbauen und anschließen; Teile der Öldruckanlage einbauen, Vorflügel innen und Vorflügelgetriebe einbauen
Arbeitsgang 9: 4 Mann 1 Frau zu 100 Minuten; Teile der Öldruckanlage, Bremsleitungen und Vorflügel außen und Mitte anbauen
Arbeitsgang 10: 2 Mann und 1 Frau zu 60 Minuten; untere Abdeckung am Federbein anschrauben, Düsenblech und Landeklappe außen anbauen und anschließen
Arbeitsgang 11: 2 Mann und 2 Frauen zu 80 Minuten; Querruder inne, außen, Landeklappe innen, Düsenblech und Einheitsanschlussgelenk für Triebwerksbeschlag montieren
Arbeitsgang 12: 1 Mann und 1 Frau zu 40 Minuten; Funktionsprüfung für Rollwerk mit Funktionsprüfgerät L8-410.505-517
Arbeitsgang 13: 1 Mann und 1 Frau zu 40 Minuten; weitere Funktions-prüfung für Rollwerk mit Funktionsprüfgerät
Arbeitsgang 14: Kontrolle mittels Arbeitslehren
Arbeitsgang 15: 4 Mann zu 80 Minuten; Fläche aus Fließband ausbauen und auf Ablagebock legen
Arbeitsgang 16: 2 Mann und 2 Frauen zu 80 Minuten; drei Deckel auf der Flügelunterseite montieren
Arbeitsgang 17: 3 Mann und 2 Frauen zu 100 Minuten; Deckelblech und weitere zwei Deckel auf der Flügelunterseite montieren
Arbeitsgang 18: 2 Mann und 2 Frauen zu 60 Minuten; zwei weitere Deckelbleche und zwei Deckel auf der Flügelunterseite montieren

Die Förderbänder waren sogenannte Ovalförderer, d.h. die Vorrichtungen liefen auf der einen Seite vor, drehten sich am Ende um und liefen auf der anderen Seite wieder zurück. Damit die Arbeiter besser an der Tragfläche arbeiten konnten, wurden über die gesamte Länge ca. 1 bis 1,5m hohe Podeste aus Holz angebracht.

Endzusammenbau

Beim Endzusammenbau wurden beide Tragflächenhälften in drei Arbeitsgängen miteinander verbunden.

Arbeitsgang 1: 4 Mann zu 80 Minuten; Beide Tragflächenhälften mit Heißvorrichtung in Zusammenbau-Vorrichtung auflegen, am Holmstoß sowie an den Verbindungsprofilen verschrauben
Arbeitsgang 2: restliche Schrauben mit einer pneumatischen Mutternanziehmaschine verschrauben, Arbeitszylinder zur Restabdeckung einbauen, 64 Löcher für Annietmuttern mittels Bohrrahmen bohren und entgraten
Arbeitsgang 3: 10 Mann zu 100 Minuten; Gestänge für Querruder und Landeklappen sowie Randkappen einbauen und 64 Annietmuttern mit Nietpresse vernieten

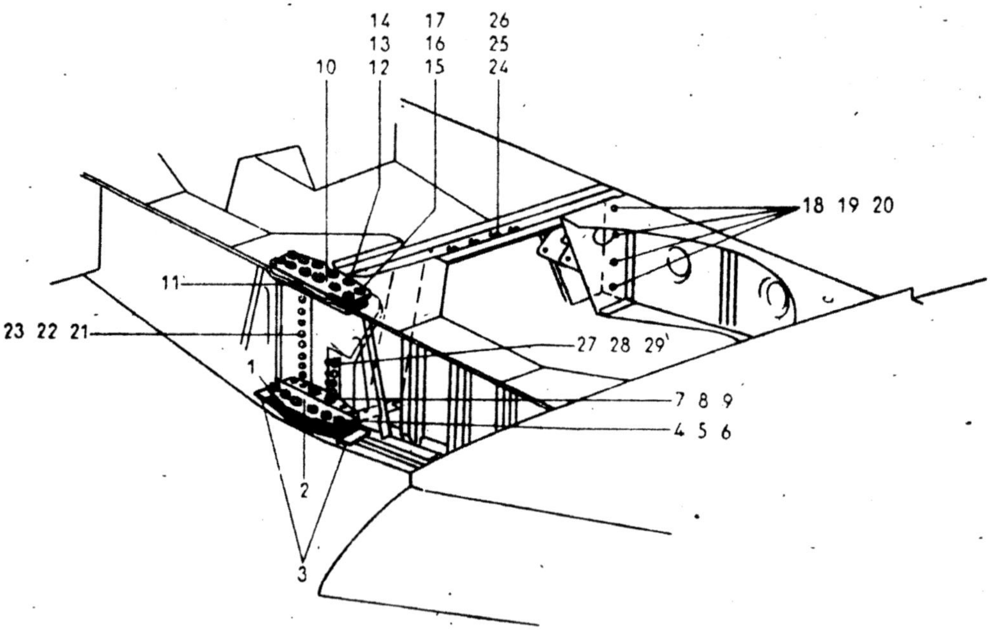

Fertigmontage, Vernieten der Holmverbindung.[122]

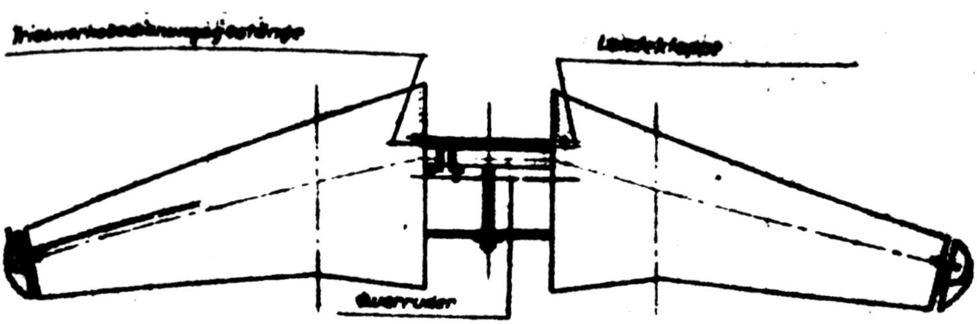

Einbau der Gestänge.[123]

[122] Airbus Corporate Heritage, Fertigungsbeschreibung Tragwerk Me 262
[123] ebenda

Bei der Erla Maschinenfabrik Leipzig wurde die Me 109 in Lizenz gebaut. Die Produktionsmethoden unterschieden sich nur unwesentlich zu denen der Me 262.[124]

Blick von oben auf das Ovalförderband bei Erla. Gut zu erkennen ist die Arbeitsplattform, auf der die Monteure arbeiteten.[125]

124 USSBS Aircraft Division, Erla Maschinenwerke GmbH Heiterblick, Germany
125 ebenda

5 Produktionsstandorte

5.1 Messerschmitt AG, Augsburg

Die Messerschmitt AG war eine der wichtigsten Flugzeugwerke Deutschlands im 2. Weltkrieg. Mehr als 50% aller produzierten Flugzeuge waren von Messerschmitt[126]. Hauptsitz des Werkes war in Augsburg-Haunstetten, angrenzend an das Augsburger Flugfeld (heute überbaut). Das Werk war zweigeteilt, zum einen in den Bereich Entwicklung und Prototypenbau, zum anderen in den Bereich Serienbau. Die Entwicklungsabteilung wurde im Oktober 1943 aufgrund der Bombenangriffe vom August nach Oberammergau ausgelagert (siehe Kapitel 6.1). Das Augsburger Werk war spezialisiert auf die Entwicklung von Basis-Konstruktionen, Entwicklungs- und Produktionsprozessen sowie den Bau von Vorrichtungen. Von 17401 Messerschmitt-Flugzeugen wurden lediglich 971 in Augsburg gebaut[127]. Die Gesamtfläche des Werkes betrug 1945 etwa 251.000m² mit 92 Gebäuden[128]. Das Augsburger Werk wurde von 1943 bis 1945 insgesamt fünf Mal bombardiert, weshalb viele Produktionszweige in 31 Produktionsstätten und 18 Außenlager verlagert wurden. Trotz der Bombardierungen konnte das Werk schnell wiederhergerichtet werden, sodass die Zerstörungen keine nennenswerten Auswirkungen hatten – vor allem aber auch deshalb, weil schon nach dem ersten Bombenangriff von 1943 recht schnell Teile des Werkes ausgelagert wurden.

Betriebsführer des Werkes war Willy Messerschmitt selbst, nach dessen Amtsenthebung aufgrund der Probleme mit der Bf 210 bekleidete Theo Croneiß dieses Amt. Nach dessen Tod im November 1942 wurde Rakan Kokothaki, kaufmännischer Leiter der BFW und der Messerschmitt AG, Betriebsführer von Augsburg. Die Angestelltenzahl stieg von 300 in 1933 bis auf 27263 in 1945, wobei 40% davon Kriegsgefangene waren. Man arbeitete im Werk erst in einer Schicht, dann Zweischichtig. Bis März 1944 betrug die Wochenarbeitszeit 60 Stunden, danach 72 Stunden[129].

Das Augsburger Werk bestand aus vier Werksteilen:

- **Werk I:** Stammwerk, ehemalige Rumpler-Werke mit Hauptverwaltung, Versuchsbau und Einfliegerhalle
- **Werk II:** Vorrichtungsbau, Vormontage, Serienbau
- **Werk III:** Endmontage und Einflug
- **Werk IV:** Werkzeugbau, Flächenkonstruktion und Rohmaterial-Lager

In Haunstetten existierte außerdem vom 9. Februar 1943 an ein KZ, welches mit 2700 Häftlingen belegt war. Die Häftlinge mussten bei Messerschmitt arbeiten, wobei der Belegschaft jedweder Kontakt mit KZ-Häftlingen verboten wurde.

Am 14. April 1944 wurde das KZ bei einem Bombenangriff der US-Luftwaffe getroffen und zerstört, 107 Häftlinge befanden sich unter den vielen Opfern des Angriffs[130]. Nach der Zerstörung des Lagers wurde in Augsburg-Pfersee ein neues Lager in einer großen Halle mit acht Schiebetoren eingerichtet, interniert waren hier bis zu 1000 Häftlinge die sowohl im Werk Augsburg als auch im Waldwerk Horgau arbeiten mussten (siehe Kapitel 9.8), wo sie mit der Bahn hin transportiert wurden. Auch nach Lauingen (siehe Kapitel 5.4) und Bäumenheim (Siehe Kapitel 5.10.1) wurden Häftlinge von hier verlegt. Zum Augsburger Werk gehörte außerdem der Flugplatz Lechfeld mit seinen Prototypenwerkstätten. Das Flugfeld in Haunstetten erwies sich schon bei den ersten Weltrekordflügen der Bf 109 und Me 209 als zu klein[131], sodass insbesondere die Flugerprobung der Me 262 auf dem nur 15km entfernten Fliegerhorst Lechfeld unter dem Tarnnamen »Autobedarf Lechfeld« stattfand, wozu im April 1944 das Erprobungskommando 262 gegründet wurde. Auch die Versuchsabteilung der Me 262 wurde nach den Bombenangriffen vom Februar 1944 nach Lechfeld verlegt, nachdem ihre Bürogebäude dabei zerstört wurden[132].

126 USSBS Aircraft Division, Messerschmitt AG Augsburg, Over-All Report S. 1
127 ebenda, Part A, S. 1
128 ebenda, S. 9
129 ebenda, S. 5
130 Römer, für die Vergessenen, S. 83 ff.
131 Militärgeschichtliche Sammlung Lechfeld
132 Radinger/Schick, Me 262, S. 39

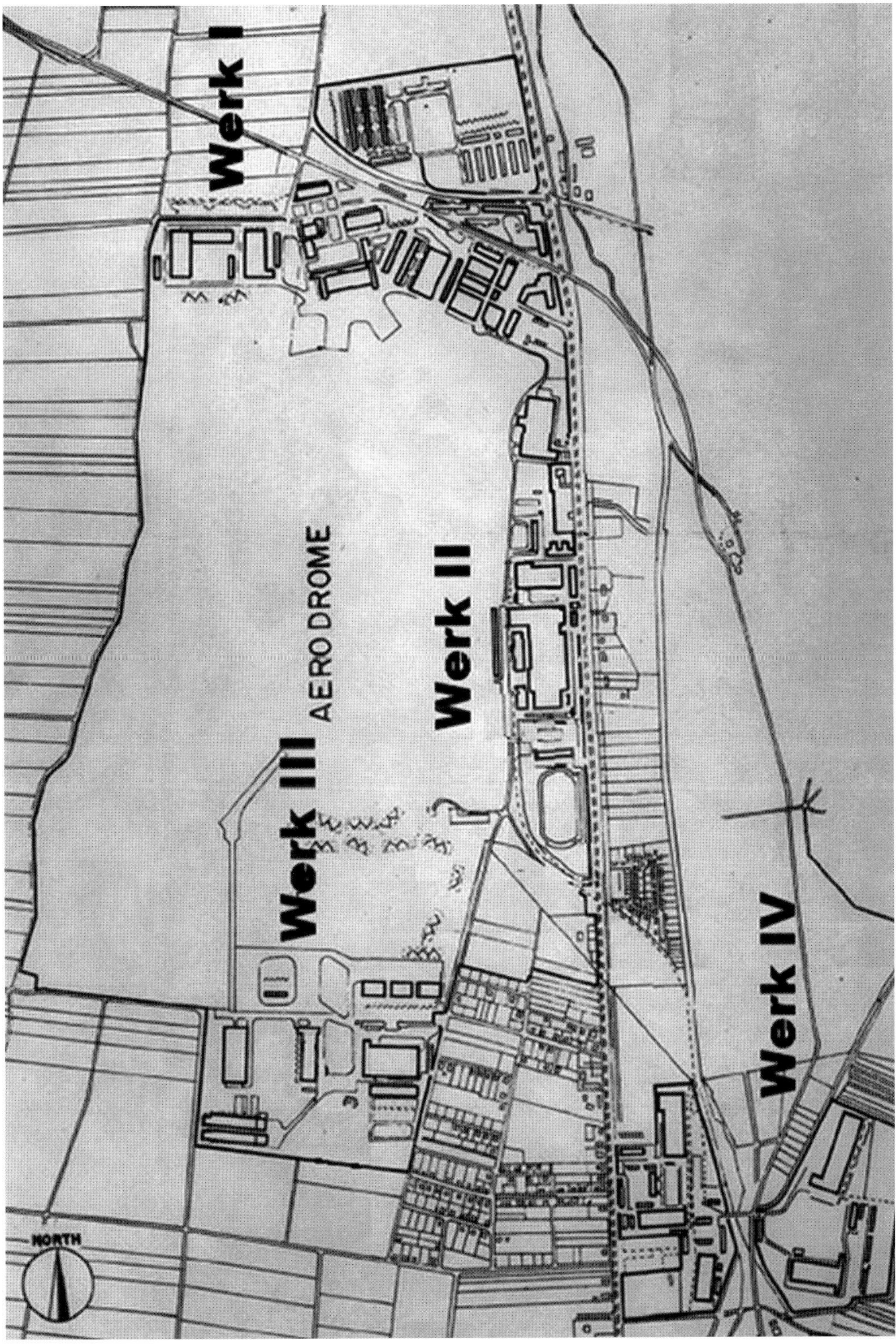

Werksteile Augsburgs (aus den Zeichnungen der USSBS Berichts)

5.2 Messerschmitt GmbH, Regensburg

Am 21. August 1936 wurden die Bayerischen Flugzeugwerke GmbH Regensburg gegründet, welche 1940 in Messerschmitt GmbH Regensburg umbenannt wurden. Das Regensburger Werk wurde für die Produktion der Bf 109 gebaut, da diese Mitte 1936 vom RLM als Standard-Jagdflugzeug festgelegt wurde und die Kapazitäten in Augsburg bei weitem nicht ausreichten, um das Flugzeug in der geforderten Stückzahl zu bauen[133].

Das Werk entstand am wenig benutzten Flugplatz Prüfening, wo bereits 9 Monate nach Gründung der GmbH das Richtfest für das gesamte Werk gefeiert werden konnte. Nach Fertigstellung des Werkes wurde die Bf 108 sowie Baugruppen für die Bf 109 gebaut. Ab 1938 wurde ein Reparaturwerk für die genannten Typen eingerichtet, ab Ende 1938 wurde die Bf 109 komplett in Regensburg produziert. Regensburg produzierte mehr Bf 109 als alle anderen Werke und Lizenznehmer, 35,4% der Bf 109 kamen von dort[134].

Das Werk bestand aus dem Hauptwerk in Prüfening mit einer Produktionsfläche von ca. 132.000m^2 sowie dem als Werksflugplatz genutzten Fliegerhorst Obertraubling mit einer Produktionsfläche von ca. 49.000m^2. Den Fliegerhorst errichtete die noch junge Luftwaffe 1937, der allerdings 1940 von den Messerschmitt-Werken übernommen wurde da die Kapazitäten in Prüfening nicht mehr ausreichten.

Betriebsführer war Theo Croneiß, nach dessen Tod am 7. November 1942 übernahm Karl Linder diesen Posten. Ersetzt wurde er von 1943 bis April 1944 von dem erst 41-jährige Chefingenieur der Luftwaffe, Roluf Lucht. Lucht war vor 1939 Chef des technischen Amtes LC II des RLM, kam aus der Entwicklung und hatte keinerlei Erfahrung in der Industrie und wenig Verständnis für Produktionsfragen[135]. Chef der Vor- und Endmontage war von Kiesling, Chef der Einfliegerei Külffner.

Der Flugplatz in Obertraubling verfügte über eine Graspiste, im Februar 1945 verlängerte man eine Straße des Fliegerhorstes um darauf die Me 262 starten zu können[136]. Eine Betonpiste war im Bau, wurde aber bis zum Ende des Krieges nicht mehr fertig gestellt. Diese Arbeiten wurden von 600 KZ-Häftlingen verrichtet, die ab 20. Februar 1945 in Obertraubling interniert waren und im noch nicht fertig gestellten Casino untergebracht waren. Die Häftlinge kamen aus aufgelösten Konzentrationslagern nach Flossenbürg und dann nach Obertraubling, dementsprechend schlecht war ihr körperlicher Zustand. Nach kurzer Zeit brach im Lager eine Ruhrepidemie aus, woran 116 Häftlinge gestorben sind. Bei zahlreichen Bombardierungen des Werkes durch die US-Luftwaffe kamen weitere Häftlinge ums Leben, sodass in der letzten Arbeitseinsatzliste lediglich noch 426 Häftlinge registriert wurden. Aufgrund der großen Zahl Kranker und Geschwächter wurde kaum gearbeitet[137].

Wie in Augsburg wurden auch hier viele Produktionszweige ausgelagert, so gründete man Anfang 1944 das erste Waldwerk »Gauting« in Hagelstadt (siehe Kapitel 9.1), Ende 1944 die Endmontagelinie der Me 262 im Waldwerk »Stauffen« (siehe Kapitel 9.4) und schaffte vor allem die wertvollen Pressen für die Bf 109-Produktion in den Straßentunnel nach Eschenlohe, der für die Verlagerung ausgebaut und verlängert wurde (siehe Kapitel 6.9). 1945 arbeiteten 12.824 Menschen bei Messerschmitt in Regensburg, wobei 6420 (50%) deutsche Arbeiter waren, 1850 (14,5%) russische Kriegsgefangene, 2050 (16%) »andere russische Arbeiter« sowie Französische, Belgische, Italienische und Ungarische Arbeiter[138].

Neben der Bf 109 produziere man in Regensburg an den Standorten Prüfening und Obertraubling auch die Typen Me 210, Me 323, Me 163 und Me 262. Das Werk produzierte 1458 Me 109 und 635 Me 262[139].

[133] Ebert/Kaiser/Peters, Willy Messerschmitt, S. 191
[134] USSBS Aircraft Division, Report No.11, Messerschmitt AG Augsburg, Part B, S. 2
[135] Boog, Luftwaffenführung, S. 37 f.
[136] Schmoll, die Messerschmitt-Werke im zweiten Weltkrieg, S. 176
[137] Benz/Distel, Der Ort des Terrors Bd. 4, S. 216 ff.
[138] USSBS Aircraft Division, Report No.11, Messerschmitt Augsburg, S. 4
[139] Ebenda, S. 10; laut Jurleit sind in Regensburg allerdings nur ca. 370 Maschinen entstanden

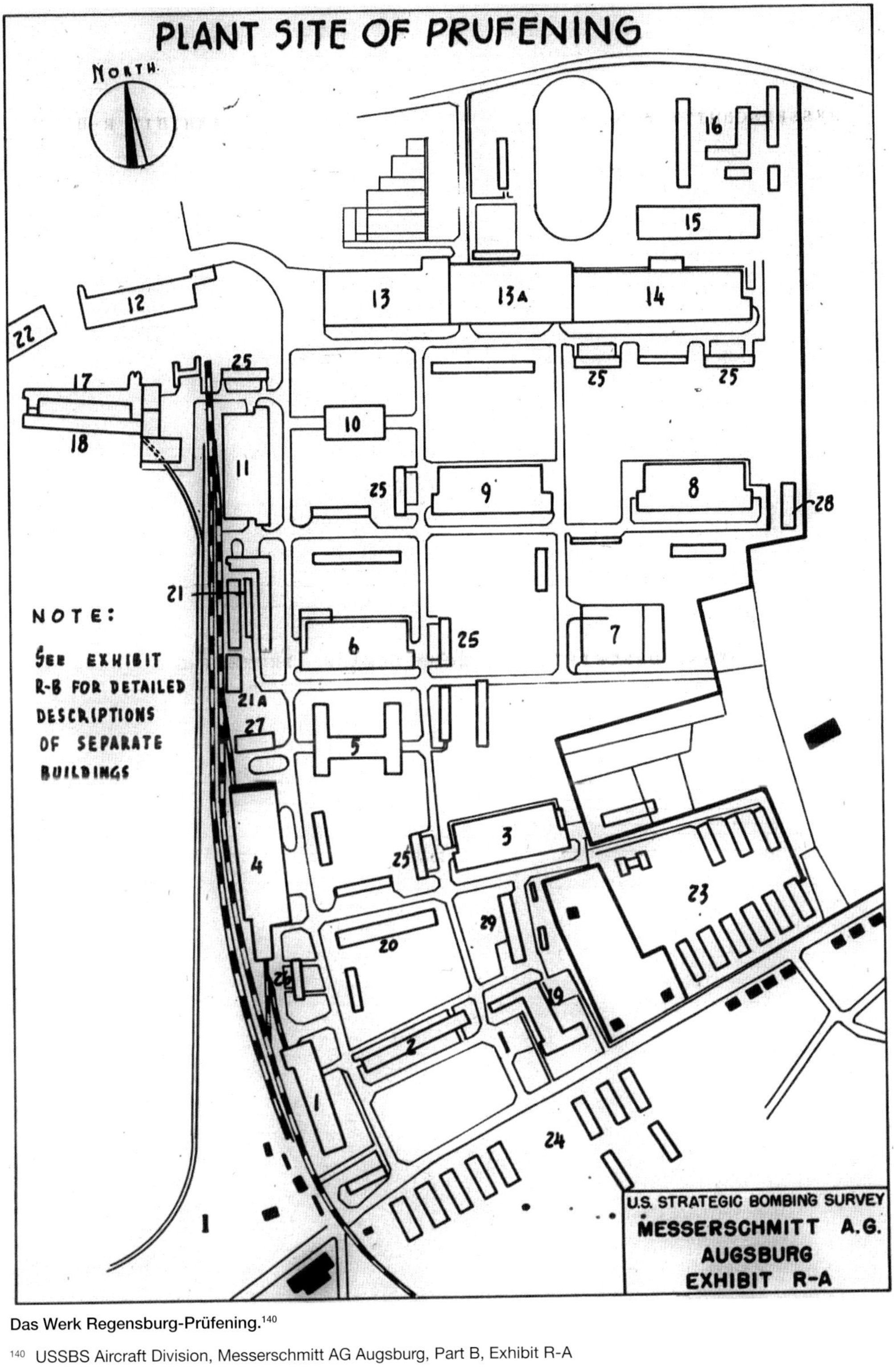

Das Werk Regensburg-Prüfening.[140]

140 USSBS Aircraft Division, Messerschmitt AG Augsburg, Part B, Exhibit R-A

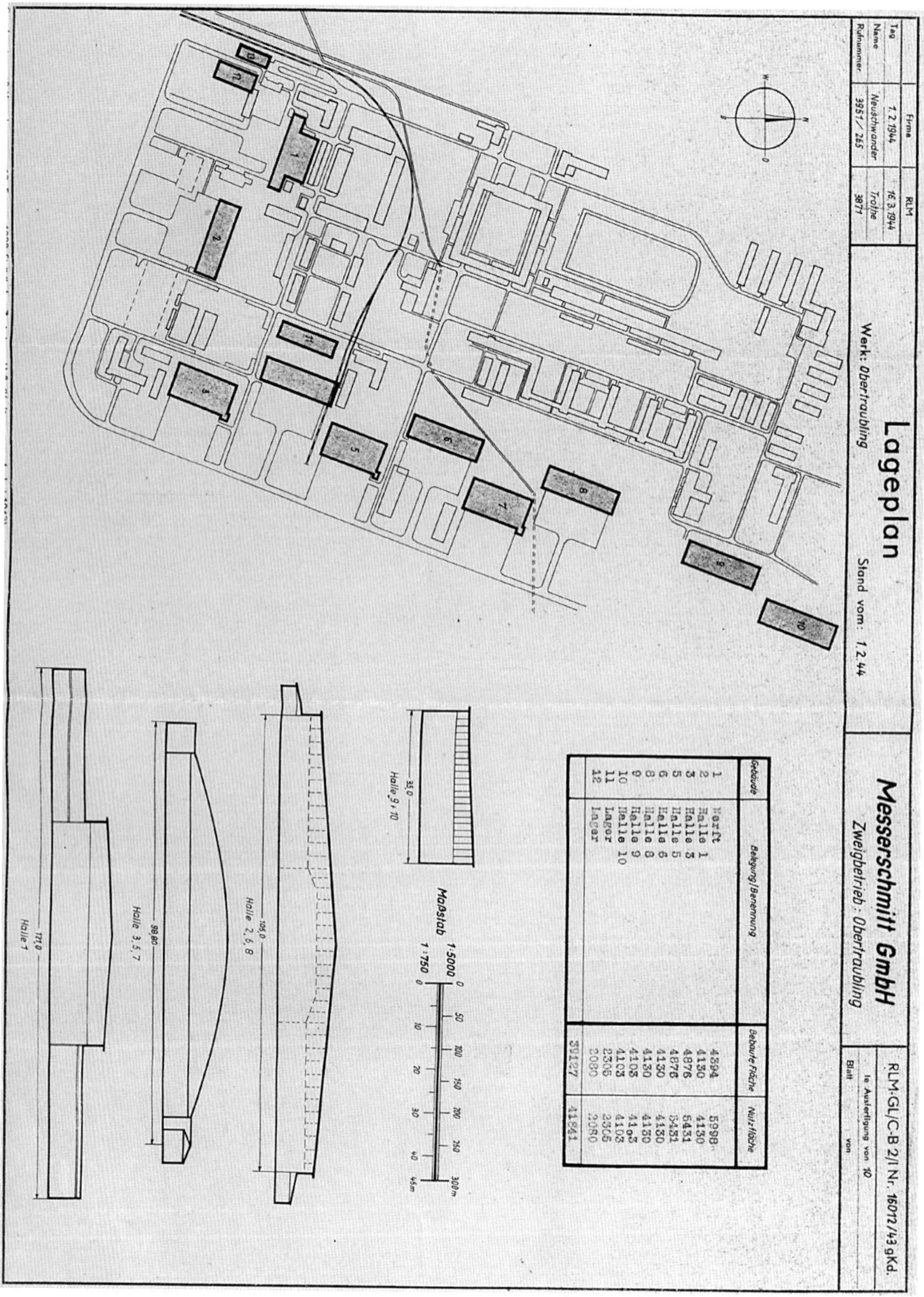

Messerschmitt-Werk Obertraubling (BArch-MA RL 3/1511); Luftaufnahme siehe Kapitel 9.4.

2.6.1 Regensburger Produktion im KZ Flossenbürg

Zum Jahreswechsel 1942/43 kam es zu ersten Verhandlungen der Messerschmitt Werke Regensburg mit der Betriebsleitung des KZ Flossenbürg. Im Januar 1943 wurde eine Abmachung getroffen, dass Messerschmitt der DEST Flossenbürg Produktionsmittel und Rohmaterial lieferte und Vorarbeiter zum Anlernen der Gefangenen stellte. Ab 5. Februar 1943 wurden die alten Steinmetzhallen umgebaut, um darin vermutlich ab März/April unter der Tarnbezeichnung »Kommando 2004« Teile der Bf 109 zu fertigen um das Obertraublinger Werk zu entlasten. Ab Ende Mai produzierte eine zweite Produktionslinie Nasenkästen für die Bf 109.

1944 wurden außer Leitwerken und Motoren alle Teile der Bf 109 in Flossebürg produziert, Ende 1944 waren nur noch sehr wenige Häftlinge im Steinbruch beschäftigt, die meisten arbeiteten für Messerschmitt[141].

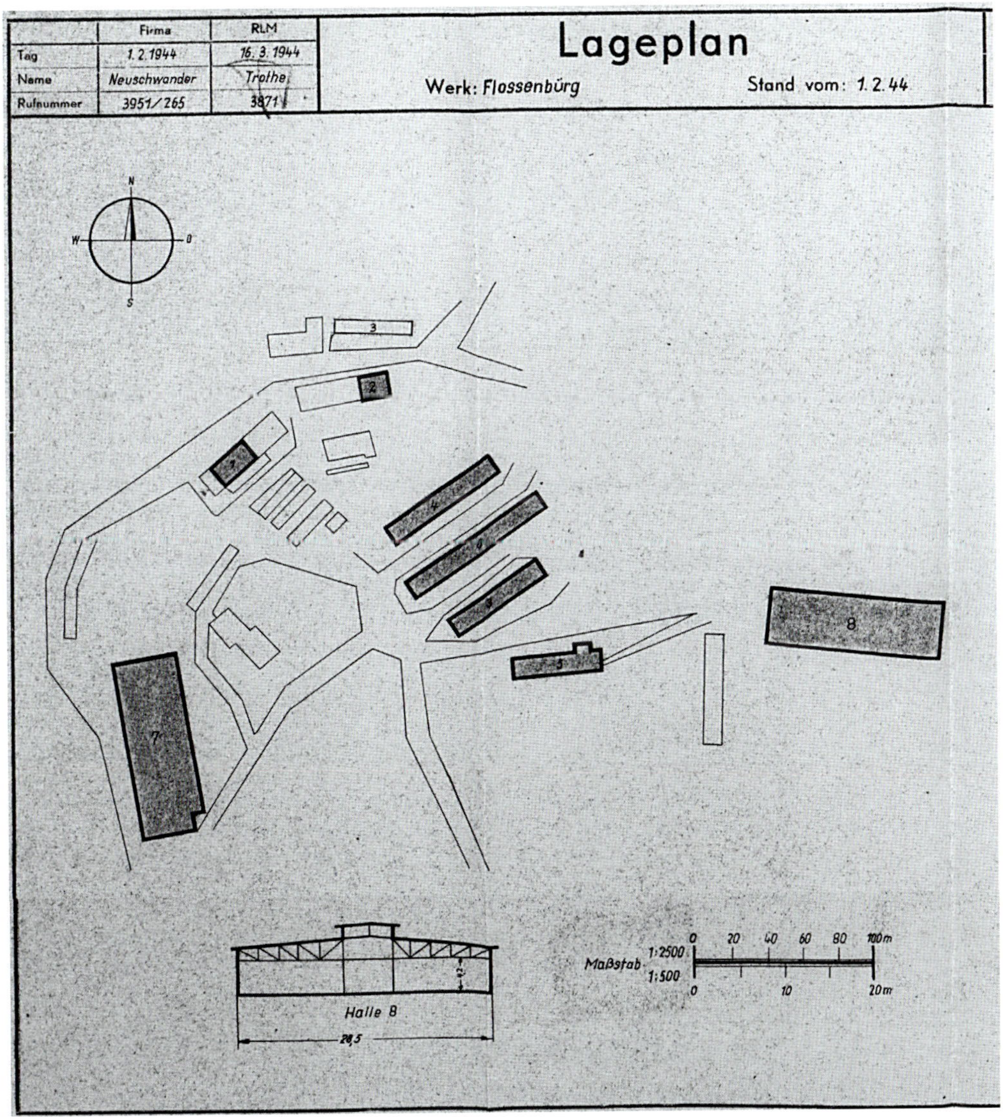

Lageplan Messerschmitt Flossenbürg (BArch-MA RL 3/1511).

[141] Benz/Distel, Der Ort des Terrors, Bd. 4, S. 40 ff.

5.3 Tragflächen aus Gablingen

Die Geschichte des Fliegerhorstes Gablingen geht bis in den ersten Weltkrieg zurück. Nach der Wiederbelegung 1934 war der Platz mit einigen Kampf- und Zerstörergeschwadern belegt, bis er schließlich ab 1940 von der Flugzeugführerschule C 15 belegt wurde. Seit Anfang 1942 nutzte die Messerschmitt AG den Flugplatz für den Sonderumbau der Me 210, später wurden auf 4000m^2 in Teilen der Hallen die Arbeiten im Rahmen des Einflugbetriebs der Me 410 durchgeführt. Zu Beginn der Produktion der Me 262 wurden die Tragflächen in Hallen des Fliegerhorstes auf einer Fläche von 2000m^2 gefertigt[142]. Bereits im Januar 1944 beauftragte die Messerschmitt AG die Firma BBC, in Gablingen die erforderlichen Elektroinstallationen auf dem Fliegerhorst sowie für Unterkunftslager für 1800 Mann zu erstellen[143].

Am Rand des Flugplatzes wurde ein KZ-Außenlager des KZ Dachau errichtet, welches am 21. Februar 1944 mit 352 Häftlingen belegt wurde. Nach dem Bombenangriff auf Augsburg am 13. April 1944 und der Zerstörung des dortigen KZ wurden mindestens 600 weitere Häftlinge nach Gablingen verlegt[144]. Bei einer Besprechung am 10. März 1944 beim Jägerstab beschloss man, den Tragflächenbau von Gablingen zum 25. März nach Leonberg zu verlagern, da man herausgefunden hat, dass dieser von den Amerikanern entdeckt wurde und man eine Bombardierung des Platzes befürchtete[145]. Tatsächlich wurde der Flugplatz am 24. April 1944 von US-Bombern angegriffen. Die Produktion in Leonberg lief ab Juli 1944 an (siehe Kapitel 7.1).

5.4 Triebwerksverkleidungen aus Lauingen

Im März 1944 wurden die Fabriken der Landmaschinenfabrik Ködel und Böhm sowie die Tuchfabrik Ludwigsau J. Feller GmbH & Co. in Lauingen von der Firma Messerschmitt angemietet. Produziert wurden hier Triebwerksverkleidungen für die Me 262, wobei bei Ködel und Böhm Teile dafür gefertigt und bei Feller & Co. diese montiert wurden[146].

Bei Ködel und Böhm wurde im Kellerraum einer Fertigungshalle der Landmaschinenfabrik ein Häftlingsquartier für Häftlinge aus dem KZ Dachau eingerichtet. Im August 1944 kamen weitere 300 Häftlinge, welche in den Fabrikhallen der Tuchfabrik einquartiert wurden. Anfang 1945 wurde ein Barackenlager beim Birkackerhof an der Straße Lauingen-Wittislingen errichtet, in welchem von da an alle Lauinger Häftlinge untergebracht wurden. Das Lager verfügte lediglich über eine umgebende Mauer, kein Stacheldraht und keine Wachtürme.

Insgesamt arbeiteten 3000 männliche Häftlinge in Lauingen, die meisten davon stammten aus der Sowjetunion. Gearbeitet werden musste in Zwölfstundenschichten von 6 bis 18 und von 18 bis 6 Uhr, wobei 60% der Häftlinge für die Produktion von Flugzeugteilen arbeiteten, die anderen mussten Baracken beim Birkackerhof bauen und zum anderen Wassergräben in der »Pumpstation« trockenlegen. Die Verpflegung mit Lebensmitteln war katastrophal, kranke Häftlinge wurden ins Stammlager Dachau zurückgebracht und durch neue, gesunde Arbeitskräfte ersetzt. Am 25. Februar 1945 startete ein Transport mit 6000 Häftlingen in Bergen-Belsen mit Ziel Launigen. Beim Bombenangriff auf Würzburg wurde dieser schwer getroffen, sodass 2/3 der Häftlinge ums Leben kam. Daraufhin bekamen die Häftlinge zehn Tage weder zu essen noch zu trinken, sodass lediglich 380 am 6. März 1945 in Lauingen eintrafen.

Kurz danach brach eine Fleckfieberepidemie im Lager aus, wie viele Menschen dabei gestorben sind gibt es keine Angaben – auf dem Lauinger Friedhof sind 62 Menschen bestattet worden, die Zahl der Toten lag bei etwa 100. Anfang April kamen mehrere hundert Häftlinge nach Landsberg, am 10. oder 12. April 1945 wurde das Lager aufgelöst wobei die Häftlinge nach Augsburg marschieren mussten und dort beim Ausheben von Panzergräben eingesetzt wurden[147].

142 USSBS Aircraft Division, Messerschmitt AG Augsburg, Part B, Exhibit A-A1
143 BArch-MA RW21-1/979, Schreiben der BBC Büro Augsburg an Messerschmitt, 19.1.1944
144 Römer, Für die vergessenen, S. 80 f.
145 BArch-MA RL 3/1, S. 263, Schlussbesprechung bei Messerschmitt, Augsburg, 10.3.44
146 USSBS Aircraft Division, Report No.11, Messerschmitt AG Augsburg, Exhibit A-A
147 Benz/Distel: Der Ort des Terrors; Band 2, S. 381 ff.

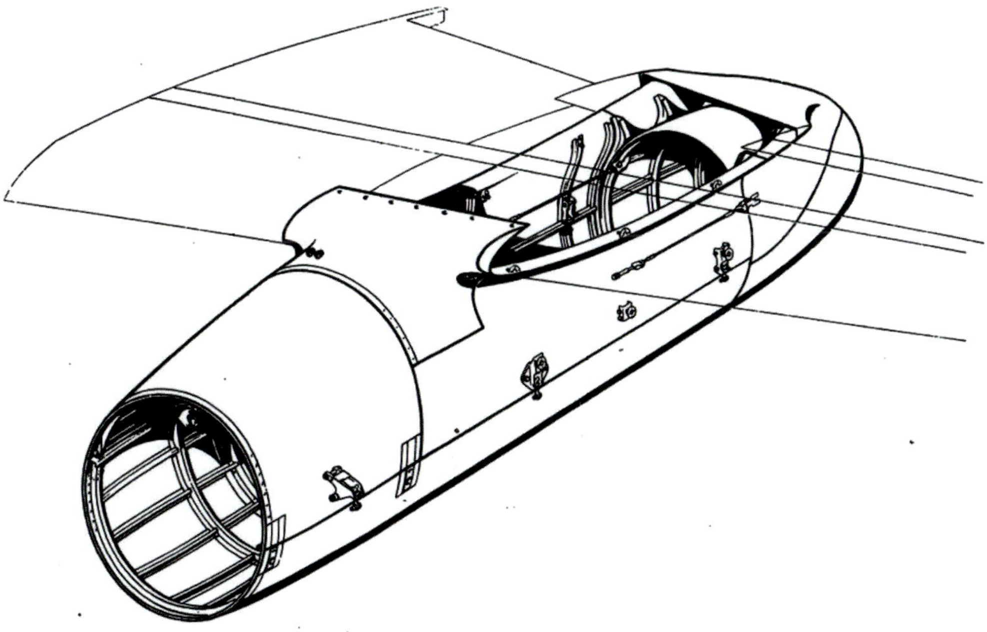

Die einzelnen Triebwerksverkleidungen.

5.5 Rumpfmontage in Obernzell bei Passau

Nach den Bombenangriffen der »Big Week« von 22. und 25. Februar 1944 auf die Werke Augsburg und Regensburg verlegte man die Rumpfmontage der Me 262 nach Obernzell bei Passau. Die Produktion lief hier im April 1944 auf 3500m² in einem Fabrikgebäude der Schmelzziegelfabrik Fa. Saxinger in der Hammermühlstraße, einem kleinen Seitental an der Straße nach Untergriesbach, an[148]. Bis zum Kriegsende wurden in Obernzell bis zu 1000 Rümpfe für die Me 262 produziert[149].

Die Rümpfe wurden im südlichen Teil der Fabrikanlage gebaut, angeliefert wurden die dazu benötigten Teile von norden her über eine kleine Straße. Der Abtransport erfolgte im Süden per LKW zum Bahnhof von Obernzell, von wo aus die Rümpfe zu den Endmontagelinien befördert wurden.

Nördlich des Fabrikgebäudes gab es zwei Bunker, welche recht weit in den Berg reichten. Der Bahnhof in Obernzell wurde von den Alliierten mehrmals bombardiert, man wusste wohl auch über die Montagelinie Bescheid, konnte aber aufgrund des engen Tales hier keine Bomben abwerfen.

Die Rümpfe bestanden aus einem Vorder- und einem Mittelteil, das Vorderteil wurde in 19, das Mittelteil in 21 Takten auf einer Taktstraße zusammengebaut. Produziert wurde mit 500 Zwangsarbeitern aus Italien, Frankreich, Polen und der Ukraine, die in Schichten zu 12 Stunden pro Tag in dem Werk arbeiten mussten. Untergebracht waren die Zwangsarbeiter in einer primitiven Baracke in Obernzell[150], nicht weit im Norden vom Fabrikgelände entfernt. Strom wurde in einem eigenen Wasserkraftwerk direkt neben den Fabrikgebäuden erzeugt.

148 USSBS Aircraft Division, Messerschmitt AG Augsburg, Part B, Exhibit R-D

149 Peter Schmoll, die Messerschmittwerke im zweiten Weltkrieg, S. 150

150 »ehemaliger Zwangsarbeiter dankt deutscher Familie«, Passauer neuen Presse, 6. September 2001

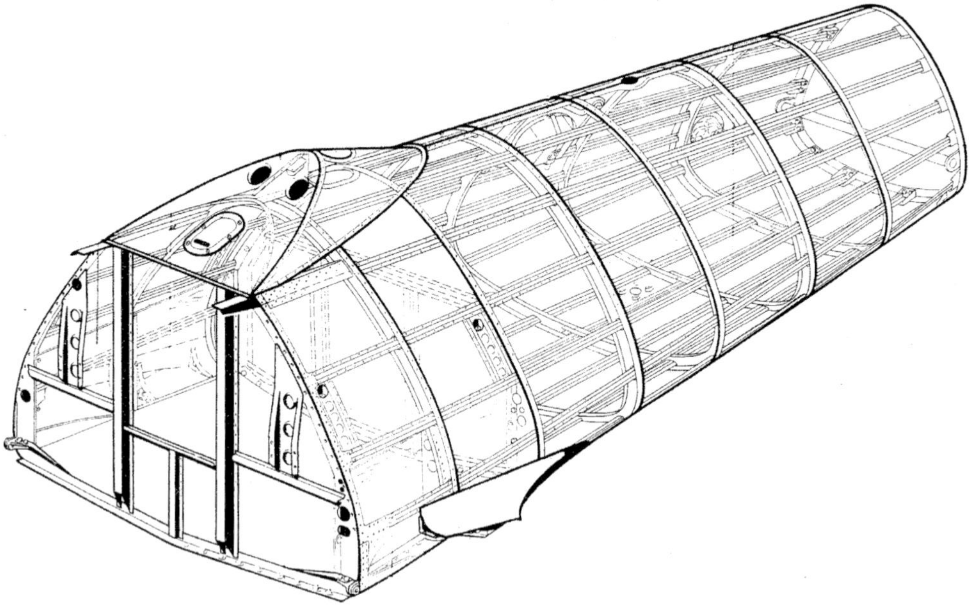

Rumpfvorder- (unten) und Mittelteil (oben), welche in Obernzell gebaut wurden; die Auslieferung erfolgte als eine fertig montierte Großbaugruppe.

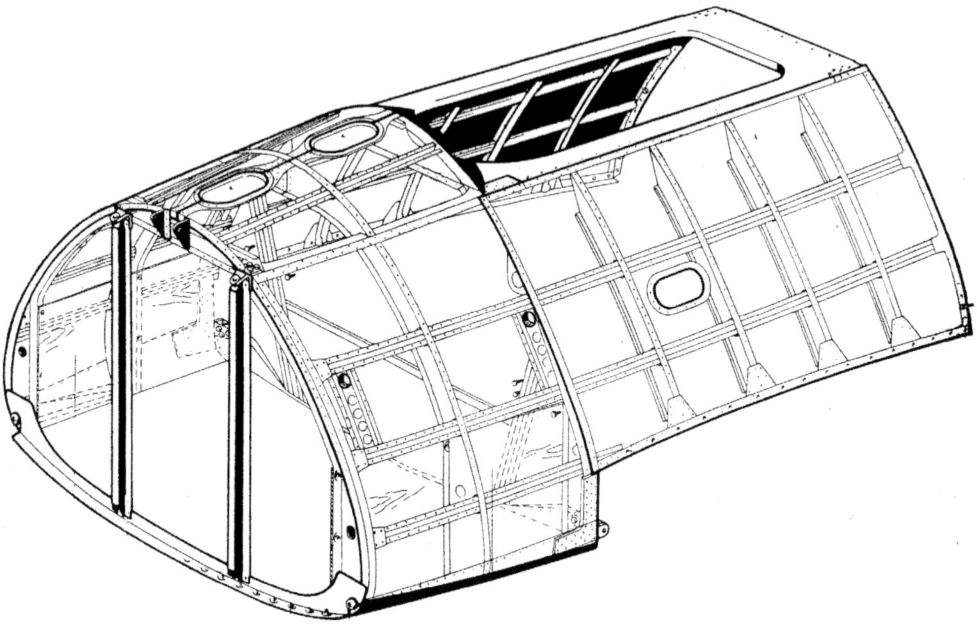

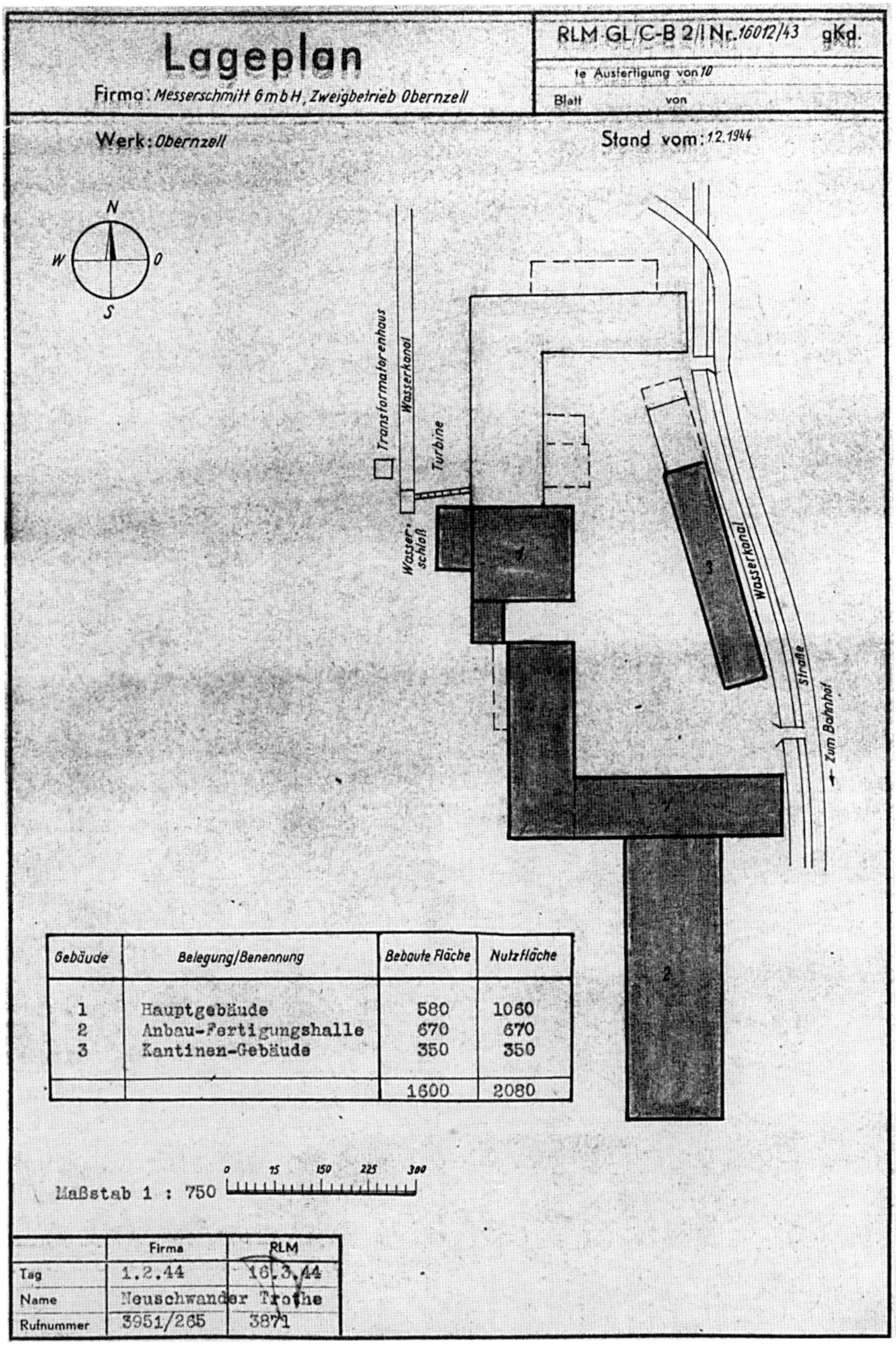

Der Lageplan des Obernzeller Werkes. (BArch-MA RL 3/1511)

5.6 Rumpfspitzen aus Günzburg

Wie in Lauingen mietete die Firma Messerschmitt die mitten in der Stadt liegende »Spinnerei Günzburg« an, genauer das Werk Günzburg der Süddeutschen Baumwolle-Industrie AG (SBI). Hier wurden auf einer Fläche von 2100m² Rumpfnasen für die Me 262 sowie Teile für die Bf 109 produziert[151].
Am 9. April 1945 wurde die Fabrik von amerikanischen Bombern angegriffen und weitgehend zerstört, wobei auch große Teile der Innenstadt und des Schlosses stark in Mitleidenschaft gezogen wurden. Ein weiterer Betrieb für Rumpfnasen war die Firma Hohmann in Wuppertal, wo im Eisenbahntunnel Rochsburg unter dem Decknamen »Flamingo« produziert wurde (siehe Kapitel 6.4).

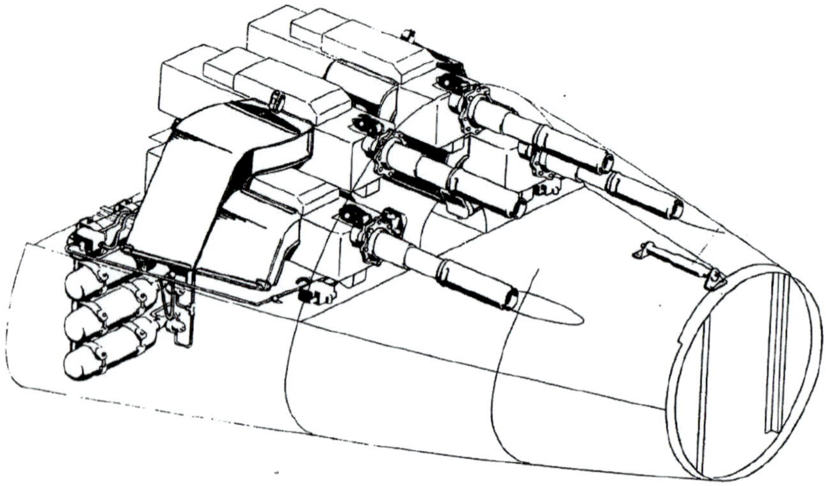

Rumpfspitze mit Bewaffnung.

5.7 Leitwerke von Blohm und Voss sowie der DLH Staaken

Ende der 1930er Jahre errichtete die Firma Blohm und Voss AG in Wenzendorf bei Hamburg mit Unterstützung des Reiches ein großzügiges Werk, in welchem zahlreiche Flugzeuge verschiedener Konzerne in Lizenz gebaut wurden. Neben dem Umbau von Bf 109 G auf Schuldoppelsitzer Bf 109 G-12 fertigte Blohm und Voss Rumpfenden und Leitwerke für die Me 262.
Im Frühherbst 1943 erhielt die Firma den Auftrag vom Technischen Amt des RLM dazu, nach der Beendigung der Vorbereitungen begann hier im Januar 1944 die Serienfertigung. Das Werk produzierte sehr schnell, sodass bei Serienbeginn der Me 262 im Juni 1944 in Leipheim bereits 154 Rumpfenden und Leitwerkbaugruppen auf Lager waren[152].
Bereits im April 1944 hatte das Technische Amt des RLM den Vorentscheid getroffen, bei Blohm und Voss 100 Me 262 B-1a zu Schulungsdoppelsitzern umbauen zu lassen. Nach dem Serienanlauf der Me 262 in Leipheim und Schwäbisch Hall überführte man eine der ersten Maschinen nach Wenzendorf, wo man bis Ende Juli 1944 die Maschine umbaute. Diese wurde anschließend direkt nach Lechfeld zur Erprobung überführt, in der ersten Augusthälfte brachte man den Doppelsitzer nach Rechlin zur Erprobung und zur Schulung neuer Piloten auf das Muster. Am 8. Oktober brach bei der Landung die Bugsektion der Maschine aufgrund mangelhafter Punktschweißung vom Rumpf, wobei sich diese überschlug und zum Totalschaden wurde.

[151] USSBS Aircraft Division, Report No.11, Messerschmitt AG Augsburg, Exhibit A-A
[152] Manfred Jurleit, Strahljäger Me 262, die Technikgeschichte, S. 166

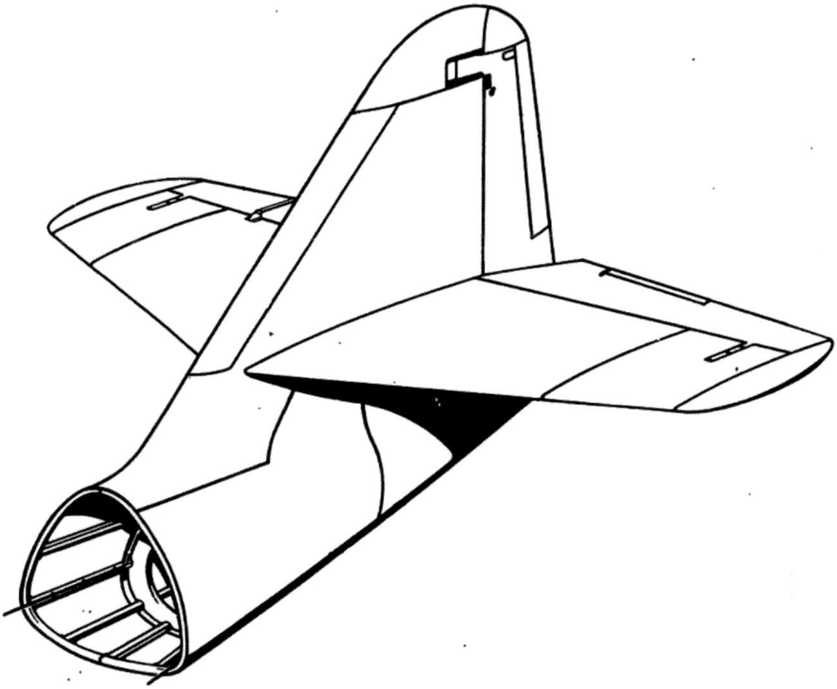

Das Leitwerk.

Im August sollten bei Blohm und Voss 6, im September 10 und anschließend 15 Maschinen pro Monat umgebaut werden. Eine Verzögerung im Serienanlauf in Leipheim warf diesen Plan aber wieder über den Haufen. Durch den Befehl Hitlers, vorrangig das KG 51 mit Me 262 auszurüsten, verbesserte die Situation nicht, sodass bis Ende 1944 nur wenige Maschinen umgebaut werden konnten.
Um die Leitwerk- und Rumpfendenmontage bei Blohm und Voss durch die steigende Produktion von Me 262 Doppelsitzern nicht zu gefährden, beauftragte das RLM im Juli 1944 die Deutsche Lufthansa, Werk Staaken bei Berlin mit dem Umbau der Me 262 B-1a, die bis dahin Ju 87 Sturzkampfbomber montiert hatte. Ab November sollte hier nach der Übergabe der Konstruktionsunterlagen und Fertigungsmittel der Umbau beginnen, jedoch wurde durch den Aufbau des JG 7 die Belieferung mit Bauteilen verzögert, sodass erst Mitte Dezember mit der Endmontage begonnen werden konnte. Mittlerweile legte man auf den Zweisitzer auch nicht mehr so großen Wert.
Allerdings hatte Kurt Welter mittlerweile die Luftwaffenführung davon überzeugt, dass die Me 262 auch erfolgreich bei der Nachtjagd eingesetzt werden konnte wodurch die Zuweisung von Schulzweisitzern gekürzt wurde und stattdessen die Doppelsitzer zusätzlich mit dem Liechtenstein-SN-2-Funkmessgerät ausgestattet wurden, wodurch die Maschine zum Behelfsnachtjäger Me 262 B1/U-1 wurde.
Bis Kriegsende wurden nicht mehr als 13 Me 262 Schuldoppelsitzer und Nachtjäger von der DLH Staaken ausgeliefert. Am 7. Januar 1945 wurde das Werk von US Bombern angegriffen und alle Hallen sowie ein Großteil des Flugfeldes zerstört, wobei auch 17 fast fertige Flugzeuge und alle Möglichkeiten einer weiteren Endmontage zerstört wurden.
Insgesamt wurden in Wenzendorf und Staaken 26 Schulzweisitzer und 7 Nachtjäger montiert sowie bei Blohm und Voss 1577 Rumpfenden und Leitwerke hergestellt.

5.8 Produktion im »Protektorat Böhmen und Mähren«

5.8.1 Führerraumwannen aus Franzensthal

1871 wurde in Franzensthal eine Glashütte gegründet, welche bis 1895 existierte. Hier übernahm der Wiener Unternehmer Jakob Kraus die Fabrik und baute sie zu einer Papierfabrik um. 1912 wandelte er die Firma in eine Aktiengesellschaft mit dem Namen »Vereinigte Papier- und Ultramarinfabriken A.G.« mit Sitz in Wien um[153]. Er produzierte hier bis zu 10.000kg Papier pro Tag.

1930 kam es durch die Weltwirtschaftskrise und durch den Druck des Papierkartells zur Schließung der Fabrik, Kraus verlegte seine Produktion in die Slowakei wo er billiger produzieren konnte. Bis 1939 lag die Fabrik brach, bis der Industrielle Oskar Knäbel mit seiner Metallwarenfabrik Knäbel & Co. (Wallern) die Fabrik kaufte und hier Ketten für Fahrräder und Motorräder herstellte.

Am 12. Juni 1941 kam es zur Gründung der Möbelfabrik Franzensthal, wobei es sich hier um eine Scheinfirma zur Produktion von Möbeln und anderen Holzhalbfabrikaten aller Art handelte, tatsächlich fertigte man hier Rüstungsprodukte. Ab 1942 kamen russische Kriegsgefangene in die Fabrik, 1943 mietete das Messerschmitt Werk Regensburg die Fabrik wo sie Führerraumwannen herstellte. Die Wannen wurden nachts per LKW abtransportiert.

Von August 1943 bis Januar 1944 wurden im Keller der Fabrik unterirdische Räume gebaut, in dieser Zeit wurde nicht produziert. Den Ausbau führte die OT mit einer französischen Firma aus, die vorher an verschiedenen Bunkerbauprojekten (vermutlich am Atlantikwall) beteiligt war. Auch russische Kriegsgefangene wurden hier eingesetzt. Ab dem 7. Januar 1944 wurden in den unterirdischen Räumen Führerraumwannen für die Me 262 produziert, man vermutet, dass hier auch Jumo 004 Triebwerke montiert wurden, dies ist aber nicht gesichert. Die Ingenieure kamen alle von Messerschmitt, Betriebsleiter war ein Herr Spegel[154].

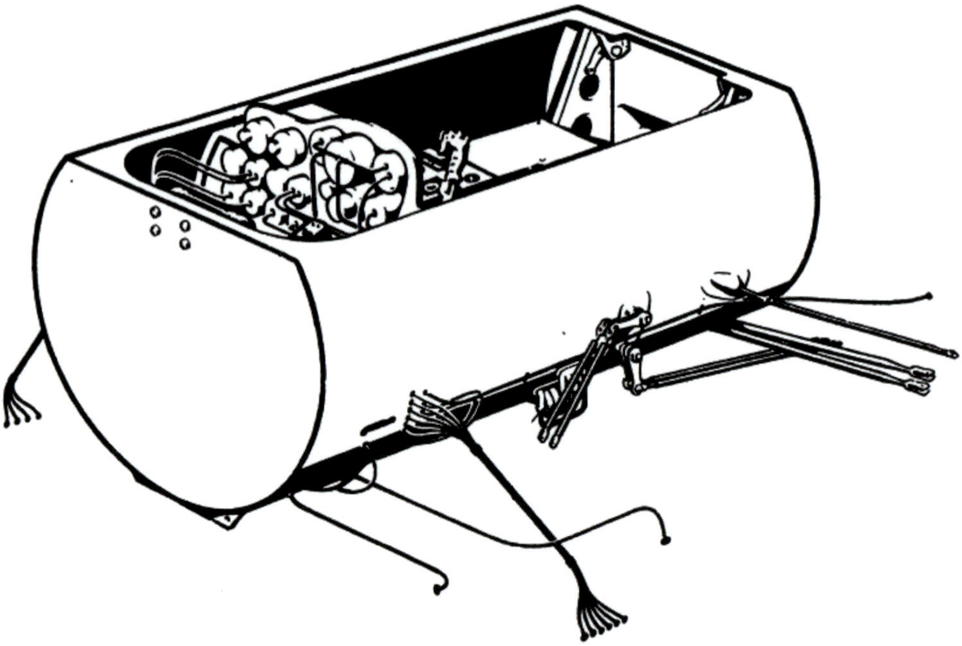

Die Führerraumwanne mit Einbauten.

[153] Fink, Advokat und Zuckerbäcker, S. 219

[154] Antonín Kunc, Tajemství Františkova a Pramenu Vltavy (das Geheimnis von Františkov und die Quelle der Moldau), veröffentlicht auf der Seite www.geosumava.cz, abgerufen am 12.4.2017

5.8.2 Aufklärer aus Eger (Cheb)

Die Flugzeugwerke Eger GmbH (FWE) wurden 1938 als staatlicher Betrieb gegründet. 1940 wurden neue Fabrikgebäude gebaut und bis 1943 ein Reparaturwerk für die He 177 eingerichtet, außerdem fertigte man Tragflügel-Mittelstücke für die He 111 und Rüstsätze für die He 177. Als Mitte 1944 die Bomberproduktion eingestellt und auf Jägerproduktion umgestellt wurde, fungierten die Flugzeugwerke Eger GmbH ab November 1944 als Reparaturwerk für die Me 262. Der erste Start einer Me 262 wurde am 18. November 1944 durch Testpilot Fw. Bernhard Richter durchgeführt. Je nach Grad des Defekts dauerte eine Reparatur einer Me 262 drei bis vier Monate, nach dem Abnahmeflug wurde die Maschine durch das FlüG 1 zur entsprechenden Einheit zurückgeflogen.

Ab Dezember 1944 fertigten die Flugzeugwerke Eger außerdem den Behelfsaufklärer Me 262 A-1/U3 ohne Waffen und Me 262 A-5a mit 2 Mk 108 Bordkanonen. Die Großbauteile kamen aus den Werken, welche auch die anderen Endmontagelinien belieferten. Geliefert wurden im Januar 5, im Februar 10 und im März 20 Flugzeugsätze, ausgeliefert wurden im Februar 13 und im März 20 Maschinen. Diese wurden nach dem erfolgreichen Einflug auf dem Fliegerhorst nach Lechfeld überführt.

Man begann, bei den Firmen Cock in Ölsnitz, Geilen und Sohn in Aš und bei der FWE selbst Tragflächen herzustellen, es befanden sich insgesamt drei Vorrichtungen für Tragflächen in Cheb. Betriebsführer war Wehrwirtschaftsführer Georg Sander, Betriebsleiter Ing. Ritzenkoffer. Nachdem Bombenangriffe am 23. Oktober 1944 und am 14. Februar 1945 keine großen Schäden verursachten, traf ein Angriff am 24. März 1945 das Werk schwer woraufhin die Produktion zum Erliegen kam[155].

5.8.3 Rumpfnasen von Avia, Prag

Die Geschichte der Firma Avia geht bis nach 1919 zurück, wo sie als Flugzeugreparaturwerkstatt in Prag gegründet wurde. Nachdem zahlreiche Flugzeuge entwickelt und gefertigt wurden, gingen die Avia-Werke nach einem Besitzerwechsel 1928/29 an den Škoda-Konzern. Nach der Annektion der Tschechoslowakei durch das Deutsche Reich wurden bei Avia nur das Deutsche Muster Arado Ar 96 gebaut.

Bei der Planung zur Produktion der Me 262 wurde Avia neben der Herdfabrik Homann bei Šprockhövel (siehe Kapitel 6.4) bereits Ende 1943 für die Produktion der Rumpfnasen vorgesehen. Nach der Produktionsplanung von 25. Februar 1944 sollten die Skoda-Werke im Juni die ersten 24 Rumpfnasen liefern. Im März wurde das Material für 115 Exemplare geliefert, es fehlten aber noch Vorrichtungen und Werkzeuge, woraufhin Avia die Verschiebung der Ausbringung der ersten Rumpfnasen auf Oktober beantragte, sollten die Vorrichtungen nicht geliefert werden. Als die Produktion schließlich aufgenommen wurde, kam es durch ständige Änderungen an der Konstruktion zu einer weiteren Verzögerung der Produktion. Die erste Rumpfnase war im Juli fertig, musste allerdings wieder zerlegt werden da die meisten Schweißpunkte nicht hielten.

Mitte August hielt der »Me 262 Stab« eine Besprechung bei Avia ab. Es wurde festgestellt, dass 20% des Materials für die ersten 40 Nasen fehlte und 33% für weitere 100 Nasen nicht existierte. Außerdem fehlte es an 80% der Fertigungskapazität. Trotz dieser Umstände fertigte Avia 1944 noch 95 Rumpfnasen, die Produktion lief hoch als die Ar 96 im März 1945 abgesetzt wurde. Im Februar wurden 50 Rumpfnasen geliefert, im März 34. Laut einer Abrechnung von Avia an Messerschmitt wurden 1945 240 Rumpfnasen gefertigt, insgesamt lieferte man 335 Einheiten nach Regensburg. Bei Avia wurde außerdem eine Stahlversion der eigentlich aus Aluminium bestehenden Rumpfnase entwickelt, um selteneres Aluminium einzusparen[156].

Nach dem Krieg wurde das vorhandene Wissen und die zurückgelassenen Unterlagen benutzt, um die Me 262 komplett selbst zu bauen. Die ursprünglichen Triebwerke Jumo 004 B-1 wurden unter dem Namen M-04 bei der Luftfahrt-Reparaturwerkstatt Malešice gebaut, die Zelle beim Flugzeughersteller Avia wobei hier zahlreiche, noch aus Kriegstagen vorhandene Baugruppen verwendet wurden. Am 27. August 1946 flog der erste Prototyp, der erste tschechische Düsenjäger wurde am 24. Juni 1948 der tschechoslowakischen Luftwaffe übergeben. Insgesamt wurden 10 Flugzeuge gebaut, 9 Ein- und 1 Doppelsitzer, wobei 2 Einsitzer später zu Doppelsitzern umgebaut wurden. Die Einsitzer wurden als S.92 (oder S-92), die Doppelsitzer als CS.92 (oder CS-92) bezeichnet. Gegen Ende der 1940er Jahre wurde das tschechoslowakische 5. Jagdgeschwader gegründet, wo diese Maschinen eingesetzt wurden.

Die Maschinen wurden allerdings nur kurz eingesetzt, denn bald darauf wurden russische Jets an-

155 Brown/Poruba/Vladar, Luftwaffe over Czech Territory, S. 1 ff.

156 ebenda, S. 50ff.

geschafft und die »tschechischen Messerschmitts« wurden im ganzen Land verstreut als Lehrmittel eingesetzt. Die letzte Maschine wurde 1951 ausgemustert, kurz nachdem sechs Maschinen bei einer Militärparade in Prag geflogen sind. Ein Verkauf an Jugoslawien scheiterte später. Im Prager Luftfahrtmuseum Prag-Kbely stehen heute 2 Maschinen, eine CS-92 mit dem Kennzeichen V-35 (Seriennummer 5), sowie eine S-92 mit dem Kennzeichen V-34 (Seriennummer 4)[157].

5.8.4 Endmontage bei Leichtbau Budweis

Im Oktober 1942 wurde die Firma Leichtbau Budweis GmbH gegründet. Produziert wurden Maschinen und Werkzeuge, außerdem führte man Reparaturen von Flugzeug-Tragflächen aller Art durch, vor allem Flächen der He 111. Die Firma expandierte, ab 1943 führte man die Endmontage der Fi 156C-7 durch (Fieseler Storch). Von Frühjahr bis Juli 1944 baute man 3km südwestlich der Firma in Koroseky Gebäude für die Endmontage der Me 262.

Die Leichtbau Budweis GmbH wurde im Fertigungskreis Regensburg gelistet, geplant war am Februar 1945 unter dem Tarnnamen »Elbus« die Me 262 zu produzieren und einzufliegen. Im November 1944 wurde eine Maschine nach Budweis gebracht um Personal daran zu schulen. Etliche Mechaniker schickte man ebenfalls zur Schulung nach Regensburg, diese schulten wiederum in Budweis weitere tschechische Mechaniker.

Die Gebäude bestanden aus einer L-förmigen Halle, worin 3 Maschinen gleichzeitig endmontiert werden konnten. In die kleinere Halle passten zwei Maschinen, diese wurde aber immer nur mit einer belegt. Die Großbauteile wurden am Bahnhof Cerný Dub angeliefert, Turbinen wurden in einer kleinen Lagerhalle gelagert. Die fertigen Flugzeuge wurden zum Flugplatz gezogen und dort eingeflogen, sie wurden vom Flugzeugüberführungsgeschwader 1 (1./FlüG 1) vorwiegend nach Prag-Ruzine ausgeliefert. Dort gingen die Maschinen an den Gefechtsverband Hogeback des KG(J) 6, dem zuletzt auch die I./KG(J) 54 sowie die Reste des JG 7 unterstanden[158].

Ende März/Anfang April kam es zu immer mehr Engpässen an Teilen, sodass einige Arbeiter nach Deutschland geschickt wurden um dort diese Teile zu besorgen. Da dies Erfolglos war und keine weiteren Flugzeuge mehr gebaut werden konnten, wurden die Arbeiter anderweitig eingesetzt und die Endmontage eingestellt. Etwa 20 bis 40 Flugzeuge wurden in Budweis endmontiert, die genaue Anzahl ist nicht bekannt. Die Werknummern entfielen in die Regensburger Werknummernkreise[159] (siehe Anhang E).

Nach dem Krieg gab es noch zahlreiche Komponenten für die Me 262 in Budweis, 3 unfertige Maschinen wurden zu Avia nach Prag gebracht.

5.8.5 Sumag GmbH in Klösterle an der Eger

Die Firma Sumag in Klösterle an der Eger (heute Miretice u Klášterce nad Ohrí) produzierte komplette Heckeinheiten der Me 262. Die Produktionskapazität betrug 600 Einheiten pro Monat, produziert wurden bis zum 6. April 1945 insgesamt 680 Einheiten. Die Firma hatte mit einem Engpass an Material zu kämpfen, was in deren Lager und dem Lager der Andersenwerke in Aš vorhanden war reichte nur noch für weitere 1500 Einheiten was in den Augen der Messerschmitt-Werke Regensburg unzureichend war. Die Produktion wurde am 11. April 1945 nach Mühldorf verlagert[160].

5.8.6 Triebwerke von CKD Prag-Vysocany

Das Werk CKD (Ceskomoravská-Kolben-Danek, tschechischer Maschinenhersteller und Ausrüster für elektrische Anlagen bzw. Fahrzeuge, während der deutschen Besatzung Böhmisch-Mährische Maschinenfabrik AG genannt) nahm die Produktion des Jumo 004 Triebwerks im Auftrag der Junkers-Werke auf.

Eine ehemalige Wäscherei in Semilech übernahm die Überholung und Instandsetzung der Triebwerke und wurde ebenfalls für die Produktion ausgestattet. In einigen Tunnels bei Cvikove, Poltavi und Posazavi befanden sich bei Kriegsende unterirdische Prüfstände für Triebwerke, sowie für Baugruppen und Geräte der Me 262-Zelle[161].

[157] Jirí Merta auf der Seite http://www.military.cz/czech/air/avia/s92/ default.htm, abgerufen am 2.1.2017

[158] Manfred Jurleit, Strahljäger Me 262, die Technikgeschichte, S. 169

[159] Brown/Poruba/Vladar, Luftwaffe over Czech Territory, S. 38ff.

[160] ebenda, S. 54

[161] Jurleit, S. 169

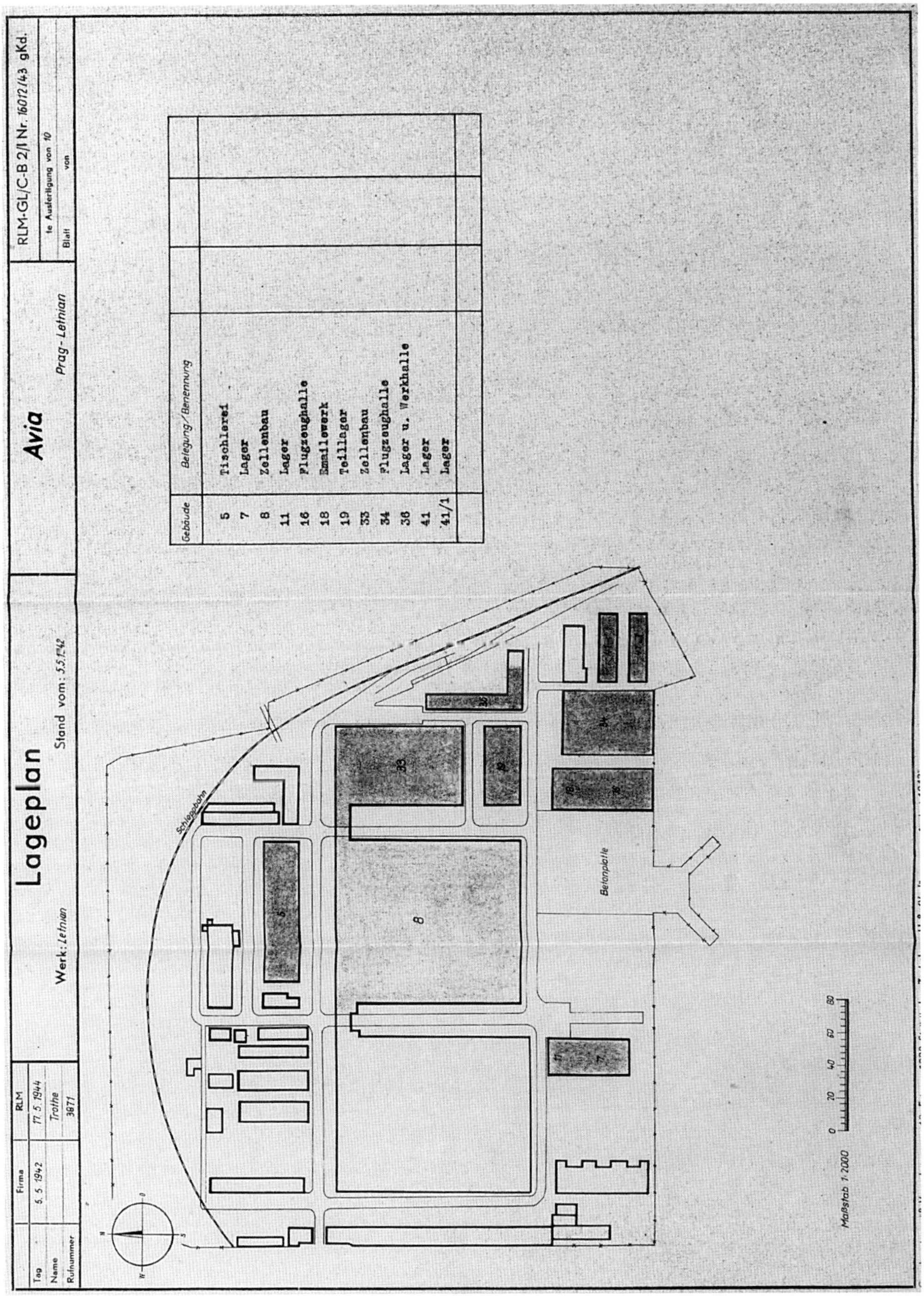

Lageplan des Avia-Werkes in Prag-Letnany. (BArch-MA RL 3/1511)

5.9 Vorrichtungsbau im Allgäu

Der Vorrichtungsbau war eine wichtige und dadurch verwundbare Produktionsgattung im Flugzeugbau des zweiten Weltkriegs. Hier wurden die Urformen hergestellt, nach denen Lehren und Vorrichtungen abgenommen und nach denen wiederum die Flugzeugteile hergestellt wurden. Die Me 262 wurde nach der bereits eingangs Kapitel 4 beschriebenen Lochbauweise hergestellt was eine Vielzahl von Lehren und Vorrichtungen erforderte.

Der Lehren- und Vorrichtungsbau wurde in das Allgäu bei Kempten ausgelagert. Der Hauptstandort befand sich in Kottern, angeschlossene Betriebe waren in Leubas (Werkstatt für Schablonen), Langenwang (Großwerkzeuge), Fischen (Urformen und Vorrichtungen für Baugruppen), Oberstdorf (Lager für Urformen) sowie Fischermühle (Werkzeuge für spanabhebende Werkzeugmaschinen)[162].

5.9.1 Spinnerei und Weberei Kottern

Die Firma Spinnerei und Weberei Kottern musste ab Oktober 1943 Räume für die Firma Messerschmitt abtreten, welche auf 12800m^2 Produktionsfläche den Vorrichtungs- und Lehrenbau auslagerte[163]. Die nicht von der Messerschmitt AG benutze Fläche wurde weiterhin von der Spinnerei und Weberei benutzt[164].

Kottern war nach Oberammergau mit 2000 Arbeitern der zweitgrößte Verlagerungsbetrieb des Augsburger Werkes, Werksleiter war Max Stehle[165]. Ab dem 1. Oktober 1943 wurde ein Außenlager des KZ Dachau von den Häftlingen selbst errichtet, die ersten Häftlinge wurden im Gasthaus Stiefel untergebracht. Ende 1943 / Anfang 1944 wurde das Lager in Weidach fertig, in welchem die Häftlinge anschließend einziehen mussten. Das Lager war durchschnittlich mit 750 Häftlingen belegt. Am 19. Juli 1944 wurde das Werk, insbesondere der neu errichtete Shedbau an der Sulzberger Straße von einem Bombenangriff getroffen, auch das KZ wurde in Mitleidenschaft gezogen, die Produktion lief jedoch weiter. In dem Lager gab es keine Waschgelegenheit, weshalb Typhus ausbrach. Erst gegen Ende des Krieges wurde im Keller einer Baracke eine Waschgelegenheit eingerichtet. Durch den strengen Winter 1944/45 und die schlechten hygienischen Verhältnisse sind im Lager Kottern-Weidach 17 Menschen gestorben.

5.9.2 Mechanische Weberei Fischen

Nach dem Luftangriff auf die Spinnerei und Weberei in Kottern im Juli 1944 richtete die Messerschmitt AG in der stillgelegten »Mechanischen Weberei Fischen« zwischen der Anger- und der Bahnhofstraße ein weiteres Werk ein, in welchem auf 3800m^2 ebenfalls Vorrichtungen für den Flugzeugbau produziert wurden[166]. Wie auch in Kottern wurden hier KZ-Häftlinge in der Produktion eingesetzt, welche in einem Lager im Wald dicht neben den Eisenbahngleisen zwischen Fischen und Oberstdorf auf dem Gelände der Wald- und Weidegenossenschaft Langenwang untergebracht wurden. Von den 300 in Fischen inhaftierten Menschen ist wohl lediglich einer im Februar 1945 an einer Lungenembolie gestorben[167].

[162] CIOS File No. XXVIII-25, German Airframe Tooling and Methods, Messerschmitt Works

[163] USSBS Aircraft Division, Report No.11, Messerschmitt AG Augsburg, Exhibit A-A

[164] Römer, für die Vergessenen, S. 147

[165] Ebert/Kaiser/Peters, Messerschmitt, S. 195

[166] USSBS Aircraft Division, Report No.11, Messerschmitt AG Augsburg, Exhibit A-A

[167] Römer, für die Vergessenen, S. 123 ff.

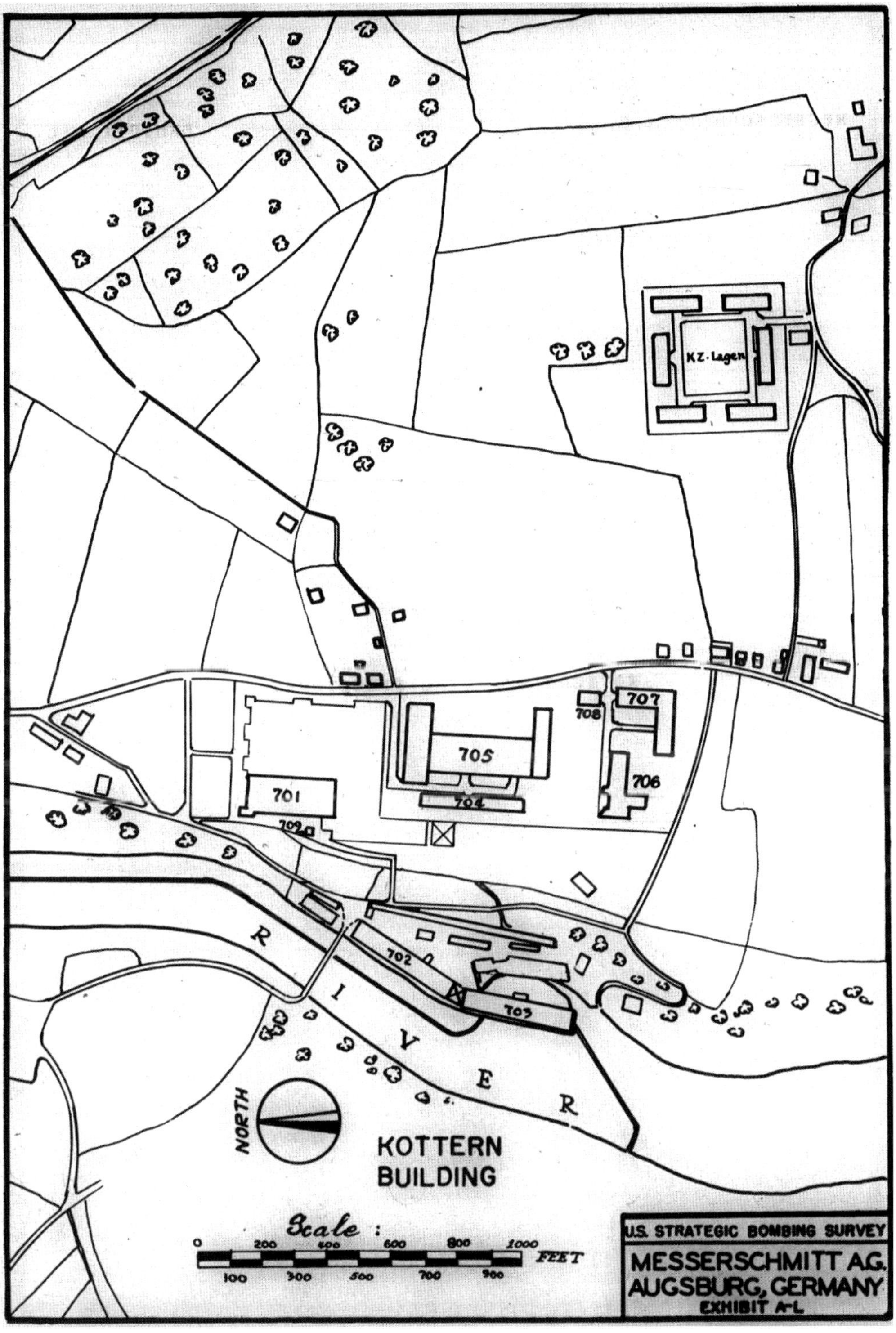

Das Werk Kottern und die Lage des KZ. (USSBS Messerschmitt Exhibit A-L)

5.10 Betriebe für Teileproduktion

5.10.1 Landmaschinen Dechenreiter, Bäumenheim

Beim Landmaschinenhersteller Dechenreiter in Asbach-Bäumenheim stellte die Messerschmitt AG auf 3500m² Produktionsfläche Teile für Tragflächen her, wofür ein Teil der Produktionsanlagen beschlagnahmt wurde. In den übrigen Werksteilen wurde weiter produziert. In einem noch nicht ganz fertiggestellten Erweiterungsrohbau wurden am 1. August 1944 etwa 500 KZ-Häftlinge untergebracht, wobei sich im Obergeschoss des Gebäudes die Unterkünfte befanden und im Erdgeschoss die Küche und Magazinräume. Bis zum 19. März 1945 sind die Häftlinge in Bäumenheim vergleichsweise gut behandelt worden. Am besagten Tag wurde Bäumenheim von der US Air Force angegriffen, wo 21 Häftlinge im Bombenhagel umkamen[168]. Am 13. April 1945bestellte die Firma J. Dechenreiter, Maschinenfabrik Bäumenheim sieben Mannschafts- eine Wirschafts- und fünf Waschbaracken sowie zwei Aborthäuser für 300 Ostarbeiter und *sonstige zivile Ausländer* [sic!], da bei dem besagten Bombenangriff auch das Ostarbeiterlager komplett zerstört wurde[169].

5.10.2 Textilweberei Holzhey, Schwabmünchen

In der Schwabmünchener Textilweberei Holzhey stellte die Messerschmitt AG auf einer Produktionsfläche von 4500m² bis Juni 1944 Formteile und mechanische Teile für die Me 410 und danach nur noch mechanische Teile für Tragflächen der Me 262 her[170]. Schon im Januar 1944 beauftragte die Messerschmitt AG die Firma BBC, in Schabmünchen die erforderlichen Elektroinstallationen für die Verlagerung zu erstellen[171]. Bereits am 10. März 1944 wollte der Jägerstab die Produktion in das im Bau befindliche Bunkerwerk »Stoffel« nach Vaihingen/Enz verlagern[172] (siehe Kapitel 7.3) wozu es aber nicht mehr kam.

Am 4. März 1945 griff die US Luftwaffe Schwabmünchen mit 68 B-17 Bombern an mit dem Ziel, die Messerschmitt-Produktion zu zerstören. Da die Bomber aufgrund einer geschlossenen Wolkendecke keine Sicht auf das Ziel hatten wurde das Dorf schwer getroffen, 60% der Gebäude wurden zerstört, 61 Menschen getötet und 150 verletzt[173].

5.10.3 Spinnerei Ay bei Senden

1859 verlagerte Johann Georg Krauß seine »Mechanische Baumwollweberei Ulm« nach Ay. 1864 gründete er eine Spinnerei und nannte seine Firma in »Spinn- und Weberei Ulm« um. Im Streit mit dem Aufsichtsrat verließ er die Firma und gründete in Pfersee bei Augsburg eine weitere Spinnerei. 1867 übernahm der Schweizer Gottlieb Stocker-Hergetschweiler die Firma, im Jahre 1908 befanden sich in Ay 540 Webstühle. 1910 fusionierte die Spinnerei Ay mit der Spinnerei und Weberei Pfersee.

Ab 1939 wurde statt Baumwolle fast nur Kunstseide und Zellwolle verarbeitet, in Ay wurden die Webstühle gegen Maschinen zur Metallbearbeitung ausgetauscht und für die Firma Messerschmitt produziert[174]. Hergestellt wurden hauptsächlich elektrische Ausrüstungsgegenstände für Tragflächen und Rumpfnasen[175], begonnen wurde die Produktion höchstwahrscheinlich im September 1944[176].

[168] Römer, für die Vergessenen, S. 94 ff.
[169] BArch-MA RW19/3141 Anmeldung des Bedarfs an Baracken, 13.4.45
[170] USSBS Aircraft Division, Report No.11, Messerschmitt AG Augsburg, Exhibit A-A1
[171] BArch-MA RW21-1/979, Schreiben der BBC Büro Augsburg an Messerschmitt, 19.1.1944
[172] BArch-MA RL 3/1, Schlussbesprechung bei Messerschmitt Augsburg, 10.3.44, S. 265
[173] Augsburger Allgemeine Zeitung, 1. März 2014, Diesen Tag wird Schwabmünchen nie vergessen; von Museumsleiterin und Historikerin Sabine Sünwoldt
[174] Augsburger Allgemeine Zeitung, 9. November 2014; Große Vergangenheit – aber noch keine Zukunft
[175] USSBS Aircraft Division, Messerschmitt AG Augsburg, Exhibit A-A1
[176] BArch-MA RW19/3141, Anmeldung des Bedarfs an Baracken mit Plan

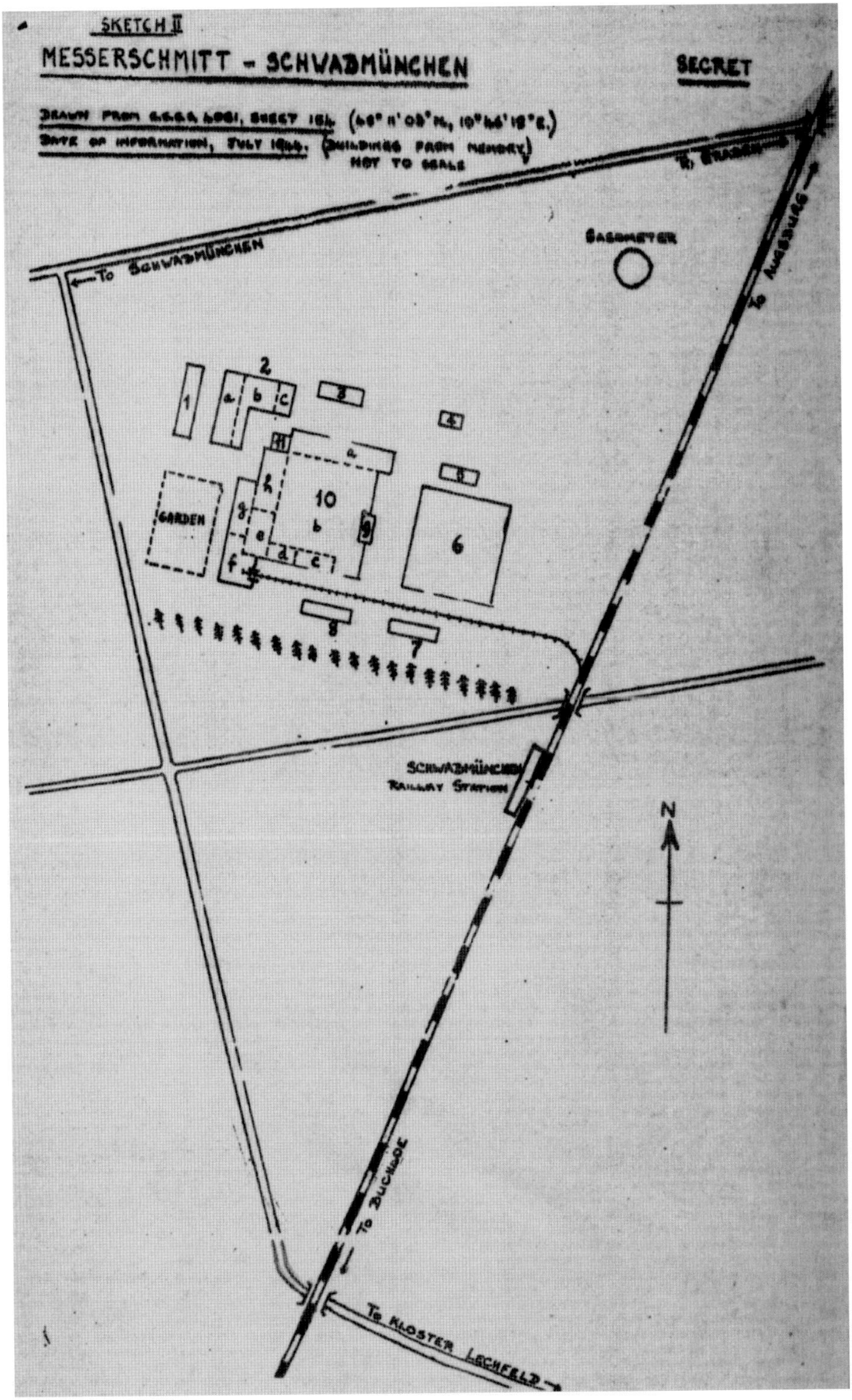

Lageplan Messerschmitt-Schwabmünchen. (AFHRA, Reel 25189)

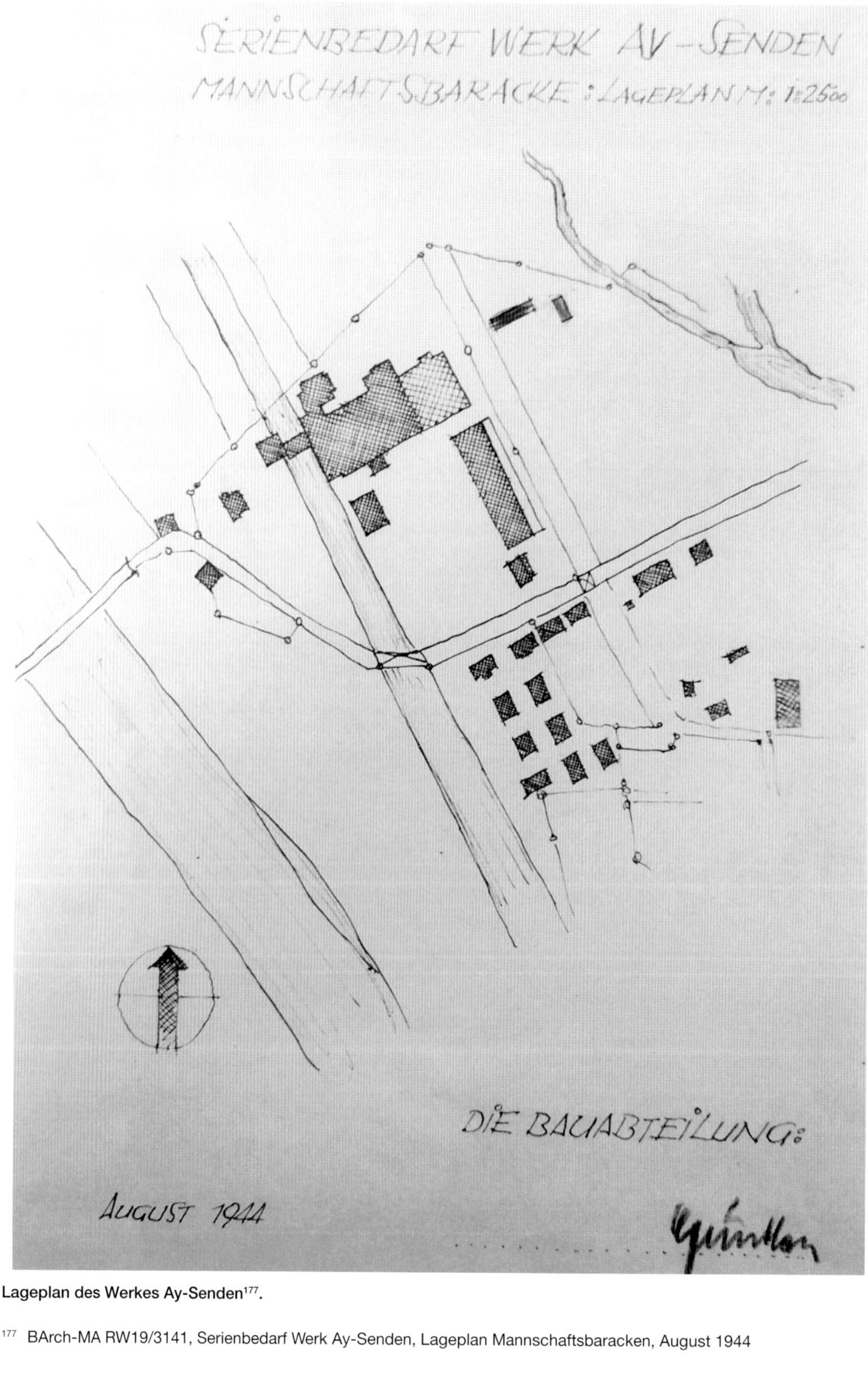

Lageplan des Werkes Ay-Senden[177].

[177] BArch-MA RW19/3141, Serienbedarf Werk Ay-Senden, Lageplan Mannschaftsbaracken, August 1944

5.10.4 Messerschmitt GmbH Ratingen

Die »Eschweiler-Ratinger Maschinenbau A.G.«, kurz ERMAG, entstanden 1906 aus einem Zusammenschluss der »Eschweiler Maschinenbau A.G.« und der Firma »Koch und Wellenstein«. Ab 1917 produzierte man hier ausschließlich nahtlose Rohre aus Stahl, wobei das Material aus dem eigenen Stahlwerk in Eschweiler Aue kam[178]. Ab 1942 wurden Teile der Fabrik an die Messerschmitt AG abgegeben, die hier auf 1800m^2 Standardkomponenten für alle ihre Produkte herstellte[179]. Die Produktion wurde zusammen mit dem Werk Kematen nach und nach in die U-Verlagerung »Stichling« verlagert (siehe Kapitel 6.3).

5.11 Produktion des Jumo 004 Strahltriebwerks

Bis Anfang 1943 wurden etwa 40 Jumo 004 A-0 Triebwerke bei Junkers in Dessau gebaut, welche in Prototypen der Me 262 und der Ar 234 eingesetzt sowie auf den Prüfständen von Junkers erprobt wurden. Das neue Jumo 004 B-0 ohne »Sparstoffe« kam im Mai 1943 auf den Prüfstand, Probleme mit Schaufelbrüchen der sehr spröden Turbinenschaufel-Materialien verhinderten jedoch einen Serienanlauf weshalb nur wenige Versuchsmuster an Messerschmitt geliefert werden konnten. Ein weiteres Problem stellte die Regelung des Triebwerks dar, da es zur Entwicklung dieser keine Prüfstände gab welche den Flugbetrieb realistisch darstellen konnten, dies konnte nur im Flugversuch realisiert werden. Im Ötztal sollte ein Überschallprüfstand gebaut werden, in welchem sowohl Flugzeuge als auch Turbinen im nahen Schall- und Überschallbereich erprobt werden konnten (Deckname »Zitteraal«)[180]. Im Januar 1944 sollte die Serienfertigung der Me 262 anlaufen, was allerdings durch die Probleme der Strahltriebwerke nicht realisiert werden konnte. Erst im März 1944 konnte das 29. und 39. Jumo 004 B-1 an die Firma Arado zum Einbau in die Ar 234 V-10 geliefert werden. Am 14. März 1944 genehmigte das GL-Planungsamt die Verlegung eines Teils der Turbinenfertigung nach Berlin-Grunewald in das Werk Aken der Margarine-Union, Vereinigte Öl- und Fettwerke AG wo mit 2261 Arbeitern produziert wurde[181].

Schon ab Januar 1944 wurde die Papierfabrik Muldenstein benutzt, wo eine Montagestraße eingerichtet wurde[182]. Bis Ende August wurden lediglich 170 Triebwerke mit Hilfe von 3611 Arbeitern[183] (davon 515 Zwangsarbeitern) bei der Firma Muldensteiner Werke GmbH Ziegelei I gebaut. Eine weitere Montagestraße errichtete man neben der Jumo 211 Kolbenmotor-Produktion in Kothen, Leipzig und Zittau auf, wo ab März, April bzw. Juni die Produktion anlief.

Da mittlerweile weitere Werke mit einer Ausbringung von 1000 Me 262 im Monat im Bau waren, hätte die Nachfrage an Triebwerken nicht bedient werden können. Daher fasste man eine weitere Großmontagelinie im »Mittelwerk« in Nordhausen-Niedersachswerfen ins Auge, wohin auch die bereits oberirdisch angelaufene Produktion verlagert werden konnte. Nach der Bombardierung von Peenemünde, wo die Rakete A4 entwickelt wurde, verlegte man dessen Produktion in den Kohnstein bei Nordhausen. Das vorhandene Stollensystem des Anhydrid-Bergwerks, in welchem bereits seit Ende der 30er Jahre eine WiFo zur Lagerung von Kraftstoffen untergebracht war, wurde von Zwangsarbeitern großflächig ausgebaut. Die KZ-Häftlinge mussten in Querstollen übernachten, nur auf einer dünnen Schicht aus Stroh. Eine Belüftungsanlage oder sanitäre Einrichtungen gab es nicht, als Aborte dienten halbe Ölfässer die am Ende der Querstollen aufgestellt waren.

Die Arbeitsbedingungen waren so mörderisch, dass ab November 1943 derart viele Häftlinge starben, dass nicht mehr genügend Ersatz aus Buchenwald herangeschafft werden konnte. Die Toten lagen in den Querstollen und unter den Schlafpritschen, teilweise wurden sogar tote und sterbende kurzerhand einbetoniert.

Bis März 1944 starben 6000 von insgesamt bis dahin 17000 nach Nordhausen ins »Außenlager Dora« verbrachten Häftlinge, was einer Todesrate von über einem Drittel entsprach[184]. Im Januar 1944 verließen

178 »ESW-Röhrenwerke in Eschweiler-Aue". In: KuLaDig, Kultur.Landschaft.Digital

179 USSBS Aircraft Division, Messerschmitt AG Augsburg, Exhibit A-A1

180 BArch-MA RL 3/61, Stenographische Niederschrift über die Besprechung beim Reichsmarschall am 2. November 1943 in den Mtt.-Werken Regensburg, S. 148

181 USSBS Aircraft Division, Junkers Aircraft and Aero Engine Works, Dessau, Germany, Exhibit K

182 ebenda, Exhibit Y-4

183 Ebenda, Exhibit K

184 Jens-Christian Wagner, Produktion des Todes, S. 190

die ersten A4 Raketen das Werk, sodass die Priorität nicht mehr auf dem Ausbau der Stollen lag und die Häftlinge nach und nach in das von ihnen selbst erstellte, oberirdische Barackenlager umgezogen sind. Ab 1. März wurden durch den Jägerstab und Kammlers Leitung immer mehr Betriebe zur Flugzeugproduktion nach Niedersachswerfen verlagert. Im Mai 1944 zog das Junkers-Werk Kothen in die nördlichen Stollen 0 bis 22 des Projektes Ni des Mittelwerkes ein und begannen dort das Strahltriebwerk unter dem Decknamen »Nordwerk« zu produzieren.

Immer mehr Häftlinge wurden in das Außenlager »Dora« des KZ Buchenwald gebracht um in den Stollenanlagen zu arbeiten. Am 1. Oktober 1944 wurde das Außenlager in ein selbstständiges Lager namens »Mittelbau« umgewandelt, zu diesem Zeitpunkt war die Produktion des Jumo 004 B-1 angelaufen, obwohl das Triebwerk immer noch nicht wirklich betriebssicher war und bereits nach 25 Betriebsstunden ausgetauscht werden musste. Am 1. November befanden sich im KZ-Komplex Mittelbau-Dora 32741 Häftlinge, welche die Raketen V-1, V-2, den »Volksjäger« He 162 sowie noch 2400 Jumo 004 B-Triebwerke bauten. Eine weitere Montagestätte befand sich bei Avia in Prag, wo jedoch lediglich 36 Triebwerke entstanden. Der Preis war hoch, so waren rund 60000 Menschen aus 21 Ländern im KZ Mittelbau-Dora beschäftigt, von denen bis Ende März 1945 10255 den Tod fanden.

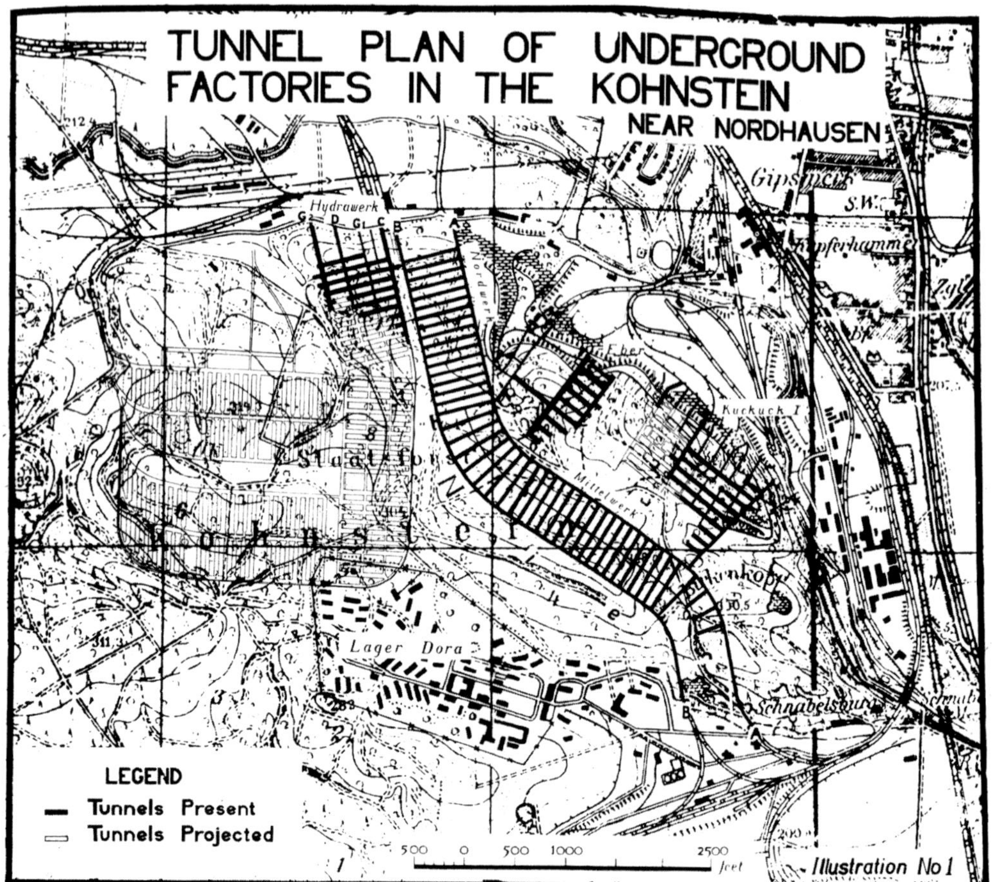

Plan der Stollenanlage im Kohnstein mit den ausgeführten und den geplanten Stollenanlagen sowie dem Konzentrationslager im Süden des Berges. (CIOS Report No. XXXII-17)

Monatsproduktion des Jumo 004 Triebwerks[185]

	Dessau	Muldenstein	Kothen	Zittau	Prag	Leipzig	Summe
Nov 43	1						1
Dez 43	3						3
Jan 44	5	3					8
Feb 44		20					**20**
Mrz 44		40	5				45
Apr 44		60	15			1	76
Mai 44		80	30			3	113
Jun 44		110	50	1		8	169
Jul 44		140	80	3		15	238
Aug 44		170	120	5		20	315
Sep 44		210	160	8		25	403
Okt 44		250	210	10		40	510
Nov 44		290	265	15	5	60	635
Dez 44		350	420	25	8	80	883
Jan 45		320	420	30	10	80	860
Feb 45		300	380	20	8	80	788
Mrz 45		280	360	15	5	80	740
Summe	9	2623	2515	132	36	492	5807

5.12 Fahrwerke von Opel, Rüsselsheim

Die Fahrwerksbeine wurden bei der Firma Opel in Rüsselsheim hergestellt. Die Produktion für diese Baugruppe begann im Dezember 1943 mit einem monatlichen Ausstoß von zunächst 98 Einheiten für einen Zeitraum von 6 Monaten. Produziert wurde auch in Stuttgart-Bad Cannstatt bei der Firma Electron Co GmbH[186]. Als Folge eines Brandschadens an Gebäude K-1 bei einem Luftangriff am 20. Juli wurden die Maschinen in den Keller von Gebäude G-12 und G-13 verlegt, die Produktion sank auf 33 Einheiten pro Monat. Im September und Oktober wurden neue Zeitpläne erstellt, die von 500 Einheiten im September auf 1400 im Januar gesteigert werden sollten. Allerdings gab es viele unvorhergesehene technische und konstruktive Änderungen, was dazu führte, dass die Produktion im Januar auf nur 468 Einheiten gesteigert werden konnte.

Weiterhin wurden bei Opel Triebwerksverkleidungen und Teile für das Triebwerk gefertigt, die Produktion kam aber wegen der Bombenangriffe auf das Werk nie richtig in Gang[187].

[185] USSBS Aircraft Division, Junkers Aircraft and Aero Engine Works, Dessau, Germany, Exhibit Y-4
[186] BArch-MA RL 3/61, S. 134
[187] USSBS Munitions Division, Adam Opel Russelsheim, Exhibit E-3

6 U-Verlagerungen der Messerschmitt-Werke

6.1 »Oberbayerische Forschungsanstalt« und Stollen »Cerusit«

Die »Oberbayerische Forschungsanstalt« bestand aus zwei Teilen, zum einen die Entwicklungsabteilung des Augsburger Werkes in einer Kaserne (ca. 52.000m²) und zum anderen aus dem Stollensystem »Cerusit« (ca. 3500m²)[188].
Die Gemeinde Oberammergau lebte bis 1941 hauptsächlich vom Tourismus, welcher mit Beginn des Krieges 1939 deutlich zurückging. Ab 1941 kamen vermehrt Evakuierte aus zerbombten Städten und Kinder in das Dorf. Im Juli 1941 brachte man 400 Kinder in insgesamt 5 KLV-Lagern unter (KLV: Kinderlandverschickung, man brachte Kinder aus »luftgefährdeten« Städten auf das Land um diese zu schützen). Je mehr Flüchtlinge sich in Oberammergau aufhielten, desto problematischer wurde die Versorgungslage, da trotz der vielen Fremden nicht automatisch mehr Lebensmittel zugeteilt wurden was zu fremdenfeindlicher Stimmung im Ort sorgte. Dies spitze sich im Sommer 1942 zu.
Am 24. September 1943 kam die Entwicklungsabteilung um Willy Messerschmitt nach Oberammergau, alle Übernachtungsbetriebe und die KLV-Lager wurden evakuiert um die etwa 2500 Menschen unterzubringen. Da die Messerschmitt-Mitarbeiter bevorzugt mit Lebensmitteln versorgt wurden, besserte sich die Lage im Dorf wieder etwas. Oberammergau schien ideal für die Verlagerung der Versuchsabteilung, da es weit weg von großen Städten lag, für alliierte Luftkräfte schwer zu erreichen war, eine große Zahl an Unterkünften bereitstand und erst kürzlich eine Kaserne im Ammertal errichtet wurde, welche am 13. September 1943 an die Firma Messerschmitt übergeben wurde[189].
Anfang 1944 errichtete die Firma ein Barackenlager für 300 osteuropäische Fremdarbeiter und weitere 200 Ausländer im Rainenbichl, welche für die Produktionsanlagen, aber auch zum Bau der Stollenanlage »Cerusit« im Schaffelberg eingesetzt wurden. Im Juli 1944 wurde ein weiteres Barackenlager gebaut, ebenfalls gebaut werden sollte ein Landeplatz im Ammertal. Ab März 1945 fand aufgrund der angespannten Versorgungslage keine Produktion mehr bei Messerschmitt statt, in den letzten Kriegsmonaten übernahm die SS das Werk, SS-Obergruppenführer Hans Kammler höchstpersönlich quartierte sich am 9. Februar 1945 im Hotel Alois Lang ein welches er dazu beschlagnahmen ließ[190].
Weitere verlagerte Rüstungsbetriebe in Oberammergau waren ab April 1943 mit 100 Mitarbeitern die Firma Reiner Telefonfabrik München in der Turnhalle sowie die Firma Osram, welche sich ab Februar 1945 im Passionstheater einquartierte. Am 29 April 1945 kamen die Amerikaner nach Oberammergau, welches kampflos übergeben wurde nachdem sich restliche, in Auflösung befindliche Wehrmachtsteile tagelang durch Oberammergau in Richtung Südtirol zurückzogen. Lediglich am anderen Ende des Dorfes am Fuß des Kofels und des Scheffelberges leistete die Wehrmacht Widerstand, der am selben Abend noch gebrochen wurde.

6.2 Messerschmitt Kematen, Tirol (»Seelachs«)

Am 1. März 1940 erwarb die Messerschmitt AG die ehemalige Pulverfabrik in Kematen, Tirol. Mit Hilfe von 100 französischen Kriegsgefangenen baute man im Norden des Dorfes 33 Häuser mit rund 150 Wohnungen, um die auszusiedelnden Südtiroler unterzubringen, in deren Wohnungen Arbeiter des neuen Messerschmitt-Werkes einzogen.
Nach einem Fliegeralarm am 5. September 1943 fürchtete man um das Werk und überlegte, dieses in einen nahegelegenen Berg auszulagern. Man er-

[188] Gümmer, Die Rolle der Untertageverlagerung in der deutschen Rüstungsproduktion 1943-1945. S. 76
[189] Utschneider, Oberammergau, S. 241
[190] ebenda, S. 244, Anm. 837

Das Messerschmitt Werk Kematen.[191]

wog einen quadratischen Stollenbau mit einer Seitenlänge von 140m, sechs Hallen, vielen Nebenräumen und drei Eingängen. Für den Bau dieser Stollenanlage wurden hauptsächlich Kriegsgefangene und verschleppte Personen beschäftigt[192]. Zwischen Januar und Juli 1944 wurden zahlreiche Tunnel in den nahegelegenen Felsen getrieben, der erst als Luftschutzstollen diente. Mitte 1944 wurde beschlossen, das Stollensystem zu erweitern und die Fabrik unter Tage zu verlagern. Im August 1944 begann man mit Hilfe von 200 Arbeitern mit dem Vorhaben. Produziert wurden hier mechanische Teile für die Bf 109 sowie Querruder, Landeklappen, Rumpfnasen und mechanische Teile für die Me 262[193].

[191] USSBS Aircraft Division, Report No.11, Messerschmitt AG Augsburg, Appendix II
[192] Oskar Pielmeier – Kematen in der Geschichte, Gemeinde Kematen
[193] USSBS Aircraft Division, Report No.11, Messerschmitt AG Augsburg, Exhibit A-A

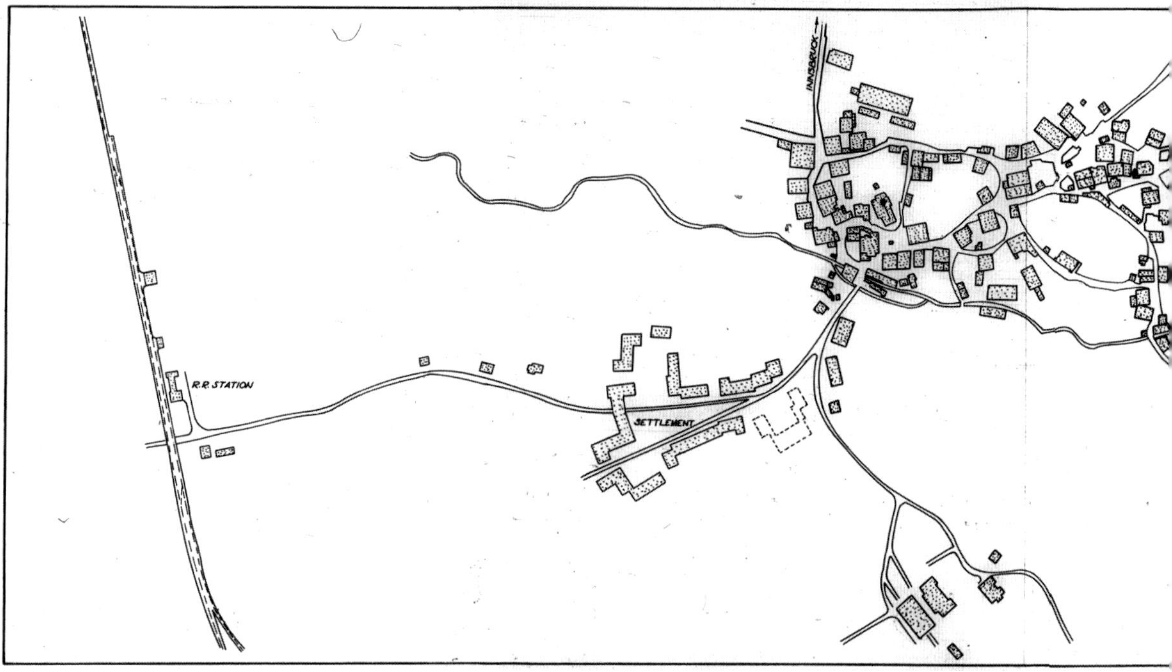
INNSBRUCK
R.R. STATION
SETTLEMENT

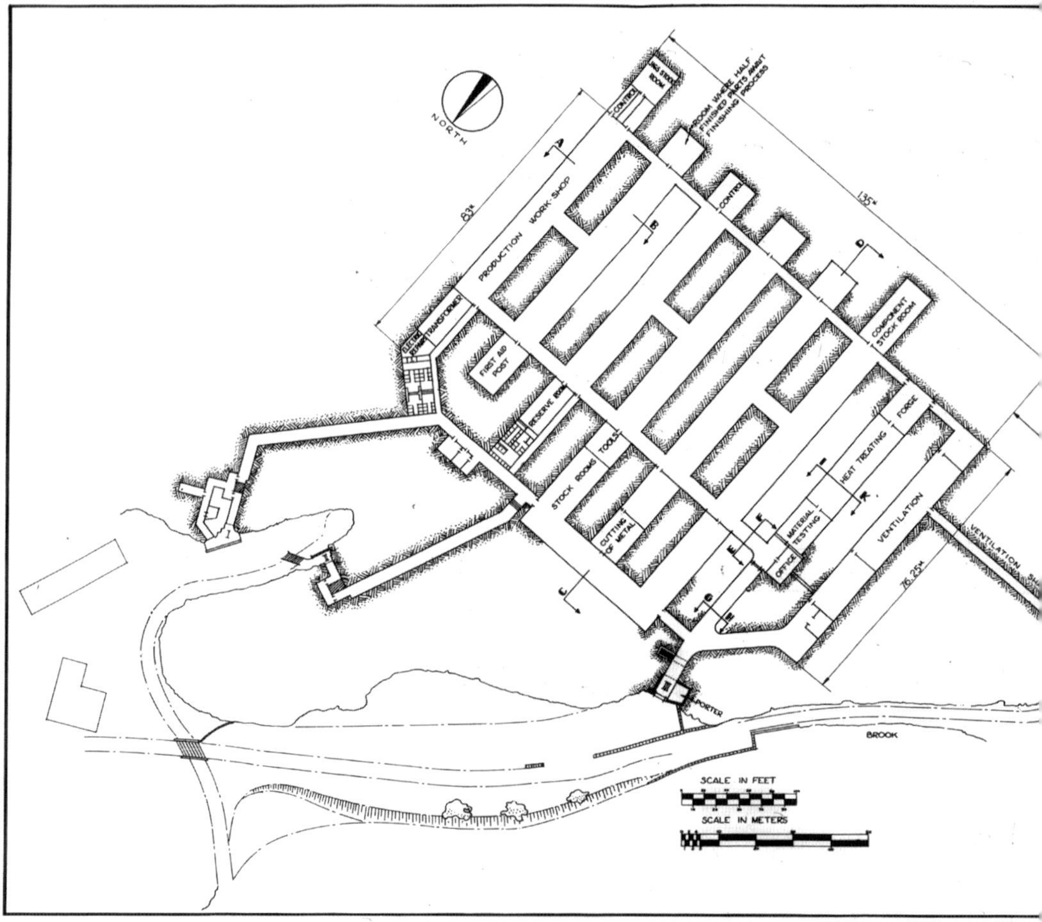
NORTH
CONTROL
ROOM WHERE HALF FINISHED PARTS AWAIT FINISHING PROCESS
135 m
83 m
PRODUCTION WORK-SHOP
TRANSFORMER
CONTROL
FIRST AID POST
RESERVE ROOM
COMPONENT STOCK ROOM
STOCK ROOMS
TOOLS
CUTTING OF METAL
HEAT TREATING
FORGE
MATERIAL TESTING
OFFICE
VENTILATION
76.25 m
PORTER
BROOK
SCALE IN FEET
SCALE IN METERS

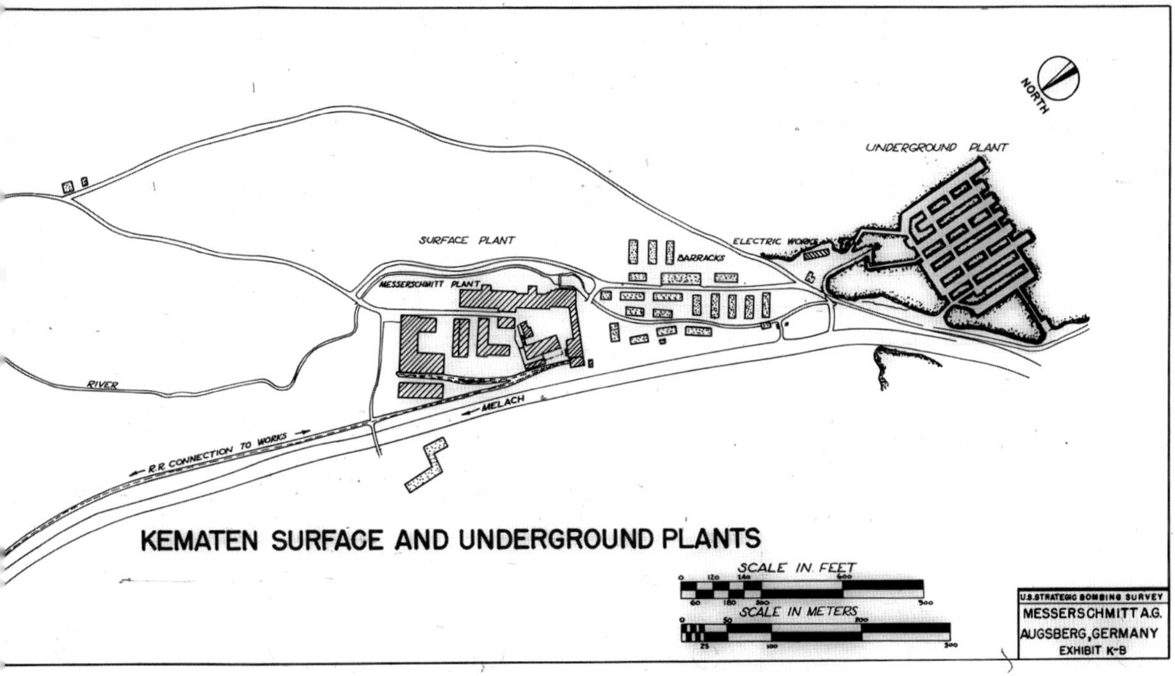

Gebäudeübersicht und Lage der Stollen.[194]

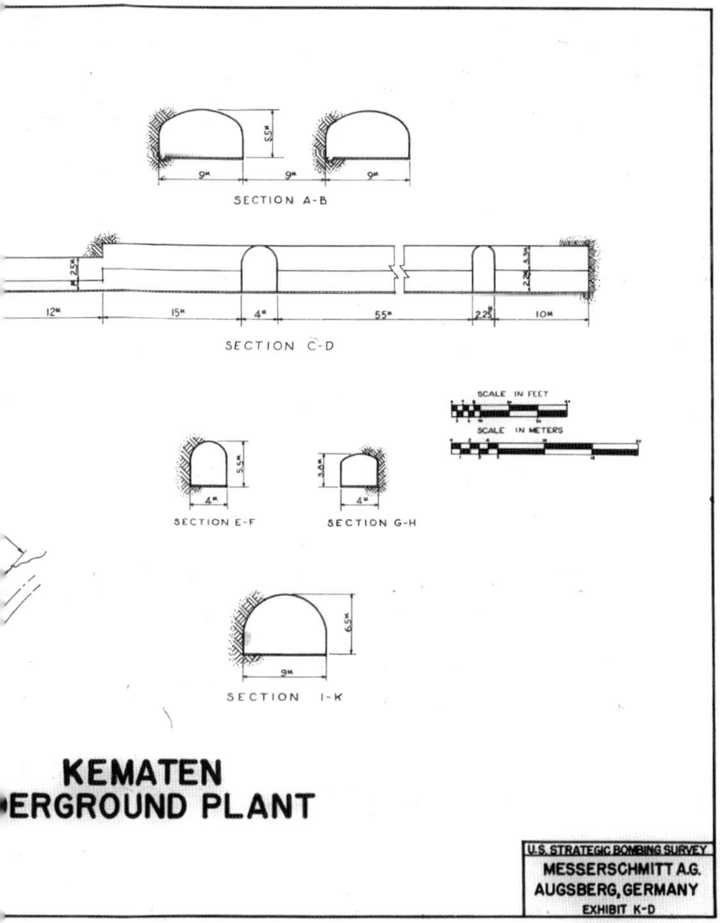

Lage der Stollen der U-Verlagerung »Seelachs« in Kematen (Tirol).[195]

194 USSBS Aircraft Division, Report No.11, Messerschmitt AG Augsburg, Appendix II

195 ebenda

6.3 Erzgrube bei Schwaz, Tirol (»Stichling«)

In Schwaz in Tirol existierte ein größeres Silberbergwerk, das schon im Mittelalter genutzt wurde. Teile dieser Stollenanlage wurden für die Fertigung von Triebwerksverkleidungen der Me 262 für die Messerschmitt Werke Kematen benutzt. Zeitgleich mit dem Stollenbau in Kematen begann die Messerschmitt AG mit dem Ausbau der Stollen des Silberbergwerks und errichtete dazu ein Zwangsarbeiterlager für 700 Arbeiter. In die Stollen wurde eine mehrgeschossige Stahlbetonkonstruktion erstellt, um eine Produktionsfläche von ca. 7000m² zu erhalten. Schwaz war eine Zweigstelle der Messerschmitt Kematen, welche erst im März 1945 unter dem Namen Tiroler Bergwerksgesellschaft ins Handelsregister eingetragen wurde, Produktionsleiter war Georg Brenner[196]. Bis Kriegsende konnte die Produktion aber nicht voll anlaufen.

6.4 Herdfabrik Homann bei Sprockhövel (»Kauz«)

An der heute stillgelegten Bahnstrecke Wuppertal-Wichlinghausen-Hattingen befindet sich zwischen Sprockhövel-Schee und Wuppertal-Nächstebreck der 1884 erbaute, 722m lange, zweiröhrige Tunnel Schee. Die beiden Röhren haben eine Breite von 5,1m und eine Höhe von 4,9m (östlicher Tunnel) bzw. 5,5m (westlicher Tunnel). Im Rahmen der Untertage-Verlagerung des Jägerstabes wurde der östliche Tunnel 1944 stillgelegt und für ein Ausweichwerk für die Fertigung von Rumpfspitzen durch die Vohwinkeler Herdfabrik Homann hergerichtet. Es wurden zwischen den Röhren in einer Entfernung von etwa je 100m von den Portalen zwei Verbindungsgänge angelegt, in welchen sich die Büros sowie die Küche befanden. Die Tunnel bekamen den Decknamen »Kauz«, nach einer Bauzeit von 3 Monaten wurde die Produktion im August 1944 auf 3300m² aufgenommen, geplant wurde die Fabrik für 1000 Arbeiter. Insgesamt arbeiteten hier 400 russische Zwangsarbeiter, welche jeden Tag aus den Homann-Lagern in Vohwinkel und Elberfeld per Bahn zum Bahnhof Schee gebracht wurden. Mitarbeiter der OT wurden nördlich des Tunnels in Baracken untergebracht.

Produziert wurde nur in der Oströhre, in der Weströhre lief tagsüber der ganz normale Verkehr. Nachts wurden Bleche und sonstige Rohteile in der Weströhre angeliefert und durch die Querverbindungen in die Oströhre gebracht[197].

6.5 Gläser Karosserie GmbH bei Lunzenau (»Flamingo«)

Die Firma Gläser Karosserie GmbH aus Dresden und Radeberg stellte vor dem Krieg Fahrzeugkarossen her und machte sich vor allem durch seine Cabriolet-Karosserien einen Namen. Im Zweiten Weltkrieg stellte die Firma Rüstungsgegenstände her, so produzierte man Aufbauten für den Einheits-Kübelwagen Kfz 15 und den Funkwagen Kfz 17, Lafetten für die Bordkanone der Messerschmitt Bf 109 und Blechteile für die Übergänge der Tragflächen zum Rumpf aus speziellem Stahl, Triebwerksverkleidungen sowie Kraftstofftanks der Me 262[198].

Die Produktion der Düsenjägerteile brachte man in einem Eisenbahntunnel bei Lunzenau, ca. 100km von Dresden entfernt, unter. Der Rochsberger Tunnel erhielt den Decknamen »Flamingo«, am 8. Januar 1945 wurde das Bauwerk in das geheime Decknamenverzeichnis unterirdischer Bauten vom 10. April 1944 unter der Nummer 267 nachgetragen. Der 290m lange Tunnel wurde von 1873 bis 1875 als zweigleisiger Tunnel erbaut, aber nur mit einem Gleis ausgestattet[199]. Ab wann hier produziert wurde, ist unbekannt, die Produktionsfläche betrug 2000m².

[196] CIOS Report No. XXVII-25, German Airframe and Tooling Methods, Messerschmitt Works, S. 7
[197] Verein zur Erforschung der sozialen Bewegungen im Wuppertal e.V., Vergessene Orte, S. 37
[198] USSBS Aircraft Division, Report No.11, Messerschmitt AG Augsburg, Exhibit M-B
[199] Lunzenauer Heimatblatt, Ausgabe 2016

6.6 »Bergkristall«, St. Georgen an der Gusen

Bereits im November 1943 begann man in St. Georgen an der Gusen mit dem Bau eines Stollens Namens »Kellerbau«, wobei man aber auf geologische Schwierigkeiten stieß. Dieses Stollensystem hatte eine Fläche von 8000m², in welcher für Steyr-Daimler-Puch sowie für Messerschmitt produziert wurde. Ab März 1944 baute man am Stollenkomplex »Bergkristall«, wofür das Lager »Gusen II« neben dem bestehenden »Gusen I« gebaut wurde. Hier arbeiteten zeitweise bis zu 6000 Häftlinge. Im Herbst 1944 war der erste Stollen fertig (am 30. November 1944 hatte man 21.000m² Fertigungsfläche erstellt), woraufhin man hier mit der Produktion für die Messerschmitt AG begann. Ab November 1944 fertigte man Rümpfe für die Me 262, wobei die notwendigen Bauteile im Olympiatunnel Eschenlohe hergestellt wurden, ebenfalls geplant war die Produktion von Tragflächen[200]. Tatsächlich gefertigt wurden bis Ende des Krieges in »Bergkristall« 987 von 2052 Rümpfen für die Me 262, außerdem Führerraumwannen, Kabinen, Heckleitwerke, Rumpfspitzen, Tankdeckel, Vorflügel und auch Vorrichtungen für den Serienbau[201]. Bis 31. März 1945 erreichte man eine Produktionsfläche von 49.000m².

6.6.1 Hauptlager Mauthausen

Die bestehenden Steinbrüche in Mauthausen, Gusen und St. Georgen wurden 1938 von der durch die SS gegründete Firma »Deutsche Erd- und Steinwerke GmbH« (DEST) gekauft. Die DEST unterhielt Steinbrüche, Granitwerke, Ziegelwerke, Kieswerke und Baustoffwerke in unmittelbarer Nähe großer Konzentrationslager wie Flossenbürg, Auschwitz und Mauthausen. In Mauthausen entstand eines der grausamsten KZ des dritten Reiches, in welchem bis zu 190.000 Häftlinge interniert waren, von denen etwa 90.000 zu Tode kamen[202]. Hierbei wurden die Menschen systematisch in den Steinbrüchen zu Tode geschuftet, durch Tragen schwerer Felsblöcke auf der »Todesstiege« oder durch Sturz von der »Fallschirmspringerwand« ermordet, wo viele hundert Häftlinge hinuntergestoßen wurden und am Fuß der Wand an den Felsen zerschellten oder in den tiefen Wassertümpeln ertranken.

6.6.2 Außenlager Gusen I und II

1939 begann man mit dem Bau des KZ Gusen als Außenlager des KZ Mauthausen, in welchem 75.000 Häftlinge inhaftiert wurden. Nachdem die Häftlinge zu Arbeiten in den umliegenden Steinbrüchen eingesetzt wurden, mussten sie ab Anfang 1943 in der Rüstungsproduktion für Steyr-Daimler-Puch und die Firma Messerschmitt AG arbeiten, wo von 423 Häftlingen in Holzhallen Rümpfe für die Bf 109 hergestellt wurden. Mitte 1944 kamen bereits 35% der Gesamtfertigung Messerschmitts aus den Lagern Flossenbürg und Mauthausen/Gusen. Ende 1943 begann man mit dem Vortrieb eines Stollensystems mit dem Decknamen »Kellerbau" unweit des Lagers Gusen I, stieß jedoch auf geologische Hindernisse und stellte so lediglich 8000m² unterirdische Produktionsfläche fertig.
Anfang 1944 begann man mit den Arbeiten am Untertage-Verlagerungskomplex «Bergkristall" in St. Georgen, der vom neu errichteten Jägerstab die Nummer «B8" erhielt. Für den Baukomplex wurde ein weiteres Barackenlager, Gusen II, errichtet. Das Bauprojekt, welches ohne jegliche Rücksicht auf Gesundheit und Leben der KZ-Häftlinge vorangetrieben wurde, führte zu einem Massensterben der Häftlinge des Lagers Gusen II. Im August arbeiteten 3684 Häftlinge an den Stollen, zeitweise waren mehr als 6000 Menschen im Einsatz.
Im Laufe des Jahres 1944 wurde auf die Produktion von Rümpfen für die Me 262 umgestellt und nach der Fertigstellung der ersten Stollen im Herbst 1944 die Fertigung dort hinein verlegt. Im Dezember 1944 baute man ein Außenlager als Bäckerei zur Versorgung der Lager in der Umgebung (Gusen III). Bis zum 1. Mai 1945 wurden 987 Rümpfe der Me 262 gebaut[203].

[200] Schmoll, die Messerschmitt-Werke im zweiten Weltkrieg, S. 186f.
[201] Zentralplanung Serie, Fertigungsübersicht Werk Regensburg, Blatt 2 von 2
[202] KZ-Gedenkstätte Mauthausen
[203] KZ-Gedenkstätte Gusen

Rumpfmontage in einem der Stollen. (NARA)

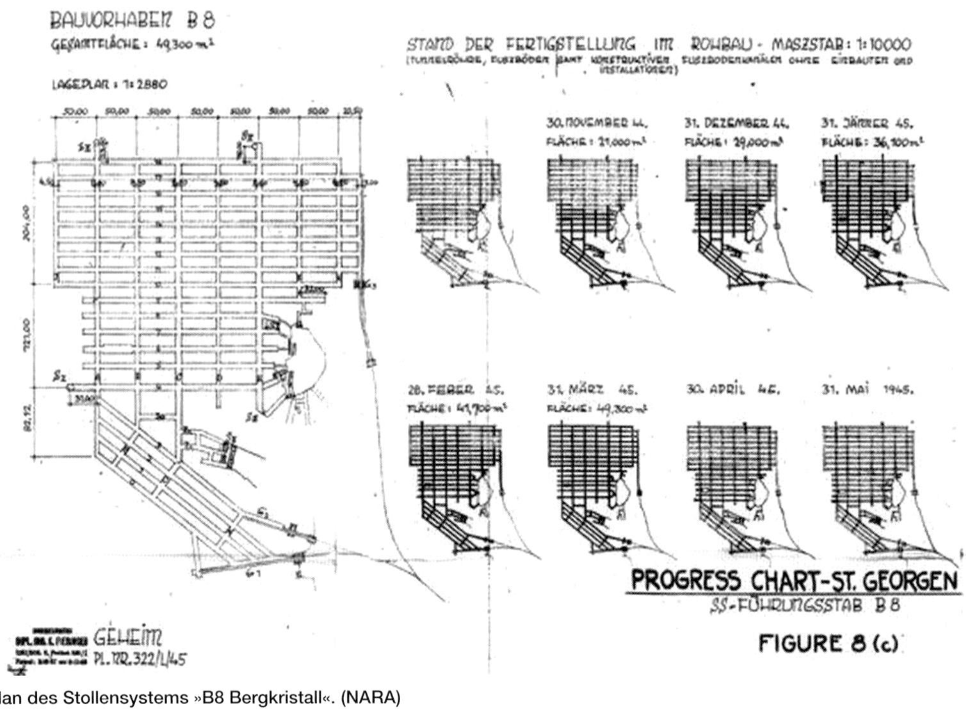

Plan des Stollensystems »B8 Bergkristall«. (NARA)

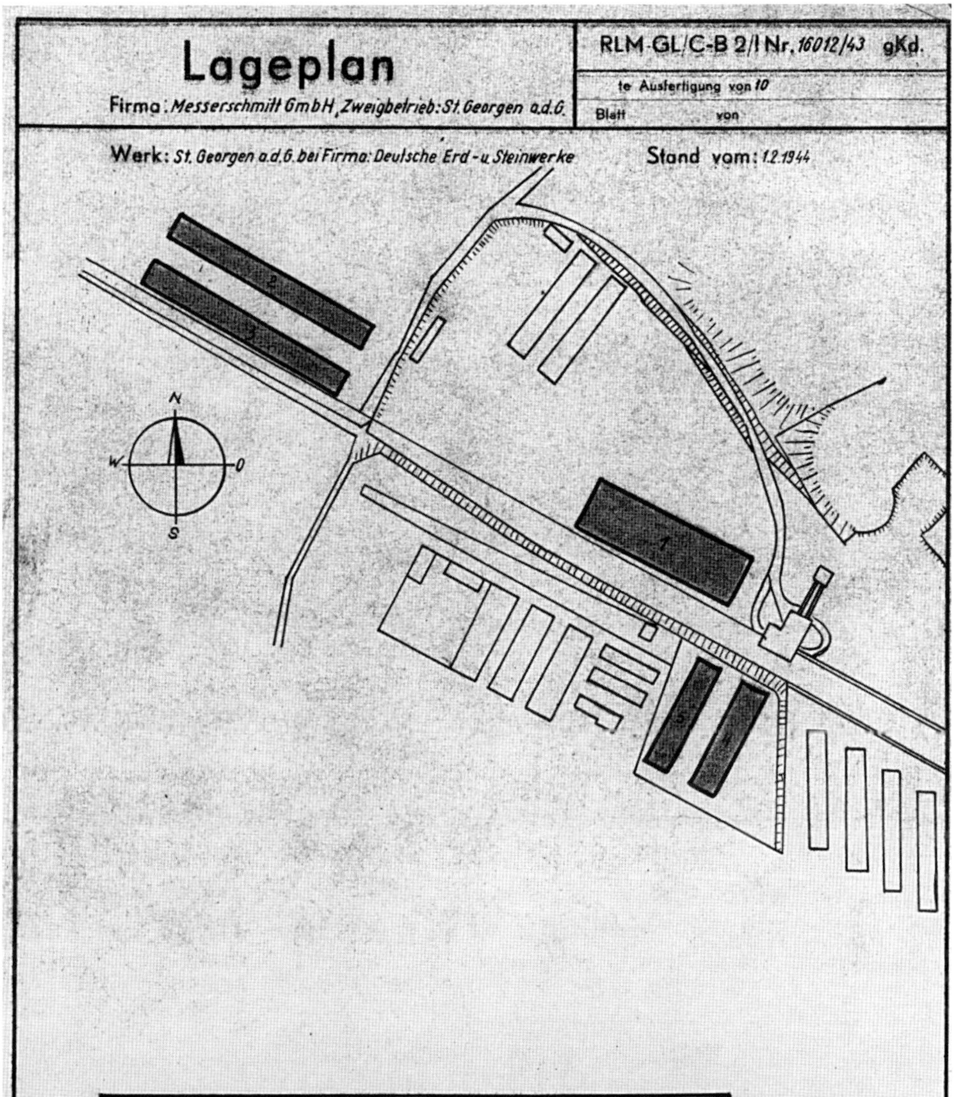

Gebäude	Belegung/Benennung	Bebaute Fläche	Nutzfläche
1	Halle 1	3000	3000
2	Halle 2	2025	2025
3	Halle 3	2025	2025
4	Halle 4	975	975
5	Halle 5	975	975
		9000	9000

	Firma	RLM
Tag	1.2.44	16.3.44
Name	Neuschwander	Trothe
Rufnummer	3951/265	3871

Plan der Messerschmitt-Hallen in St. Georgen a. d. Gusen. (BArch-MA RL 3/1511)

6.7 »REIMAHG« bei Kahla in Thüringen

Im Walpersberg bei Kahla in Thüringen entstand eine gigantische Untertage-Verlagerung mit dem Ziel, die Me 262 komplett zu produzieren. Der Name setzt sich zusammen aus den Anfangsbuchstaben von »**Rei**chs **Ma**rschall **H**ermann **G**öring«. Der NSDAP-Gauleiter in Thüringen und Generalbevollmächtigter für den Arbeitseinsatz, Fritz Sauckel, der für die Deportation und Organisation von etwa fünf Millionen ausländischer Arbeitskräfte nach Deutschland verantwortlich war, wollte in Thüringen durch zahlreiche Projekte wie z.B. der besagten Jägerfabrik Reimahg, der V1, V2- und Strahltriebwerk-Produktion im Mittelwerk oder dem Führerhauptquartier bei Ohrdruf eine von ihm so benannte »Schutz- und Trutzburg für den Führer« errichten. Sauckel schlug Göring vor, die bereits vorhandenen Kaolin-Stollen der Porzellanfabrik C. A. Lehmann & Sohn in der Nähe von Kahla als Produktionsstandort für das Jägerbauprogramm zu benutzen. Göring war von der Idee angetan und stimmte diesen Plänen zu.

Die von Sauckel 1936 gegründeten Wilhelm-Gustloff-Werke, deren Vermögen auf dem 1935 enteigneten Simson-Werk Suhl basiert (die Familie Simson war jüdischer Abstammung), beschlagnahmte am 22. März 1944 die Porzellansandgrube Kahla, kurz bevor er die AGO-Werke Oschersleben von der AEG erwarb, in denen die Focke-Wulf Fw 190 produziert wurde. Zwei Sandgruben der Porzellanfabrik im Ost- und Westteil des Berges wurden verbunden und durch ein systematisches System aus Stollen mit 4m breite und 3,5m Höhe sowie vier Endmontagehallen mit einer Höhe von 5,5m, einer Länge von 100m und einer Breite von 15m ergänzt, sodass hier vier Flugzeuge mit einer Spannweite von knapp 13,5m Platz fanden.

Die Hallen sollten mit einem Quergang verbunden werden, die dort fertig montierten Flugzeuge sollten durch einen direkten Zugang mit dem »Bunker 0« verbunden werden. Zwei der Hallen wurden fertig gestellt, eine dritte begonnen[204]. Geplant waren 3 Fahrstollen mit einer Breite von 4m und einer Höhe von 3,5m, ein Eisenbahnstollen mit einer Breite von 9,6m und einer Höhe von 5m sowie zwei Verbindungswege mit 2x2m. Senkrecht dazu sollten Fertigungsräume mit 250m Länge entstehen, die zwischen 6 und 9 m breit und 3,5m hoch sein sollten. Begonnen wurde damit, 3x2,5m große Stol-len in den Berg zu treiben, um diese später auf die fertige Größe zu erweitern.

Die Rumpfmontage sollte im alten Melzerstollen geschehen. Im Ostteil des Berges, dem einzig schon produzierenden Teil, befand sich außerdem eine Stanzhalle mit 12m Höhe, 150m Länge und 8m Breite. Bis zum Ende des Krieges entstanden 45.000m² Produktionsfläche, von denen 40.000m² von Fertigungsbetrieben bezogen wurden was ca. 55% der Gesamtplanung entsprach[205].

Da die Stollen Ende 1944 noch nicht für die Fertigung eines kompletten Flugzeugs fertiggestellt waren, baute man am Hang des Walpersberges mehrere große Bunker in denen die Me 262 montiert wurde. Teile und Baugruppen wurden von einer Schmalspurbahn zum Werk transportiert, nachdem sie in Großeutersdorf vom Bahngleis umgeladen wurden.

Die Bunker waren mit einer 5m breiten und 1,5km langen, betonierten Werkstraße verbunden, wo die einzelnen Baugruppen von Bunker zu Bunker transportiert werden konnten. Im Bunker 1 (»Böhm-Bunker«) erfolgte die Rumpfmontage, der Bunker war 105m lang, 22m breit, 3,8m hoch und verfügte über eine Produktionsfläche von 1560m². Die Wände waren aus 4m starkem Beton, die Decke war 3 bis 6m dick. Er verfügte über zwei Zugänge zum Stollensystem, die jeweils 2m breit und 4m hoch waren. Der Bunker war so groß, dass darin 4 Rümpfe gleichzeitig aufgebaut werden konnten[206]. Im etwa 200m entfernten Bunker 4 erfolgte die Tragflächenmontage. Dieser war 70m lang, 23,5m breit und verfügte über eine Produktionsfläche von 1050m².

Ca. 150m davon entfernt befand sich der Bunker 0, dieser war mit 100m Länge, 31m Breite, 15m Höhe und einer Fläche von 3100m² sehr groß und verfügte über drei Stockwerke welche in der Mitte durch ein Treppenhaus miteinander verbunden waren. Im Obergeschoss befanden sich ein Kongressraum, 76 Zimmer und Unterkünfte für 350 Wachleute der SS. Im Erdgeschoss endeten zwei der Endmontagehallen des Stollensystems. In diesem Bunker wurden in der unteren Etage die Triebwerke und Leitwerke montiert.

Im 63m langen und 16,5m breiten Bunker 2 wurde schlussendlich der Bug angebracht und die Instrumente eingebaut, er befand sich unmittelbar vor dem Schrägaufzug zum Bergrücken. Dieser Aufzug diente dazu, die fertigen Flugzeuge auf den 85m höheren Bergrücken zu transportieren, wo sich eine Startbahn befand von der aus die fertigen Flugzeuge

[204] Gleichmann/Bock, Düsenjäger über dem Walpersberg, S.99

[205] Dorsch, Die bombensichere Verlagerung von Industrieanlagen, BArch, ZA 1/1762 bis 1/1770, S. 403

[206] Gleichmann/Bock, Düsenjäger über dem Walpersberg, S.102

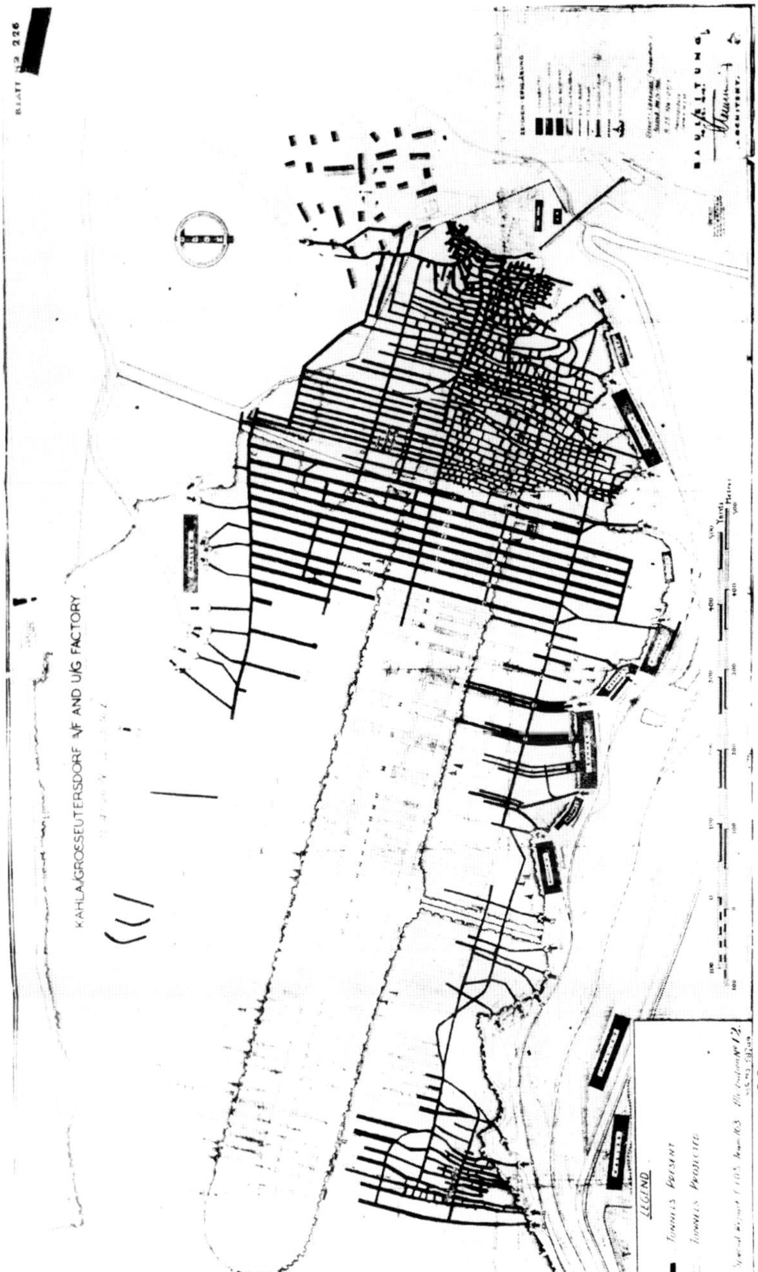

Grundriss des Stollensystems des Walpersberges (CIOS - Report No. XXXI -17 S.98)

Montage der Me 262 im Bunker 0. (BArch Bild 141-2738)

abheben konnten. Der Aufzug hatte eine Neigung von 27° und war ca. 200m lang. Er verfügte über eine Doppelschienenanlage, auf dem einen Schienenpaar fuhr der Transportwagen den Berg hinauf, auf dem anderen befand sich ein Gegengewicht.

Die Flugzeuge konnten ebenerdig auf die Plattform des Aufzuges gerollt werden und wurden dann mit der Nase zum Berg hin auf den Bergrücken gezogen. Der Bau der Startbahn erforderte aufgrund fehlender Baumaschinen die riesige Anzahl von 800 Arbeitern, die mit Hacke und Schaufel eine 1000 x 30m große Startbahn auf dem Bergrücken des Walpersberges bauten.

Dazu trug man an der Nordkante des Berges wenige Zentimeter, an der Südkante bis zu vier Meter ab, um die Bahn einigermaßen eben zu bekommen. Da diese Startbahn mit 1000m trotzdem noch zu kurz für den Start einer Me 262 war, musste diese unbewaffnet und nur mit dem nötigsten Treibstoff versehen mit Hilfe von Walter Starthilfsraketen starten, um anschließend in Zerbst wieder zu landen und aufmunitioniert sowie aufgetankt zu werden. Insgesamt verließen bis zur Einnahme der Anlage im April 1945 keine 30 Me 262 das unterirdische Werk.

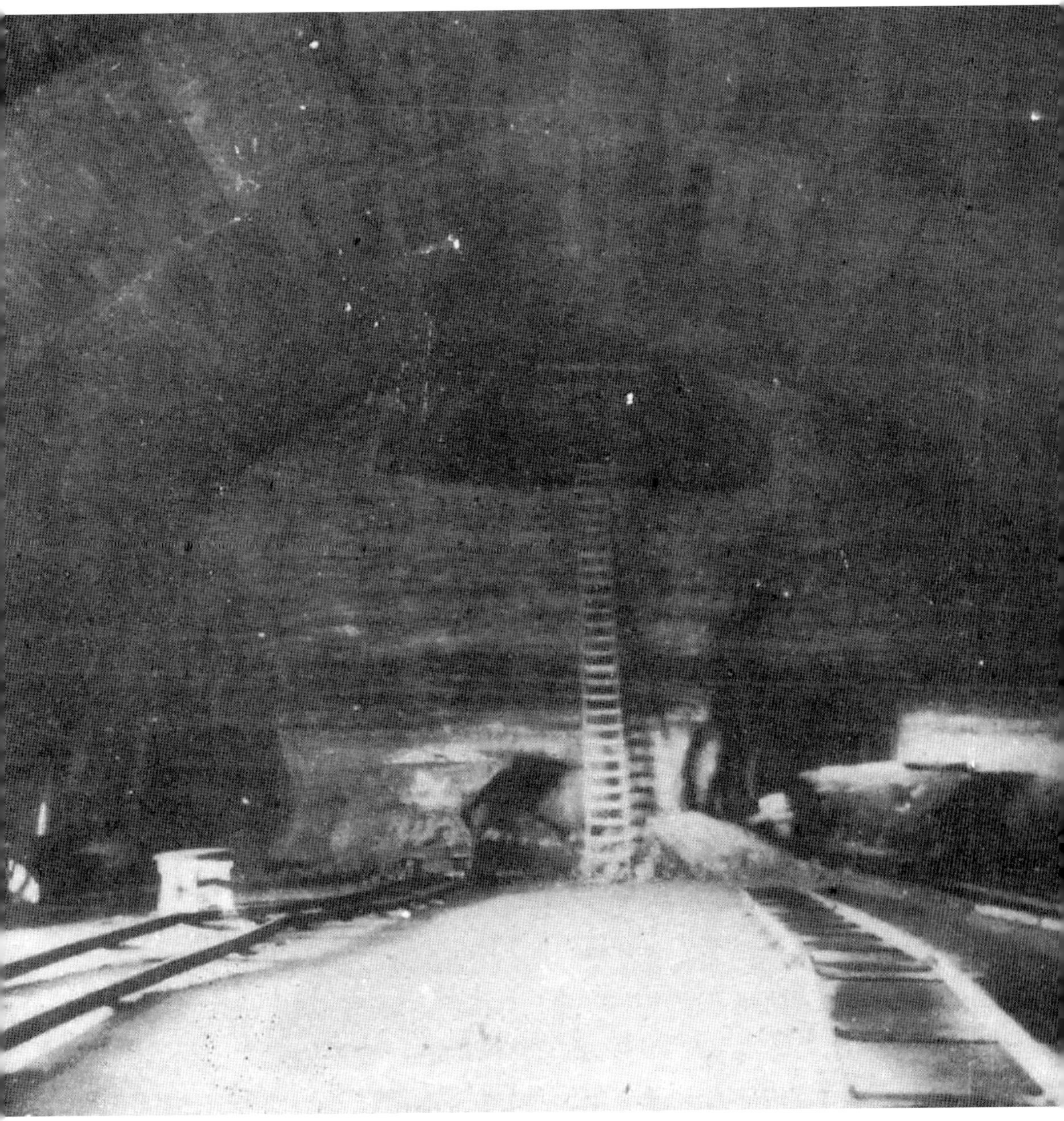

Eine der Endmontage-Hallen im Berg. (CIOS - Report No. XXXII-17)

Schrägaufzug am Walpersberg. (BArch Bild 141-2741)

6.8 Saal / Donau (»Ring-Me«)

In Saal an der Donau wurde 1944 begonnen, ein Stollensystem an der Straße zwischen Saal und Teugn in den Ringberg zu treiben, um hier die Endmontage der Me 262 vornehmen zu können. Der Ort war durch die am Gelände liegende Bahnlinie Ingolstadt-Regensburg und die Reichsstraße 16 besonders geeignet.

Das abgebaute Erdmaterial erregte bei der alliierten Aufklärung kein Aufsehen, da er im Aushub des Kalkwerkes verwertet werden konnte. Im Juli 1944 wurde unter der Leitung der Organisation Todt mit dem Bau der Stollenanlage begonnen[207], wobei vier Stollen von der Straße nach Teugn und ein Querstollen von der Reichsstraße 16 aus in den Berg getrieben wurden. Die Stollen sollten dabei eine Breite von 14m aufweisen und die Endmontage aus dem Waldwerk »Stauffen« aufnehmen (Siehe Kapitel 9.4). Gebaut wurde die Stollenanlage von Häftlingen des KZ Flossenbürg, in Saal wurde unweit der Baustelle an der Straße nach Teugn ein Außenlager eingerichtet in welchem über 500 Häftlinge in Baracken und Erdhütten untergebracht waren, welche halb in der Erde errichtet wurden. Anfangs wurden tote KZ-Häftlinge auf dem Saaler Friedhof bestattet. Da die Arbeiten aber immer mehr Opfer forderten, reichte der Platz dort bald nicht mehr aus, sodass die Leichen am Waldrand in einer provisorischen Stätte aus Betonteilen verbrannt wurden. Nachweislich starben über 250 Menschen bei den Arbeiten in Saal[208].

Im Februar 1945 begannen noch Arbeiten für einen Flugplatz im nahe gelegenen Herrnsaal, wo man mit Planierungsarbeiten begann. Die Produktion der Me 262 sollte planmäßig im November 1945 beginnen[209].

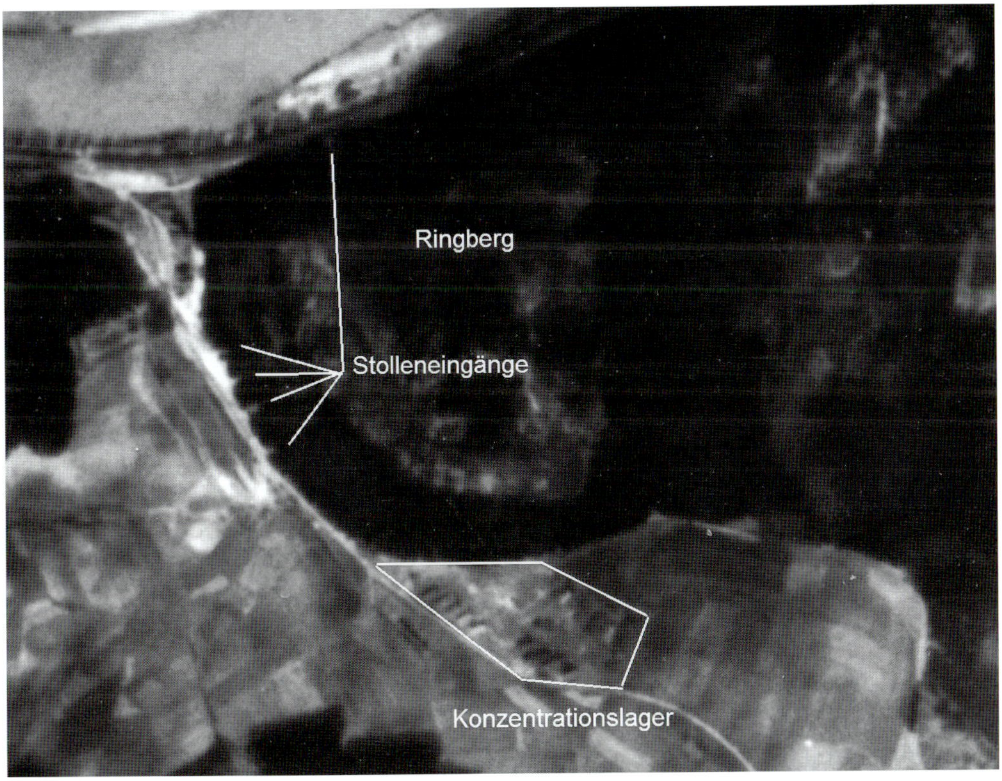

Die Stollenbaustelle und das Konzentrationslager Saal an der Donau. (NARA)

[207] Wolfgang Benz und Barbara Distel, Der Ort des Terrors; Geschichte der nationalen Konzentrationslager Band 4 Flossenbürg, Mauthausen, Ravensbrück, S. 247
[208] Gedenktafel beim ehemaligen KZ in Saal an der Donau
[209] Nach Recherchen von Peter Schmoll

6.9 Olympiatunnel Eschenlohe (»Ente«)

Von Mai 1935 bis Januar 1936 wurde die Reichstraße 2 mit den zwei 60 und 230m langen Tunnels anlässlich der Winterolympiade in Garmisch gebaut[210]. Nach den Bombenangriffen im August 1943 auf Regensburg und Schweinfurt machte man sich bei Messerschmitt Gedanken, die Produktion zu verlagern. Am 10. November 1943 bekam Roluf Lucht, zur der Zeit Betriebsleiter der Messerschmitt GmbH Regensburg, von Hermann Göring den Auftrag mit dem Ausbau des Eschenloher Tunnels sofort zu beginnen um dort die großen Pressen aus der Regensburger Produktion unterzubringen. Mit dem Erbauer des Tunnels, Ingenieur Kunz, hatte Lucht bereits gesprochen und bestätigt bekommen, dass schon in sechs Wochen der Umzug stattfinden könne[211]. Letztendlich waren die kurz hintereinanderliegenden Tunnel am 10. März 1944 noch einmal Thema bei der Reise des Jägerstabes im Rahmen des »Unternehmen Hubertus«, bei welchem erwähnt wurde, dass die Tunnel in der Zwischenzeit für ein Materiallager von BMW benutzt werden sollten, nach den Bombenangriffen Ende Februar während der »Big Week« aber vom Jägerstab wieder Messerschmitt zugesprochen wurden. Man wollte vor allem zwei große Pressen darin unterbringen, von denen nur noch eine in Wiener Neustadt existierte und bei deren Verlust die halbe Bf 109-Fertigung zum Erliegen gekommen wäre. Außerdem wollte man die komplette mechanische Fertigung sowie die Maschinen für die Produktion der Me 262 dort unterbringen[212]. Im Mai 1944 begann die Fertigung in den Tunnels mit 1472 Arbeitern[213].

Die Tunnels bestanden aus einer 60m langen nördlichen und einer 230m langen südlichen Röhre. Die kürzere der beiden versah man im Norden mit einem 130m und im Süden mit einem 60m langen, massiv verbunkerten Anbau mit 3m dicken Wänden und 17m langen, bombensicheren Toren. Im nördlichen Teil brachte man die Pressen unter, da sie von der Höhe her nicht in den Tunnel passten. In dem 160m langen Bereich zwischen den Tunnels errichtete man Baracken für Büros, Lager für Vorrichtungen, Bereitstellung von Materialien sowie ein Heizhaus[214]. Bei beiden Tunnels wurden auf der Bergseite je zwei Heizungs- und Lagerstollen von 20 und 25m Länge getrieben. Die Produktionsfläche betrug 6000m^2, ausgeführt wurden die Arbeiten von den Firmen Moll (München), Klug (Regensburg) und Unglert (Memmingen) unter der Oberbauleitung des Architekten Winkler aus München. Begonnen wurden die Arbeiten im März 1944, im November 1944 als schon produziert wurde waren erst 80% der Betonarbeiten und 60% der Erweiterungsarbeiten fertiggestellt[215].

Im südlichen Tunnel befand sich ein Acetylenwerk für die Herstellung des Gases für die Schweißerei, die Montage, die Produktion von Dreh- und Frästeilen sowie die Schweißerei selbst, im nördlichen Tunnel die Blechzuschneiderei sowie das Stanz- und Presswerk. Von der Bahnlinie Murnau-Garmisch-Patenkirchen führte eine Feldbahn für den An- und Abtransport direkt zu den Tunnels. Alle mechanisch hergestellten Teile der Bf 109 und für den Rumpf der Me 262 kamen aus Eschenlohe.

In einem Barackenlager für ausländische Arbeitskräfte an der Straße nach Höllenstein waren etwa 800 bis 850 Personen untergebracht. Es handelte sich hierbei überwiegend um »Ostarbeiter« aus den russischen Gebieten, aber auch um Polen, Franzosen, und Holländer[216]. Deutsche Arbeiter aus den Messerschmitt-Werken Regensburg wurden im Ort untergebracht.

Rechts: Luftaufnahme vom 5. April 1945 von den beiden Tunnels mit den verlängerten Portalen; am unteren Bildrand erkennt man ein Barackenlager. (NARA)

210 De Burgadler, Jahresheft 2010, S. 17

211 BArch-MA RL 3/61, S. 170f., Besprechung in den Mtt.-Werken Regensburg am 2. Nov. 1943

212 BArch-MA RL 3/1 S. 192ff., Schlussbesprechung Regensburg im Sonderzug, 10.3.1944, 2:25 Uhr im Rahmen der ersten Reise des »Unternehmen Hubertus«

213 USSBS Aircraft Division, Report No.11, Messerschmitt AG Augsburg, Part B, S. 4

214 ebenda, Exhibit R-G

215 De Burgadler, Jahresheft 2007, S. 7

216 De Burgadler, Jahresheft 2010, S. 19

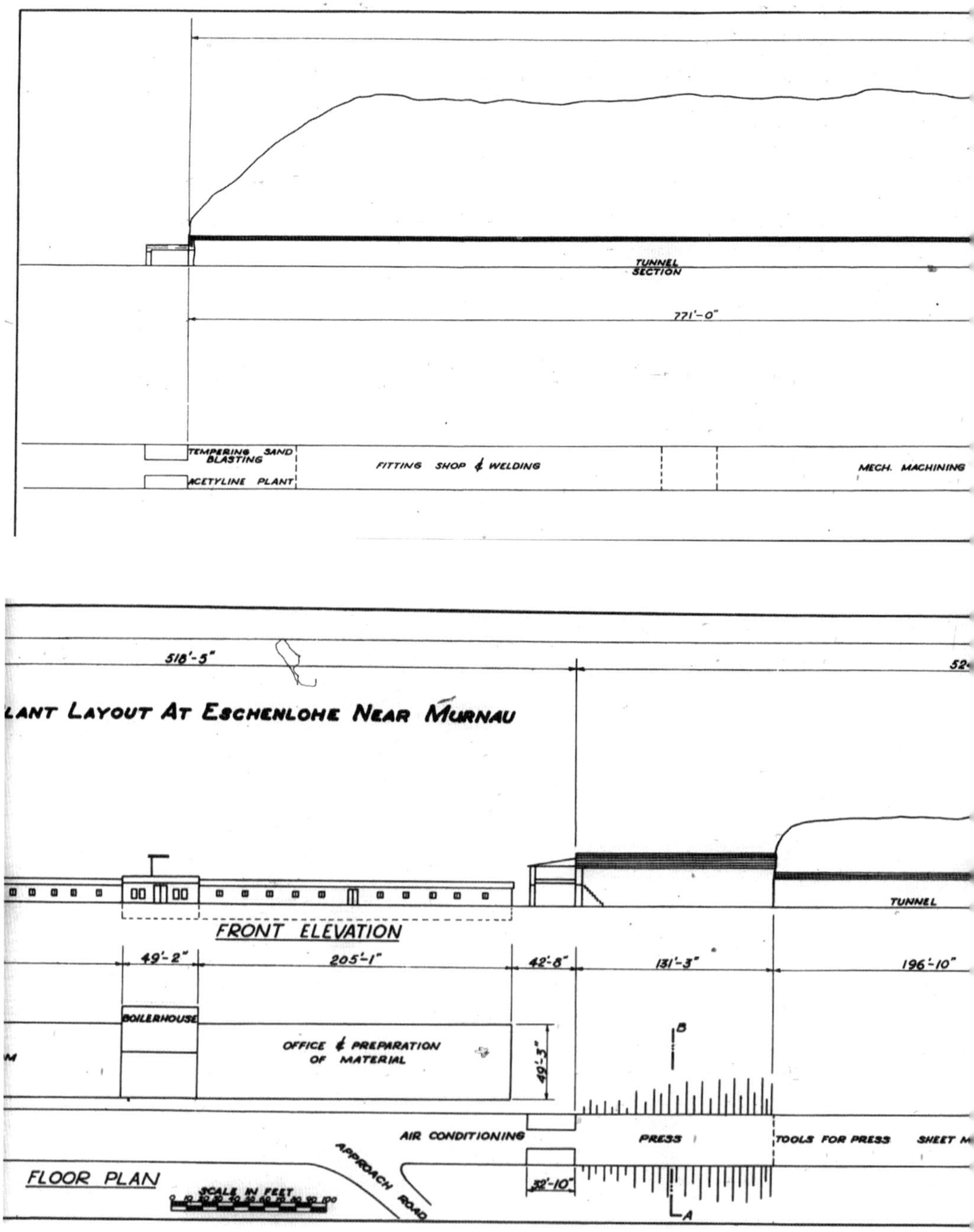

Die Tunnels in Eschenlohe im Messerschmitt-Bericht der USSBS

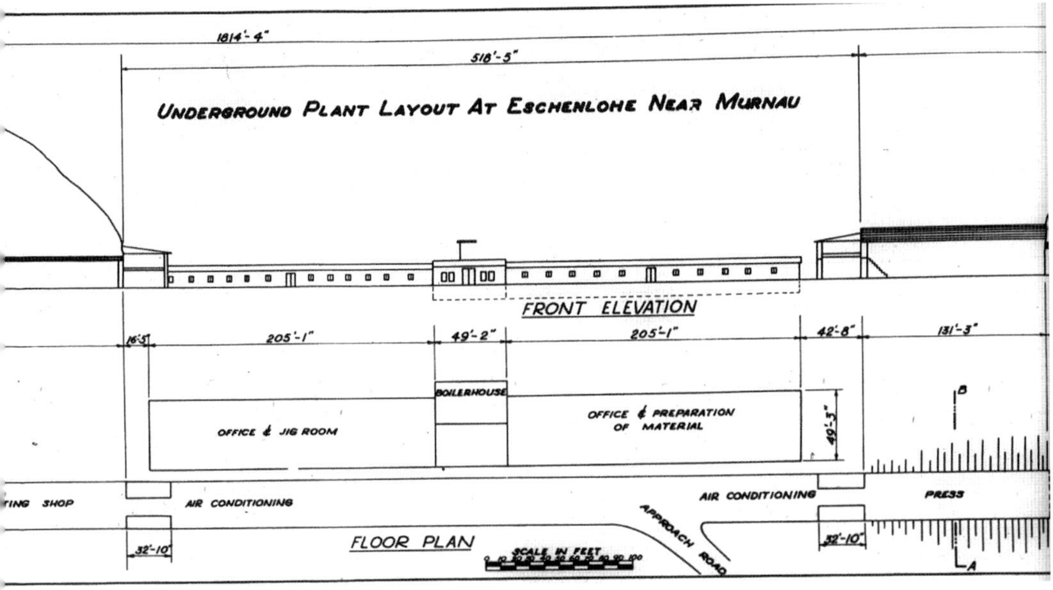
1814'-4"
518'-5"
UNDERGROUND PLANT LAYOUT AT ESCHENLOHE NEAR MURNAU
FRONT ELEVATION
16'5"
205'-1"
49'-2"
205'-1"
42'-8"
131'-3"
BOILERHOUSE
OFFICE & JIG ROOM
OFFICE & PREPARATION OF MATERIAL
49'-5"
B
ING SHOP
AIR CONDITIONING
AIR CONDITIONING
PRESS
APPROACH ROAD
FLOOR PLAN
SCALE IN FEET
32'-10"
32'-10"
A

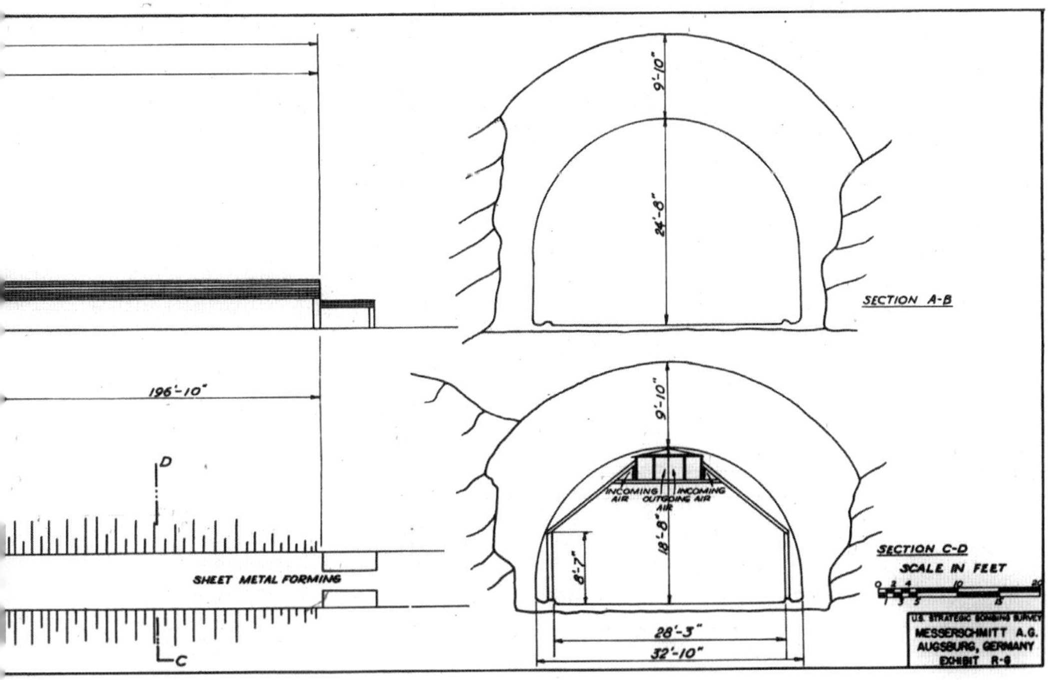
9'-10"
24'-8"
SECTION A-B
196'-10"
D
9'-10"
INCOMING AIR
OUTGOING AIR
INCOMING AIR
18'-8"
8'-7"
SHEET METAL FORMING
SECTION C-D
SCALE IN FEET
28'-3"
32'-10"
C
U.S. STRATEGIC BOMBING SURVEY
MESSERSCHMITT A.G.
AUGSBURG, GERMANY
EXHIBIT R-6

7 Verlagerungen im Großraum Stuttgart

Am 14. Oktober 1943 wollte Reichsmarschall Hermann Göring beim Reichsverkehrsminister anfragen lassen, welche Tunnel er für Verlagerungen der Flugzeugindustrie zur Verfügung stellen könne[217].
In einer Besprechung mit Willy Messerschmitt im Messerschmitt-Werk Regensburg am 2. November 1943 sprach der damalige, vom RLM eingesetzte Betriebsleiter Regensburgs, Roluf Lucht, die Verlagerungsstandorte Olympiatunnel Eschenlohe und Autobahntunnel Leonberg an[218]. Mit Eschenlohe konnte man sofort beginnen, Leonberg jedoch war nach Aussage von Erhard Milch für ein Walzwerk und »Kugellager von Schweinfurt« bestimmt. Lucht hatte den Tunnel besichtigt und sich zweifelsohne auch in der Gegend umgesehen.
Hermann Göring hatte außerdem die Idee, *»in den Fels zu bauen, oder solche Gegenden auszunutzen, wo kein allzu großer Raum zwischen zwei Felsen ist, [...], vielleicht 20m, und dann eine Betondecke darüber ziehen. Dabei muss man darauf achten, das in der Nähe eine Straße oder Bahnstrecke liegt«.* Wie er wohl auf diese Idee kam? In Vaihingen an der Enz, Luftlinie nur 16km vom Autobahntunnel in Leonberg entfernt, befand sich tatsächlich solch ein Steinbruch, welcher von der Eisenbahn umspannt und deshalb nicht zum Tal hin ausgebrochen wurde. Dieser Steinbruch wurde von der Firma Baresel AG betrieben, nach der kriegsbedingten Stilllegung wurden dort von der Forschungsanstalt Graf Zeppelin aus Ostfildern-Ruit bei Stuttgart Metallrohrschleudern für die Fi 103 (V1) getestet[219]. Gegründet und geleitet wurde die Forschungsanstalt von Prof. Georg Madelung, Inhaber des Lehrstuhls für Luftfahrt und Leiter des Flugtechnischen Instituts an der Technischen Hochschule in Stuttgart. Madelung war mit Elisabeth Emma Messerschmitt, der Schwester Willy Messerschmitts, verheiratet. Er stand mit Willy Messerschmitt im engen Kontakt, sicherlich ist bei Gesprächen auch der Steinbruch in Vaihingen/Enz zur Sprache gekommen zumal sich Willy Messerschmitt nach eigener Aussage sehr mit der Verbunkerung seiner Produktion beschäftige[220] und in seiner Denkschrift vom 14. März 1944 zur »Sicherung der Jäger- und Zerstörerfabrikation gegen Luftangriffe« den Autobahntunnel Leonberg und den Steinbruch Vaihingen/Enz für eine Verlagerung seiner Produktion vorschlug[221].
Während der ersten Reise des »Unternehmen Hubertus« kam der frisch gegründete Jägerstab mit einem Sonderzug nach Augsburg, wo am 10. März 1944 die Verlagerung Vaihingen/Enz und die sofortige Verlagerung der Produktion der Tragflächen der Me 262 zum 25. März von Gablingen nach Leonberg beschlossen wurde, da man eine Bombardierung des Platzes in Gablingen befürchtete, weil dieser von den Amerikanern entdeckt wurde[222]. Im Autobahntunnel Leonberg begannen die Ausbauarbeiten im März 1944 unter dem Decknamen »Reiher«, im Steinbruch in Vaihingen/Enz begannen sie im März/April 1944 unter dem Decknamen »Stoffel«. Beide Projekte sollten für die Fabrikation der Me 262 dienen. Fehlte nur noch ein Flugplatz, von welchem aus die Maschinen starten konnten. Nach Messerschmitts Denkschrift sollten an solch einem Flugplatz auch die Endmontage der Großbaugruppen und der Einbau der Waffensysteme stattfinden. Ein geeigneter Flugplatz befand sich nur etwa sechs Kilometer Luftlinie von Vaihingen/Enz entfernt, in Großsachsenheim lag ein Einsatzhafen 1. Ordnung welcher seit 1942 sogar über eine 1230x80m große, betonierte Landebahn verfügte. Direkt neben dem Flugplatz schlängelt sich die Enz durch das Tal, welche im Laufe der Zeit steile Hänge bildete an denen heute noch Wein angebaut wird. In diesen steilen Hang bei Unterriexingen schlugen Arbeiter der OT und KZ-Häftlinge aus dem KZ Unterriexingen ein Stollensystem hinein, welches 1944 über 100m weit in den Berg hineinreichte.
Am 3. Juli 1944 beschloss man im Jägerstab, den Flugplatz in Großsachsenheim für die Endmonta-

[217] BArch-MA RL 3/61 S. 358, Besprechung RM mit GL und Industrierat am 14. Oktober 1943
[218] ebenda, S. 170f., Besprechung am 2. November 1943 in den Messerschmitt-Werken Regensburg
[219] Heinrich Dörner, Drei Welten ein Leben, S. 106
[220] IWM FD 4355/45 S. 323f., Brief Messerschmitt an Dr. Krome vom Jägerstab vom 1. Mai 1944
[221] IWM, Ref. No. F.D. 4355/35 Volume 6, Denkschrift Willy Messerschmitt, Sicherung der Jäger- und Zerstörerfabrikation gegen Luftangriffe, Oberammergau, 16.3.44, S. 2ff.
[222] BArch-MA RL 3/1, S. 263, Schlussbesprechung bei Messerschmitt, Augsburg, 10.3.44

ge der Me 262 zu benutzen, diese sollte im Stollensystem in Unterriexingen stattfinden[223]. Für andere Zwecke waren die Stollen auch kaum zu gebrauchen, da sie über keinerlei Verkehrsanbindung verfügten, außer dem Fluss Enz welcher sich direkt davor durch das Tal schlängelt. Die Stollen ähnelten denen in Saal an der Donau, wo wie in Großsachsenheim 14m breite Hallen vorgesehen waren[224]. Gerüchten zur Folge sollte die Güterbahnlinie, welche vom Bunkerwerk »Stoffel« in Vaihingen/Enz nach Enzweihingen führt, von dort zum Flugplatz verlängert werden[225].

Ob es auf dem Flugplatz tatsächlich Aktivitäten bezüglich der Me 262 gab, ist nicht verbrieft. Einige Gegebenheiten lassen aber diesen Schluss zu. Zum einen sind auf einer Luftaufnahme vom 17. Dezember 1944 zwei Me 262 in der Nähe des Wäldchens des alten Sachsenheimer Sportplatzes zu erkennen, zum anderen berichten Zeitzeugen, dass mindestens einmal Düsenlärm vom Flugplatz zu hören war (was allerdings auch von Andreas Schlittmeier vom Flugzeugüberführungsgeschwader 1 stammen konnte, welcher am 14. Januar 1945 in Großsachsenheim wegen technischer Probleme auf dem Weg nach Giebestadt mit seiner Me 262, Werknummer 50053, landen musste[226]). Weiterhin war der Platz in die Liste der »Industrie für Strahlflugzeuge auf Flugplätzen« vom 24. Januar 1945 eingetragen[227], und nach dem Krieg berichtete der französische Pilot Jean Serrail, der im April 1945 auf den Platz Großsachsenheim mit seiner Groupe de Chasse I/7 »Provence« verlegte, dort gesprengte Me 262 Wracks vorgefunden zu haben[228].

Anhand der hier abgebildeten Karte aus den Dokumenten des »Fertigungsausschuss F2« (Messerschmitt) ist zu erkennen, dass im Dreieck Leonberg, Vaihingen/Enz (»Stoffel«), Großsachsenheim/Unterriexingen tatsächlich Stand Juli 1944 größeres geplant war, was jedoch aufgrund der sich zuspitzenden militärischen Lage nicht mehr realisiert werden konnte, aber bereits begonnen wurde.

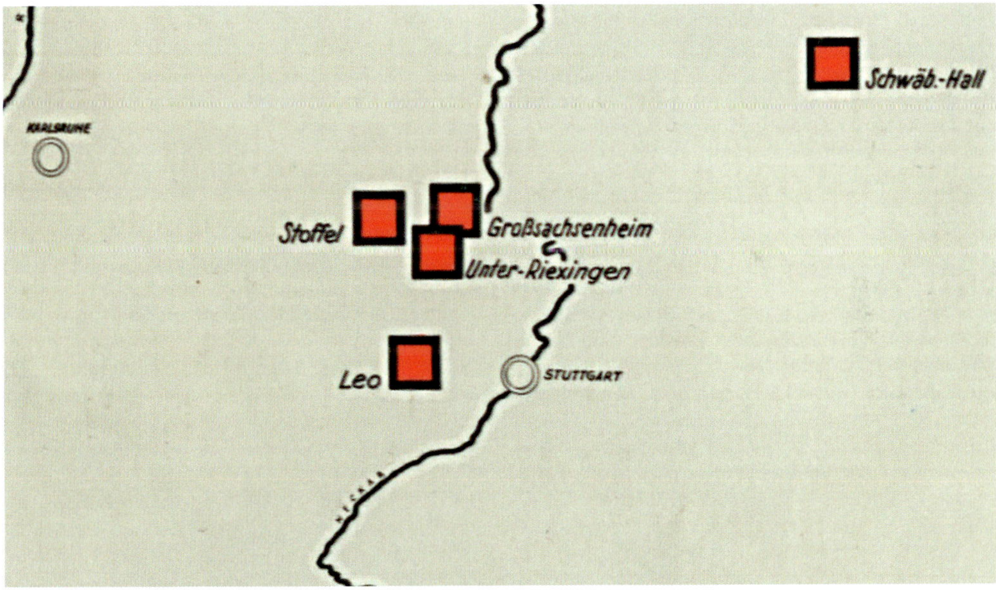

Verlagerungsplan Messerschmitt AG Augsburg vom Juli 1944[229] (siehe auch Anhang D)

[223] RL 3/9, S. 734f. und RL 3/9 S. 744f., Jägerstabbesprechung vom 3. Juli 1944

[224] Mercedes-Benz Classic, Archive, 1 V 003, 0022 II

[225] Ade-Thurow, Geschichte des Militärstandorts Sachenheim, Die Mörin Heft 74/2013, S. 24

[226] Flugbuch von Uffz Andreas Schlittmeier (Karl Rentschler)

[227] RL 2-II/17, Lw.Führungsstab Ia 875/45 g.Kdos. (Ia/Flak(op 2)), Bekanntgabe des Flakschutzes für Strahlerplätze mit Stand vom 24.1.1945, Punkt II Industrie für Strahlflugzeuge auf Flugplätzen

[228] Le Fanatique de l´Aviation Nr. 40, S. 26; Serrail flog nach dem Krieg erbeutete Me 262 in Frankreich nach, er wusste also recht genau was er beschreibt

[229] BArch-MA RW 19/3141

7.1 Presswerk Leonberg

In Leonberg wurde am 5. November 1938 Deutschlands erster Autobahntunnel eröffnet, welcher in zwei etwa 300m lange Röhren den Engelberg durchquerte und von der Baufirma Dyckerhoff & Widmann AG erstellt wurde.
Am 14. Oktober 1943 wollte Göring beim Reichsverkehrsminister anfragen lassen, welche Tunnel er für die Verlagerung der Flugzeugproduktion zur Verfügung stellen könnte[230]. In einer Besprechung mit Willy Messerschmitt und Hermann Göring im Messerschmitt-Werk Regensburg am 2. November 1943 sprach der damalige, vom RLM eingesetzte Betriebsleiter Regensburgs, Roluf Lucht, die Verlagerungsstandorte Olympiatunnel Eschenlohe und Autobahntunnel Leonberg an. Mit Eschenlohe konnte man sofort beginnen, Leonberg jedoch war nach Aussage von Erhard Milch für ein Walzwerk und »Kugellager für Schweinfurt« bestimmt[231].
Willy Messerschmitt bat in einem Schreiben vom 6. März 1944 an den Gauleiter Württembergs um die Überlassung der neu errichteten Kasernen als Ergänzung für die Jägerproduktionsverlagerung im Engelbergtunnel[232]. In einer Denkschrift vom 16. März 1944 sah er neben dem Tunnel in Eschenlohe (siehe Kapitel 6.9) den Leonberger Autobahntunnel als idealen Verlagerungsort an[233]. Bei der ersten Fahrt im Rahmen des »Unternehmen Hubertus« ordnete man die sofortige Aufnahme der Arbeiten im Engelbergtunnel an, da die Produktion der Tragflächen auf dem Fliegerhorst Gablingen von der amerikanischen Aufklärung entdeckt wurde und man eine Bombardierung der Produktion befürchtete[234]. Bereits am 25. März wollte man den Tunnel beziehen, dafür sollte provisorisch eine Pressluft- und eine Stromleitung im Tunnel verlegt werden, auch die noch nicht fertigen Kasernengebäude in Leonberg sollten für Messerschmitt bereitstehen.
Ab Anfang März 1944 wurden unter strenger Geheimhaltung die Vorbereitungen begonnen, dafür verantwortlich zeichnete sich die OT mit der Oberbauleitung in Stuttgart. Zeitgleich mit der Baustelle »Stoffel« in Vaihingen/Enz und der Verlagerung der Endmontage der Me 262 nach Schwäbisch Hall begann man im April 1944 mit den Arbeiten. Der Tunnelbereich und die obere Seestraße wurden abgesperrt, auswärtige Baufirmen begannen mit der Einrichtung der Baustellen, die Firma Louis Rostan mit Sitz in Friedrichshafen begann mit Infrastrukturarbeiten und dem Bau von Baracken auf dem Grünstreifen der Autobahn und vor den Tunnelröhren, in denen 500 polnische und russische Zwangsarbeiter untergebracht wurden. Diese Firma war anschließend bis April 1945 mit Erd- und Tiefbauarbeiten beschäftigt und hatte ihr Büro ebenfalls in einer solchen Baracke, genauso wie die Fa. Dyckerhoff & Widmann welche für den zweigeschossigen Ausbau der Tunnelröhren zuständig war.
Mit zunehmender Bedrohung durch Fliegerangriffe wurden die Büros in das Obergeschoss der westlichen Tunnelröhre verlegt. In den Baracken waren ebenfalls eine Latrine für die Belegschaftsmitglieder sowie ein Behandlungsraum des Unterstabsarztes, eine Kantine für Angestellte der OT, der Fa. Messerschmitt und der Baufirmen sowie die Unterkunft für 30 Leute des Werkschutzes von Messerschmitt untergebracht. Die Firma Dyckerhoff & Widmann war außerdem für den Bau von Schutzmauern vor den Tunnelportalen zuständig, welche vor Tieffliegerangriffen schützen sollten. Dazu wurde im Römerweg in Leonberg ein Betonwerk errichtet, in welchem Fertigteile für die Tunnel-Zwischengeschosse und später auch Fertigteile für das »neue Lager« gefertigt wurden. Das KZ Natzweiler schickte ein Vorauskommando mit Bauleiter, am 10. April 1944 kamen die ersten Häftlingstransporte in Leonberg an. Die Häftlinge mussten beim Aufbau des ersten Lagers mithelfen (später »altes Lager« genannt). Zuständig für die Planung und Ausführung war Eberhardt Schmidt von der Messerschmitt AG, der auch die Architekten Arno Lamprecht und Heinrich Osthus aus Stuttgart mit der Planung und Ausführung beauftragte.
Gebaut wurde erst ein provisorisches Barackenlager, bestehend aus acht 33m bzw. 36m langen und 8m breiten Wohnbaracken (RAD-Baracken), einem Wirtschaftsgebäude, einer Waschbaracke, einem Leichenhäuschen, einem Aborthäuschen sowie einer Kranken-Revierbaracke. Das Lager wurde sehr schnell aufgebaut, es verfügte über keine richtigen Wege, sondern nur über platt gestampfte Erde was dazu führte, dass die Wege schnell verschlammten, sodass die Häftlinge teilweise bis zu den Knien darin versanken[235]. Die Baracken hatten keine

229 BArch-MA RW 19/3141
230 BArch-MA RL 3/61 S. 358, Besprechung RM mit GL und Industrierat am 14. Oktober 1943
231 ebenda, S. 170f., Besprechung am 2. November 1943 in den Messerschmitt-Werken Regensburg
232 IWM, Ref. No. F.D. 4355/35 Volume 6, S. 386, Schreiben Messerschmitt an Gauleiter Murr vom 6. März 1944
233 ebenda, W. Messerschmitt, Sicherung der Jäger- und Zerstörerfabrikation gegen Luftangriffe
234 BArch-MA RL 3/1, S. 263, Schlussbesprechung bei Messerschmitt, Augsburg, 10.3.44 13 Uhr
235 Bauer/Wörner, Leonberg, S. 85

Betten oder Stroh, die Häftlinge mussten auf dem blanken Boden schlafen[236]. Später hatten die Baracken Dreistöckige Holzpritschen mit Strohmatratzen. Eine Baracke war mit 300 Mann belegt, wobei später durch den Schichtdienst doppelt belegt werden konnte, teilweise wurde sogar dreifach belegt sodass zwei Häftlinge auf einer Holzpritsche schlafen mussten.

Die Messerschmitt AG in Augsburg schickte einen Aufbaustab, welcher als Partner der OT die Montage im Tunnel planen sollte. Von dort an wurde das Projekt als »Presswerk Leonberg« bezeichnet, unter dieser Bezeichnung wurde auch nach außen Kommuniziert. Betriebsführer war Wilhelm Ernst Kittelmann (daher auch der Messerschmittinterne Tarnname »Kittelberg«, von offizieller Stelle vergebener Tarnname war »Reiher«), welcher am 2. Februar 1945 von Willi Kirchhammer abgelöst wurde, da unter seiner Leitung das Werk nicht die vorgegebenen Produktionszahlen erfüllte[237]. Kirchhammer war Leiter der Halle 2 und seit Juni oder Juli 1944 in Leonberg[238]. Büros für die Messerschmitt-Leute waren in unmittelbarer Nähe der Tunnels untergebracht.

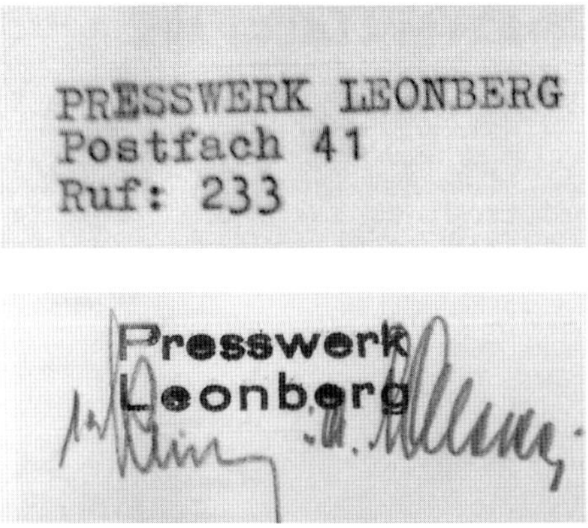

Briefkopf und Stempel auf einem Brief des Presswerks. (Stadtarchiv Leonberg)

Vorbild für den Ausbau der Tunnelröhren war der verlagerte Messerschmitt-Betrieb im Olympiatunnel bei Eschenlohe, welcher ebenfalls teilweise mit einer Zwischendecke und Schutzwänden vor den Eingängen versehen wurde, in welchem 1944 sämtliche Werkzeugmaschinen Messerschmitts untergebracht und alle mechanisch hergestellten Teile der Bf 109 und für den Rumpf der Me 262 hergestellt wurden. Dieser Verlagerungsbetrieb verfügte über 500m lange Röhren und ca. 6000m² Produktionsfläche, was etwa 2/3 der Fläche in Leonberg entsprach.

Die Leonberger Röhren waren jeweils 300m lang, 9,5m breit und in der Mitte 8,4m hoch, mit den Zwischendecken erhielt man so eine Produktionsfläche von ca. 14.750m². Die Zwischendecke ruhte auf Pfeilern aus Doppel-T-Trägern, deren Unterteil man für eine bessere Standfestigkeit aufgetrennt und auseinandergebogen hatte. Das Obergeschoss verband man mit zahlreichen Treppen.

Die Betonwände vor den Tunnelportalen waren gegeneinander versetzt, sodass lediglich ein Mann hindurch kam. Der Eingang der unteren Röhre war breiter, da hier die fertigen Tragflächen ausgeliefert wurden. Die beiden Röhren wurden im Inneren mit einem Querstollen mit einem Querschnitt von 4m versehen, außerdem mussten Zwangsarbeiter einen 22m langen Lüftungsschacht anlegen.

Nach dem Einbringen die Zwischendecke wurde in allen Ebenen elektrisches Licht installiert, außerdem wurden elektrische und pneumatische Anschlüsse für die Produktion angebracht. Für die elektrischen Anschlüsse verlegte man ein Kabel zum Tunnel und errichtete ein eigenes Trafohäuschen. An der Decke wurden im Bereich der Tragflächenmontage Schienen verlegt, an denen Laufkatzen für die Hebezeuge liefen. Die Firma Siemens installierte Fernmeldeanlagen.

Die Wasserversorgung war sehr aufwendig, man brauchte für den Bau 9 Monate. Im Glemstal pumpte man aus 5 Grundbrunnen mit einer eigenen Pumpstation das Wasser 3km weit über 100 Höhenmeter hinweg an der Autobahn entlang bis auf den Hochbehälter »Heide«, sodass frühestens im Dezember 1944 fließend Wasser im Tunnel zur Verfügung stand und die Aborte benutzt werden konnten. Eine Abwasserleitung existierte keine, der offene Abwasserkanal mündete in einem See der im Frühjahr, als die Aborte im KZ auftauten, überschwemmt wurde und es in Leonberg derart begann zu stinken, dass sich die Menschen beschwerten; außerdem hatte man Angst, dass das in die Glems geschwemmte Wasser mit Krankheitserregern versetzt wurde. Wie es den Menschen im KZ erging interessierte niemanden.

Ursprünglich war das Werk nach dem Lieferplan 223 vom 15. Juni 1944 ausgelegt, worin ab Mai 1944 eine Stückzahl von 60 Maschinen erreicht werden soll-

236 Bauer/Wörner, Leonberg, S. 90

237 Bachelorarbeit von Katharina Fuchs, Universität Stuttgart, Historisches Institut, Das Außenlager Leonberg des KZ Natzweiler; siehe auch StAL EL 902/14, Bü. 3205, Entnazifizierungsprozess Walter Hartmann, Gerichtsverhandlung vom 19. April 1948, Schlussprotokoll des französischen Militärtribunals in Rastatt vom 19. April 1948

238 Ebenda; Kittelmann wurde zu 10, Kirchhammer zu 5 Jahren Zuchthaus verurteilt da sie beide schuldig gesprochen wurden, Häftlinge misshandelt und zwei Typhus-Epidemien billigend in Kauf genommen haben

Ausschnitt eines Luftbildes vom 17. Februar 1945. Gut zu erkennen sind die Baracken auf den südlichen Fahrstreifen und das »alte Lager« südwestlich der beiden Tunnelportale. (Luftbilddatenbank Dr. Carls)

te, die sich im Dezember 1944 auf 125 und im Dezember 1945 auf 800 Maschinen im Monat erhöhen sollte. In den darauffolgenden Monaten wurden die Produktionszahlen mit den Lieferplänen 223C, 224, 224B und 225 noch einmal korrigiert. Ab Einsetzung des Jägerstabs am 1. März 1944 wurden die Zahlen aber drastisch erhöht, so sollten laut Lieferplan 226 im Dezember 1944 nicht mehr nur 125, sondern 250 Maschinen pro Monat gefertigt werden sollten. Diese Zahl steigerte sich am 22. Juli 1944 noch einmal mit dem Lieferplan HDL (nach dem Hauptdienstleiter Saur benannt), in welchem im Dezember nun 500 Maschinen pro Monat und im Juni 1945 1000 gefertigt werden sollten. Diese Steigerung von ursprünglich 125 auf 500 Maschinen im Monat war so bei der Planung der Fabrik nicht vorgesehen weshalb diese Vorgabe auch nie erfüllt werden konnte[239].
Ab Juni 1944 kamen Flugzeugtechniker von Messerschmitt in Leonberg an, im Laufe des Juli 1944 begann die Produktion. Zugeführt wurden die Rohteile über die Seestraße und über eine Kleinbahn, genannt das »Gleisle«, mit welchem früher der Gips des Gipswerkes zum Bahnhof transportiert wurde und was man zum Tunnel verlängert hatte. Als es im November 1944 zu Rationierungen des Benzins für die Transportfahrzeuge kam, behalf man sich mit Ochsenkarren welche die fertigen Tragflächen durch Leonberg zum Bahnhof transportierten[240].
In Leonberg existierten zahlreiche Zulieferbetriebe, die allerdings bis heute kaum bekannt sind, da alles geheim gehalten wurde. Eine größere Fertigungsstätte befand sich in der Eltinger Glemsturnhalle, in welcher von Messerschmitt-Vorarbeitern und zahlreichen KZ-Häftlingen auf Dreh- und Fräsmaschinen Beschläge, Lagerungen und Betätigungselemente für Vorflügel, Querruder und Landeklappen hergestellt wurden. Außerdem wurden in der Leonberger Altstadt zahlreiche Kleinbetriebe beschlagnahmt, deren Inhaber zum Kriegsdienst eingezogen wurden und deren Betriebe gerade ruhten, wie z.B. die Schreinerei Kaufmann wo man vermutlich Hilfsmittel für die Lagerung, Transportkarren für den Tragflügeltransport innerhalb der Tunnel sowie Vorrichtungen aus Holz herstellte. Außerdem wurden diverse Lokalitäten für Lagerräume benutzt oder die örtliche Frisörstube für die Messerschmitt-Mitarbeiter beschlagnahmt.
Im Herbst 1944 entstand unweit des »alten Lagers« das »neue Lager«, welches in Massivbauweise erstellt wurde. Die Pläne sahen vier zweigeschossige Unterkunftsbaracken mit 40m Länge und 10m Breite für je 250 Mann vor. Die Häuser waren in der Mitte geteilt, jede Hälfte hatte in der Mitte ein Trep-

Südportal, Röhre Heilbronn - Stuttgart, mit Splitterschutzmauern. (StAL, EL 75 VI a Nr. .6376)

penhaus ohne Geländer an welches pro Stockwerk vier Räume anschlossen, welche mit je 40 bis 50 Häftlingen belegt wurden[241]. Die Sanitäranlagen im Untergeschoss waren wesentlich besser als im alten Lager, im mittleren Gebäude in der Seestraße befand sich auch der Reparaturbetrieb für die Häftlingskleidung und der Holzschuhe. Außerdem waren ein Küchengebäude und ein Krankenrevier vorgesehen. Das Gelände war mit vier Wachtürmen umstellt, die Wachbaracke befand sich außerhalb des umzäunten Geländes. Als die ersten Häftlinge einzogen, waren die Gebäude in einem unterschiedlichen Ausbauzustand, teilweise waren noch keine Fenster und Türen montiert, manche Gebäude befanden sich quasi noch im Rohbau.
Im »Presswerk Leonberg« wurden komplette Tragflügel für die Me 262 hergestellt, welche anschließend nach Schwäbisch Hall und Leipheim geliefert wurden. Alle für dieses Flugzeug hergestellten Tragflächen kamen aus Leonberg, insgesamt sind über 2000 Stück hier gebaut worden. Die 6,175m lange und 2,38m breite Flügelhälfte bestand aus fünf Großbauteilen: dem Hauptholm aus Stahl mit

[239] StaM SpkA K 1165, S. 13 f., Rakan Kokothaki, Fremdarbeiterbehandlung in den Messerschmitt-Werken
[240] Bauer/Wörner, Leonberg, S. 247
[241] ebenda, S. 93f.

Doppel-T-Querschnitt (welcher Kolb & Schüle in Göppingen und der Heidenheimer Kattunfabrik hergestellt wurde[242]) und vier unterschiedlich großen, kastenförmigen Tragflächensegmenten. Das größte Segment war das rumpfseitige, es nahm das Hauptfahrwerk und das Strahltriebwerk auf.
Die Tragflächensegmente wurden in speziellen Vorrichtungen aus vorgefertigten Aluminium-Rippen und -Profilen zusammengebaut, indem sie erst geheftet und anschließend vernietet wurden. Anfangs baute man die Teile in provisorischen Vorrichtungen die meist aus Holz bestanden, später wurde jedoch auf massive Vorrichtungen und Fließbandfertigung umgestellt[243]. In die jeweiligen Segmente wurden die Lagerungen für Vorflügel, Querruder und Landeklappen eingearbeitet. Anschließend wurden die Teile in einer Helling zusammengeschraubt und genietet, dann wurden im offenen Tragflügel die Hydraulik-, Pressluft- und Elektrikleitungen eingezogen sowie die Gestänge für die Querruder und Landeklappen eingebaut. Anschließend wurde der Tragflügel mit Blechen durch Vernieten beplankt. Zum Schluss wurden die Fahrwerksbeine eingebaut, welche in einer Zelthalle in Münchingen vormontiert wurden[244], gebaut wurden sie in Rüsselsheim bei Opel[245] und bei der Firma Electron-Co. M.b.H. in Stuttgart-Bad Cannstatt[246]. Ein weiterer Zulieferer für Einzelteile der Tragflächen war die Firma Gutbrod in Plochingen[247], hier war außerdem eine weitere Tragflächen-Produktionslinie geplant[248].
Unterlagen über den genauen Arbeitsablauf in Leonberg gibt es nicht mehr, durch Befragung von Zeitzeugen konnte dieser aber rekonstruiert werden[249], außerdem existiert im Archiv von Airbus Space and Defence noch eine sehr detaillierte Fertigungsbeschreibung des Tragflügels (siehe Kapitel 4.4).
Im Tunnel wurden rohe Blechtafeln angeliefert, die im Obergeschoss geschnitten wurden und dann ins Untergeschoss kamen, hier wurden sie in Pressen geformt. Die Fertigung der Tragflügelspitze erfolgte in der westlichen Röhre, die Fertigung des »Rumpfteils« in der östlichen Röhre wo die Bleche durch den Verbindungsgang transportiert wurden. In der östlichen Röhre erfolgte nach der Endkontrolle die Behebung von Mängeln im Obergeschoss, danach kamen die Bauteile wieder eine Etage tiefer in die westliche Röhre zurück. Hier erfolgte ebenfalls eine Endkontrolle und Schadensbehebung der Tragflügelspitze.
Der Tragflügel selbst bestand aus vier einzelnen Segmenten, welche vorgefertigt wurden und am Ende in einem Förderband mit dem Stahlholm verbunden wurden. Vermutlich wurden diese Teilsegmente in der oberen Etage zusammengebaut und anschließend an die jeweilige Station an das eine Etage tiefer liegende Fließband weiter gegeben. Die Segmente wurden anschließend durch Nieten mit pneumatischen und elektrischen Niethämmern zusammengefügt. Wo man auf der gegenüberliegenden Seite nicht mehr mit dem Hammer gegenhalten konnte, wurden Sprengnieten verwendet. Es existierte ein bereits erwähntes primitives Fließband, auf dem die Rohbaugruppen auf Wagen von Station zu Station weitergeschoben wurden. Das Fließband war an den Enden durch Kurven miteinander verbunden, wodurch sich ein »Ovaförderer« ergab (siehe Kapitel 4.3, hier auch Bilder einer vergleichbaren Anlage zur Produktion von Tragflächen der Bf 109 bei der Erla Maschinenfabrik Heiterblick bei Leipzig).

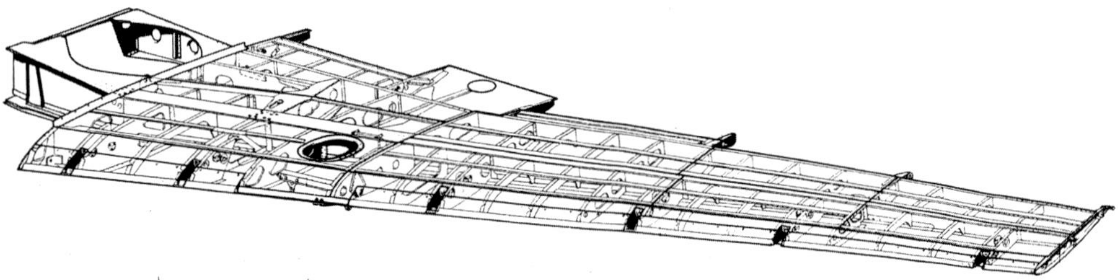

Ein Tragflügel mit seinen zahlreichen Rippen und montierten Vorflügeln.

242 Airbus Corporate Heritage, Zentralplanung Serie, Messerschmitt AG Augsburg, Unterlieferanten
243 BArch-MA RL 3/9, S. 750, Jägerstab-Besprechung vom 3. Juli 1944
244 USSBS Aircraft Division, Messerschmitt AG Augsburg, Exhibit A-A1
245 USSBS Munitions Division, Adam Opel, Russelsheim, S. 4
246 BArch-MA RL 3/61, S. 134
247 Zeugenaussage eines ehemaligen Mitarbeiters, über Otfried Jaus, Chronist der Fa. Gutbrod
248 Messerschmitt AG Augsburg, Übersicht über die wesentlichen Verlagerungen Augsburg
249 Bauer/Wörner, Leonberg, S.127

Auf diesem Bild sieht man die beiden übrig gebliebenen Schienenpaare des Förderbandes unter dem Schutt nach der Sprengung der Tunnels in Leonberg nach dem Krieg[250].

Nach den Bearbeitungsvorgängen wurden die Bauteile gereinigt, in dem mit einem Holzhammer auf die Teile gehauen und die hochspringenden Späne abgesaugt wurden. Anschließend wurden die beiden Tragflächenhälften zusammengefügt. Die Fahrwerke wurden komplett angeliefert, auf Funktion geprüft und in die Tragflächen eingebaut. Am Ende der Röhre war eine Tür aus Holz und Stahl, welche wie eine Ziehharmonika zusammengeschoben werden konnte sodass der Tragflügel hindurch passte. Die Flächen wurden an einer Böschung der Autobahn Richtung Eltingen unter Tarnnetzen gelagert, bis sie dann in drei oder vier Lagen gestapelt mit Filzpolstern getrennt zum Bahnhof gebracht wurden. Später lagerte man auch zahlreiche Tragflächen auf der Autobahn (siehe Luftbild). Der Transport erfolgte per Bahn nach Schwäbisch Hall oder Leipheim, als das Bahnnetz aufgrund von Bombenangriffen nicht mehr benutzbar war wurden die Tragflächen nachts auf LKWs zu den Endmontagestätten transportiert. Seit Mai 1944 wurde das Werk täglich von den Alliierten durch Luftaufnahmen observiert, wobei man dutzende von Tragflächen feststellen konnte.

Man vermutete richtig, dass hier der einzige Produktionsstandort für Tragflächen der Me 262 war. Man plante die Tunnel zu bombardieren und fertigte Längsschnitte der beiden Röhren an, stellte jedoch fest, dass man keine Bomben hatte welche eine Durchschlagkraft aufwiesen, um in die Tunnel in dieser Tiefe zu erreichen. Aus diesem Grund gab man im November 1944 dieses Vorhaben wieder auf[251].

Insgesamt arbeiteten etwa 1000 bis 1500 ausländische und deutsche Messerschmitt-Mitarbeiter und 2000 bis 2500 KZ-Häftlinge im Engelbergtunnel, wobei pro Schicht etwa 1500 bis 1750 Menschen beschäftigt waren. Die KZ-Häftlinge wurden in anderen KZs speziell ausgewählt, so bevorzugte man Schlosser, Monteure, Mechaniker, Werkzeugmacher, Dreher, Fräser und Spengler. Über die Arbeitszeiten gibt es viele verschiedene Aussagen, am wahrscheinlichsten sind zwei Schichten von 6-18 Uhr sowie 18-6 Uhr. Gearbeitet wurde jeden Tag,

[250] StaL EL 75 VI a Nr 6381 Bild 1

[251] Korsten/Röhm, KZ-Gedenkstätte Leonberg, S. 47

Vergrößerter Ausschnitt des Luftbilds vom 17. Februar 1945. Gut zu erkennen die Tragflächen, welche entlang der westlichen Trasse gelagert wurden. (Luftbilddatenbank Dr. Carls)

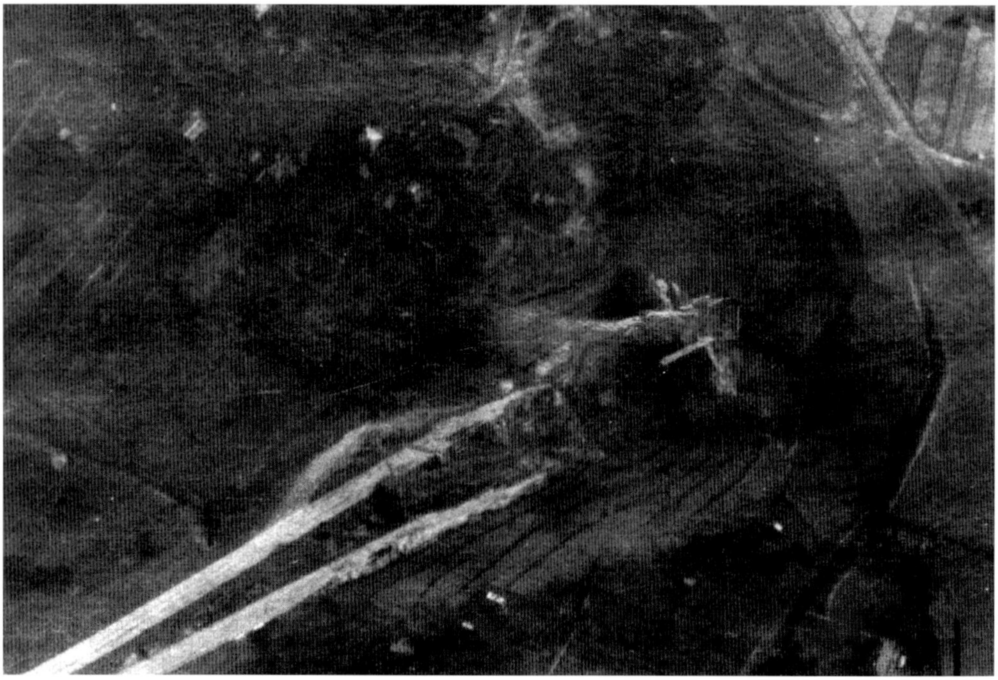

Vergrößerter Ausschnitt des Luftbilds vom 17. Februar 1945. Die nördlichen Tunnelportale lagen direkt nebeneinander. Davor lagerte man wohl Rohmaterial und anderes Gerät, vermutlich aus einem Schornstein direkt hinter den Portalen steigt Rauch auf. (Luftbilddatenbank Dr. Carls)

Die Nordportale vor dem Wiederaufbau. (StAL, EL 75 VI a Nr. 6375)

rund um die Uhr. Messerschmitt entrichtete für jeden Facharbeiter 6,- RM, für jeden Hilfsarbeiter 4,- RM pro Tag an die SS[252].

In den Tunnels gab es keine Heizung, in den Wintermonaten herrschte eiskalter Durchzug, die Häftlinge waren nur mit leichter Kleidung bekleidet. Es war ständig feucht, bei Fliegerangriff wurden die Tunnelportale geschlossen. Die Luft war erfüllt von Gestank und gesundheitsgefährdenden Staub, es herrschte unglaublicher Lärm durch die Pressen, Blechschneidemaschinen, Nietwerkzeuge, Kompressoren und Fräsen. Zudem waren die KZ-Häftlinge völlig unterernährt, lebten im Dreck und froren ständig. Sobald ein Häftling nicht mehr arbeitsfähig war, wurde er durch die SS »ausgetauscht«, es kamen immer genauso viele »arbeitsfähige« Häftlinge nach Leonberg wie nach Natzweiler zurückgeschickt wurden.

Die mangelnde Hygiene im Lager, die unzureichende Ernährung und die erzwungene körperliche Nähe der Häftlinge untereinander führte bald zum Ausbruch von Seuchen. Im Januar 1945 brachen Typhus und Ruhr aus, was zu einem Massensterben führte. Im Dezember waren es noch 12 Tote, im Januar 51 und im Februar 162. Trotz, dass schon bei der Errichtung des Lagers vom Amtsarzt Dr. Krauter und vom Gewerbeaufsichtsamt vor einer derartigen Gefahr gewarnt wurde, hatten weder Messerschmitt noch die SS etwas dagegen unternommen und das Sterben billigend in Kauf genommen. In einem Brief vom Gewerbeaufsichtsamt vom 22. November 1944 war zu lesen: *»Ganz und gar unhaltbar sind die Verhältnisse in den KZ-Aborten in- und außerhalb des Tunnels. Bis zu den Knochen watet man im Kot und in breiter Fläche ergießt sich das Urin-Kotgemisch über den Hang«.*

Im Februar begann man damit, die Kleider der Häftlinge zu desinfizieren, die Häftlinge selbst konnten sich jedoch nicht waschen. Nachdem bis Dezember 1944 die toten in Stuttgart auf dem Pragfriedhof verbrannt wurden, verscharrte man die Opfer der Seuchen in Massengräbern auf dem Gelände des Blosenbergs. Hier wurden 1953 im Rahmen von Umbettungsmaßnahmen 373 Leichen aus den Massengräbern gezählt. Wie viele Menschen tatsächlich im KZ Leonberg ums Leben kamen, ist heute nicht mehr zu ermitteln und dürfte deutlich höher liegen.

Um den 18. April 1945, das genaue Datum ist nicht

252 Bauer/Wörner, Leonberg, S. 138; Forderungsnachweis Nr. 180144 über den Häftlingseinsatz, 1. November 1944

bekannt, begann Messerschmitt die Maschinen wegen den anrückenden Alliierten aus den Tunnels zu verladen und nach Kaufering zu schaffen. Um den 15. April wurde begonnen das KZ zu räumen, die Häftlinge mussten zu Fuß nach Esslingen marschieren, durch das zerstörte Stuttgart hindurch. Diejenigen die nicht mehr konnten wurden auf dem Weg von den SS-Wachmännern erschossen. In Esslingen wurden die ausgemergelten Menschen in Waggons gepfercht, bis zu 100 Menschen wurden in einen Waggon gequetscht. 30 starben auf der Fahrt, 26 wurden »auf der Flucht erschossen«. Die verbleibenden Häftlinge wurden auf Kaufering und Mühldorf aufgeteilt, wobei 1989 Menschen nach Kaufering und 724 nach Mühldorf verbracht wurden. Einige wurden kurz darauf auf weitere planlose Märsche geschickt oder in Eisenbahnwaggons quer durch Bayern geschickt, wo sie schutzlos Tieffliegerangriffen ausgesetzt waren.

7.2 Zelthalle Münchingen

In Münchingen bei Stuttgart kaufte das Reich 1939 Grundstücke in der Nähe des Bahnhofs, um dort eine Reichsgetreidehalle zu erstellen. Erbaut wurde die Lagerhalle vom Reichsbauamt in Ludwigsburg. 1944 erstellte die Messerschmitt AG in der Bahnhofstraße gegenüber dem Gasthof zum Bahnhof eine ca. 5x30m große Zelthalle[253], in der Zwangsarbeiter und Häftlinge aus dem KZ Leonberg Teile, Räder und Fahrwerke montieren mussten[254]. Die fertigen Teile wurden in der Reichsgetreidehalle zwischengelagert. Bis 1946 lagerten noch Teile von Messerschmitt neben einem Bandförderer, einer Sack- und einer Putzmaschine in der Halle[255].

7.3 »Stoffel« in Vaihingen/Enz

Die Firma Baresel AG, zu dieser Zeit noch mit Sitz in Stuttgart-Untertürkheim, baute 1903 die Bahnstrecke von Vaihingen/Enz nach Enzweihingen aus und gründete 1905 neben der Bahnstrecke einen Steinbruch, der später als einer der größten Kalksteinbrüche im süddeutschen Raum galt. Nach dem ersten Weltkrieg wurde der Steinbruch auf die andere Seite der Bahngleise hin erweitert, dadurch entstand eine zum Tal hin geschlossene, große Baugrube da die Bahn die beiden Steinbrüche in zwei Teile teilte. Das Steinmaterial wurde zu 95% per Bahn abtransportiert, wozu eine große Verladestation aus Beton erstellt wurde. 1920 verlegte die Firma die Reparaturwerkstätte von Stuttgart nach Vaihingen/Enz, da Daimler-Benz das Gelände in Untertürkheim für die Erweiterung seines Werkes benötigte.

1941 wurde der Steinbruch kriegsbedingt stillgelegt. 1944 wurde er dann von der in Ostfildern-Ruit bei Stuttgart befindlichen Forschungsanstalt Graf Zeppelin, welche zum Reichsluftfahrtministerium gehörte, für Versuche mit der Fi 103 (V1) genutzt, wobei erst von einer primitiven Metallrohrschleuder, später von einem originalen Heinkel-Katapult Flugkörper gegen die Steinbruchwand verschossen wurden. Anfangs benutzte man als Antrieb Walter-Dampferzeuger, später Schwarzpulverstangen in mehreren nacheinander gezündeten Öfen. Man verwendete anstelle der Flugkörper schwere Eisenklötze mit entsprechendem Gewicht, um Beschleunigung und Druckverlauf des Katapults automatisch aufzeichnen und später auswerten zu können[256]. Die Forschungsanstalt wurde 1941 von Prof. Georg Madelung gegründet, welcher mit Elisabeth Emma Messerschmitt verheiratet war, der Schwester von Willy Messerschmitt. 1944 hatte die Forschungsanstalt Graf Zeppelin 500 Mitarbeiter, sie hatte sechs selbstständige Außenstellen in Niedersonthofen im Allgäu (Wassereinschuss und Unterwassersprengungen), am Alatsee bei Füssen (Unterwasserschleppversuche), in Ehningen bei Reutlingen (Hochfrequenztechnik), in Degerloch bei Stuttgart (Akustik) und in Vaihingen/Enz (Schleuderprüfstand)[257].

[253] Zeitzeugen Herre und Küchle, aus Elfriede Samo, Auszüge aus den Vorarbeiten der Masterarbeit 2012, Fachbereich Geschichtswissenschaften, Universität Tübingen
[254] USSBS Aircraft Division, Messerschmitt AG Augsburg, Part B, Exhibit A-A1
[255] Gemeindearchiv Münchingen , Fragebogen zur Ermittlung über Getreidelagerhallen
[256] Dörner, Drei Welten ein Leben, S. 106
[257] ebenda, S. 105

Schotter-Abfüllanlage oberhalb der Baustelle. (Stadtarchiv Vaihingen/Enz)

Es ist durchaus denkbar, dass auch Willy Messerschmitt durch diese Verbindung auf den Steinbruch aufmerksam wurde. Roluf Lucht, zu dieser Zeit Betriebsführer von Messerschmitt Regensburg und vorher Chef des technischen Amtes LC II des RLM, gab am 2. November 1943 an, den Tunnel in Leonberg besichtigt zu haben.
Sicherlich hat er sich auch die nähere Umgebung angesehen. Hermann Göring hatte außerdem die Idee, *»in den Fels zu bauen, oder solche Gegenden auszunutzen, wo kein allzu großer Raum zwischen zwei Felsen ist, […], und dann eine Betondecke darüber ziehen. Dabei muss man darauf achten, dass in der Nähe eine Straße oder Bahnstrecke liegt«*[258]. Da der Autobahntunnel Leonberg schon im November 1943 in den Fokus des Amtes GL/C des RLM rückte (siehe Kapitel 7.1), fiel wohl auch der Steinbruch in den Focus der Planer. Die Rede ist sogar von einem »Speer-Pilz« der dort entstehen sollte[259].
Am 11. März 1944 wurde der Besitzer der Firma, Carl Baresel, angewiesen, zu dem damaligen Generalbevollmächtigten für das Bauwesen der Reichsbahndirektion nach Stuttgart zu kommen. Am Abend zuvor war der Jägerstab mit Generalfeldmarschall Milch in Stuttgart, welcher die Anweisung gab, im stillgelegten Steinbruch sofort eine unterirdische Fabrik für Messerschmitt zu bauen. Bei der Besprechung anwesend waren außerdem die Firmen Karl Kübler AG, die Firma Polensky & Zöllner, die Firma Beton und Monierbau sowie Vertreter des Architekturbüros Lambrecht und Osthus. Gebaut werden sollte das Bunkerwerk durch eine Arbeitsgemeinschaft aus drei Firmen, deren Führung die Firma Baresel AG zugesprochen wurde[260].
Der Jägerstab beschloss am 10. März 1944 während einer Reise im Rahmen des »Unternehmen Hubertus« zur Messerschmitt AG in Augsburg recht früh, den Steinbruch in Vaihingen/Enz für ein verbunkertes Flugzeugwerk auszubauen, man wollte hier die erst kürzlich nach Schwabmünchen verlagerte mechanische Fertigung unterbringen[261]. Der Landesplaner und Regierungsbaudirektor August Bohnert gab am 15. März 1944 eine negative Stellungnahme ab, seiner Meinung nach waren Stollen einfacher, mit weniger Materialeinsatz und durch weniger Arbeitskräfte zu erbauen als Großbunker, außerdem sprach er sich für mehr Einzelbetriebe aus, Mammutprojekte für mehr als 10.000 Arbeiter sah er als ungeeignet an da dies der feindlichen Auf-

258 BArch-MA RL 3/61 S. 170f., Besprechung RM mit GL und Industrierat am 14. Oktober 1943
259 Budraß, S. 870, Fußnote 1084; Dokumente im IWM, FD 4355/45, Folder 1,2 und 6
260 Festrede Carl Baresel anlässlich eines Betriebsausflugs nach Vaihingen/Enz, Hauptstaatsarchiv Stuttgart, Q 3/58 Bü 62
261 BArch-MA RL 3/1, S. 265, Schlussbesprechung Messerschmitt, 10.3.44 im Rahmen des »Unternehmen Hubertus«

Materiallager mit Verladegleisen und Panorama-Aufnahme der Baustelle. (Stadtarchiv Vaihingen/Enz)

klärung nicht verborgen bleiben würde[262]. Dies hatte jedoch keinen Einfluss auf die Entscheidung des Jägerstabs.

Bohnert bezog sich bei seiner Stellungnahme bezüglich Vaihingen/Enz auf die Projektskizzen der Architekten Lambrecht und Osthus, welche schon in Leonberg als Planer tätig waren. Die Architekten wollten im Inneren des Steinbruchs ein relativ dichtes Netz von Stützen mit sechsstöckigem Ausbau schaffen, welche mit 3,5m dicken, lamellenartigen Stahlbeton-Halbbögen überdacht werden sollten, die auf den angrenzenden Äckern gegossen und anschließend über die Pfeiler geschoben werden sollten[263].

[262] Stadtarchiv Vaihingen/Enz, Schreiben Regierungsbaudirektor Bohnert an Willy Messerschmitt vom 16. März 1944 sowie Stellungnahme der Planung gebunkerter, im Vergleich mit unterirdischen Anlagen, untersucht am Beispiel Vaihingen/Enz vom 15. März 1944

[263] Wendelgard von Staden, Nacht über dem Tal, S. 66

Anschließend sollte es mit Erde bedeckt werden, sodass es von der umgebenden Landschaft nicht mehr zu unterscheiden war. Ausgelegt war dieses Projekt für eine Produktionsfläche von insgesamt 80.000m² auf sechs Stockwerken, in denen 8.000 bis 10.000 Menschen beschäftigt werden sollten[264]. Anfangs war man sich über die Art des Innenausbaus noch nicht im Klaren, man wollte dies im Laufe der Bauarbeiten nachreichen. Erst am 15. Mai 1944 wurde im Jägerstab beschlossen, wie die Bunkerbauwerke, auch die inzwischen begonnenen in Kaufering und Mühldorf, im Innern auszusehen haben[265]. Am 3. Juli 1944 wurde im Jägerstab unter Anwesenheit Willy Messerschmitts beschlossen, dass dieses Bunkerwerk, welches den Decknamen »Stoffel« erhielt, für die Fertigung der Me 262 vorgesehen war. Als Fertigstellungstermin wurde frühestens der 31. Januar 1945 genannt, wobei man bereits ab

[264] Site Survey Report, 25. Sept. 1947, Vaihingen; Original NARA, Kopie im Stadtarchiv Vaihingen/Enz
[265] BArch-MA, RL 3/6 177 f., Jägerstabsbesprechung vom 15. Mai 1944

Das Konzentrationslager in Vaihingen/Enz. (Stadtarchiv Vaihingen/Enz)

15. November 1944 Pressen in das Werk schaffen wollte[266]. Im März 1944 wurden die Fundamente des Katapults für das Projekt »Stoffel« gesprengt, anschließend wurde das Gelände durch das staatliche Vermessungsamt Mühlacker vermessen[267].

Im Frühjahr 1944 wurde die Baustelle eingerichtet, mehrere hundert Bauarbeiter wurden vorläufig in der Volksschule untergebracht. Am 25. März wurde eine 500 KVA Stromversorgung für den Anlauf der Bauarbeiten durch den Jägerstab zur Verfügung gestellt[268].

Es wurden am Ensinger Weg, im Glattbachtal sowie im Egelsee Barackenlager gebaut, welche Material, Arbeitskräfte der OT sowie Fremdarbeiter (»Russenlager«, ca. 1000 Ostarbeiter sowie Volksdeutsche aus Jugoslawien und Rumänien) aufnehmen sollten. Weitere Arbeitskräfte der OT, vorwiegend Ingenieure, wurden in Vaihinger Gasthöfen untergebracht. Die Nebenbahn, welche nach Enzweihingen führt, stellte die Personenbeförderung ein, im Mai wurde das Bau- und Lagergelände weitläufig abgesperrt, Landwirte brauchten Passierscheine um ihre Äcker im Sperrgebiet bewirtschaften zu können. Die Oberbauleitung »Kiebitz« in Stuttgart plante im Juli 1944 zunächst 1000, später 2000 Häftlinge auf der Baustelle zu beschäftigen.

Im Frühsommer wurde dazu ein Konzentrationslager als Außenlager des KZ Natzweiler zur Aufnahme jüdischer Zwangsarbeiter gebaut. Anfang August wurden 2189 Häftlinge per Bahn in vier Viehwägen zusammengepfercht überstellt, welche aus dem KZ Radom stammten und in Auschwitz auf der »Rampe« »selektiert« und als arbeitsfähig eingestuft wurden[269]. Die Leitung der Bauarbeiten übernahm die

[266] BArch-MA RL 3/9, S. 743, Jägerstabsitzung vom 3. Juli 1944

[267] Das KZ vor der Haustüre, Beiheft 4 zur Schriftenreihe der Stadt Vaihingen/Enz im Selbstverlag, S. 14

[268] BArch-MA RL 3/1, Besprechung in der Reichbahndirektion Stuttgart am 10.3.44 Während der ersten Reise des »Unternehmen Hubertus«

[269] Das KZ vor der Haustüre, Beiheft 4 zur Schriftenreihe der Stadt Vaihingen/Enz im Selbstverlag, S. 15

Die Bodenfundamente. (Stadtarchiv Vaihingen/Enz)

Organisation Todt, ausgeführt wurden sie von einer Arbeitsgemeinschaft der Baufirmen Baresel AG, Beton- und Monierbau AG sowie der Karl Kübler AG (alle mit Sitz in Stuttgart)[270].
Es wurden zahlreiche Pfeiler auf ein Betonfundament am Boden der Anlage errichtet, welche die unterirdische Fabrik tragen sollten. Neben der Baustelle richtete man ein weit verzweigtes Arbeitsgleis ein, an welchem Baracken aufgestellt waren, in denen Unmengen an Eisenstangen, Zementsäcken, gezimmerten Bauelementen, Balken und zahlreichen anderen Bauelementen lagerten. Die Fremdarbeiter und KZ-Häftlinge mussten in 12-Stunden-Schichten arbeiten, an sieben Tagen die Woche. Beschäftigt wurden insgesamt 4356 Menschen, davon 545 deutsche Arbeitskräfte, 114 Arbeiter der OT, 1510 ausländische Hilfskräfte sowie 2187 KZ-Häftlinge[271]. Es wurden allerdings nicht alle Häftlinge gleichzeitig auf der Baustelle eingesetzt, die Anzahl der dort beschäftigten schwankt zwischen 2187 und 1561[272]. Trotz der harten Arbeit und der Unterernährung der Häftlinge sind bis November 1944 nur sechs oder sieben Personen aus dem Lager gestorben[273].
Die Baustelle wurde von den Alliierten aus der Luft entdeckt und mehrfach bombardiert. Vermutlich durch die näher rückende Front, oder weil man bei Messerschmitt immer mehr zu der Überzeugung kam, dass Oberirdische Bunkerungen durch die immer weiter gesteigerte Durchschlagkraft der alliierten Bomben keinen Sinn mehr machten[274], wurde

270 Scheck, Zwangsarbeit und Massensterben, S. 73
271 ebenda, S. 85
272 ebenda, S. 125
273 ebenda, S. 134
274 BArch-MA RL3/8399, Produktion und Einsatz der Jagdflugzeuge des Messerschmitt-Konzerns, 10.10.1944, S. 8

Man ist stellenweise bereits wenige Meter vor dem Bodenniveau. (Stadtarchiv Vaihingen/Enz)

die Baustelle Ende Oktober 1944 aufgegeben, einige Teile der Anlage waren bereits bis auf wenige Meter unterhalb des Bodenniveaus fertig gestellt[275]. Bis Mitte November wurden 1800 »arbeitsfähige« Häftlinge zum KZ des Fliegerhorstes Hessental bei Schwäbisch Hall (Endmontage Me 262) sowie in Außenkommandos der Lager Dautmergen und Bisingen gebracht.
Weitere 500 Männer kamen ins KZ Unterriexingen. Von diesem Zeitpunkt an wurde das KZ Vaihingen/Enz zum »SS-Kranken- und Erholungslager« umfunktioniert. Tatsächlich handelte es sich hier eher um ein »Sterbelager«, wohin kranke und nicht mehr »arbeitsfähige« Insassen anderer KZs abgeschoben wurden. Bis zur Befreiung des Lagers durch die 1. französische Armee am 7. April 1945 sind in diesem Lager 1579 Menschen gestorben. Der Steinbruch wurde nach dem Krieg verfüllt, auf dem Verlade-Areal befindet sich heute ein Industriegebiet. Der Steinbruch selbst wurde nicht überbaut, weshalb er aus der Luft recht leicht zu erkennen ist. Einige Fundamente, große Teile der Kiesabfüllanlage, eine Laderampe, ein ehemaliger Strommast, zahlreiche Gleisanlagen und einige übrig gebliebene Beton-Fundamente zeugen heute noch von diesem Projekt.

[275] Jules Schelvis, Eine Reise durch die Finsternis in Das KZ vor der Haustüre, sowie Beiheft 4 zur Schriftenreihe der Stadt Vaihingen an der Enz, Selbstverlag der Stadt Vaihingen/Enz

Luftaufnahme der Baustelle vom 16. März 1945 (Stadtarchiv Vaihingen/Enz): Gut zu erkennen der Steinbruch in Form eines Schiffsrumpfes mit den bereits fertigen Stützen und daneben das ausgedehnte Materiallager mit den Gleisen. Hinter der Bahnlinie entlang des Glattbaches schlängeln sich die Baracken der OT und anschließend das KZ »Wiesengrund«.

Gesamtaufnahme der Baustelle mit Blick nach Westen Richtung Illingen. (alle Bilder: Stadtarchiv Vaihingen/Enz)

Die Baustelle in einem sehr frühen Stadium, man kann die Löcher für die Fundamente der Stützen erkennen.

Aus dem Inneren der Baustelle, vereinzelt sind Arbeiter zu sehen.

Die Baustelle im Juli 1944 zu Beginn der Bauarbeiten; Erdaushub wird in Loren durch Durchbrüche in der Felswand nach draußen transportiert; weiter oben sind ebenfalls Stollen zu erkennen.

Panorama-Aufnahme der Baustelle in Richtung Westen; links die Schotter-Abfüllanlage der Fa. Baresel, davor zwei große Betonmischer; gut zu erkennen auch die Bahnlinie mit einem darauf fahrenden Zug; ein Kran ist über die komplette Länge der Baustelle fahrbar. (alle Bilder: Stadtarchiv Vaihingen/Enz)

Aus dem US-Bericht von 1947 mit Blick auf die Schotter-Abfüllanlage, zu erkennen sind die bereits bis an die Oberfläche fertig gestellten Stützen.

Gleiche Blickrichtung wie oben in Richtung Westen mit den fertig gestellten Stützen im September 1947.

Der Zustand im September 1947 bei einer Besichtigung einer amerikanischen »War Department Mission« mit Xaver Dorsch. (Stadtarchiv Vaihingen/Enz)

7.4 Flugplatz Großsachsenheim

Nur etwa sechs Kilometer vom Bunkerwerk »Stoffel« entfernt befand sich der »Einsatzhafen I. Ordnung« Großsachsenheim. Schon 1939 wurde ein Planentwurf vorgelegt, im Juli 1940 wurden die Grundstücke an das Luftgaukommando VII München verkauft (ein notarieller Kaufvertrag kam aber erst am 23. September 1941 zustande). Ab Oktober 1940 wurde mit dem Bau des Landguts begonnen, später wurden Unterkünfte der Wache, der Stabskompanie, sowie Mannschaftsunterkünfte, Bereitschaft, Gefechtsstand, Kantine, Kfz-Reparatur und Sanitärräume erstellt. 1941 wurde der Platz provisorisch freigegeben[276].

Bereits Anfang 1942 errichtete man in der Nähe des Platzes ein Barackenlager für französische Kriegsgefangene und ausländische Arbeitskräfte zum Bau einer betonierten Startbahn. Ab Mai 1943 wurde dieses Lager vom Arbeitsamt in Ludwigsburg in ein Krankenlager für ansteckende Krankheiten mit Entbindungsstation umfunktioniert, es bestand aus fünf großen und mehreren kleinen Baracken. In das Lager kamen schwangere Frauen die überwiegend aus Russland, Weißrussland, der Ukraine, Polen und Frankreich stammten. In diesem Lager kamen insgesamt 245 Kinder zur Welt. Von den eingelieferten Kranken mit ansteckender Krankheit sind vom 6. Mai 1943 bis 17. März 1945 675 verstorben. Diese wurden im nahegelegenen Friedhof bestattet, der Friedhof selbst existiert heute noch und wurde mit einem Mahnmal ausgestattet[277].

Nach der Fertigstellung der Startbahn 1942 bezog eine Schulflugstaffel den Platz (vermutlich Flugzeugführerschule A/B 116). 1944 war für wenige Wochen im April/Mai 1944 die III. Gruppe des JG

[276] Krohmer, Der Fliegerhorst Großsachsenheim, in »Die Mörin« Ausgabe 8/1996

[277] ebenda, S. 24 f.

In diesem Luftbild vom 13. September 1944 erkennt man zahlreiche Baracken links neben dem Luftwaffengut, vermutlich die runde Tankanlage in der Mitte des Bildes am Waldrand sowie links im Bild eine breite Schneise mit Abstellboxen für Flugzeuge und darunter ein großes Zelt. Über der Schneise im Wald erkennt man eine weitere, lange Baracke.[278]

301 (»wilde Sau«) stationiert. Von September 1944 bis Kriegsende waren hier die Bf 110 und Ju 88 der I. Gruppe der NJG 6 (Nachtjagdgruppe). Die Besonderheit dieses Einsatzhafens war die 1230x80m große, betonierte Landebahn, welche bereits seit 1942 bestand. Plätze von Einsatzhäfen wurden normalerweise nicht betoniert, in Ausnahmefällen nur dann, wenn der Untergrund für eine reine Graspiste nicht geeignet war.

Im November 1944 sollte Regensburg bei der Endmontage der Me 262 mit anlaufen, da hier aber noch die Bf 109 gebaut wurde musste der Anlauf von Messerschmitt Augsburg übernommen werden. Um das Liefersoll zu erfüllen, für die Wintermonate vorbereitet zu sein und Regensburg zu entlasten, musste Augsburg eine weitere Endmontagelinie einrichten. Hierzu wurde der Flugplatz Großsachsenheim wegen seiner langen, betonierten Startbahn ausgesucht, die Fertigung sollte in eine 7000m² umfassende, winter- und bombensichere Verlagerung untergebracht werden die monatlich 800 bis 1000 Maschinen produzieren konnte[279]: der U-Verlagerung »Galenit« in Unterriexingen. Der Werkbeauftragte der Messerschmitt AG, Professor Overlach, hatte aus Stuttgart erfahren, dass die Firma Dyckerhoff und Widmann dafür bereit sei. Im Juli 1944 war der Platz auf der Karte der Verlagerungen des Messerschmitt-Konzerns als Produktionsstätte der Me 262 aufgeführt[280], in der Liste der »Industrie für Strahlflugzeuge auf Flugplätzen« im Flakschutz der Strahlerplätze vom 24.1.1945 war Sachsenheim immer noch geführt[281], auf einer Luftaufnahme vom 17. Dezember 1944 sind zwei Me 262 auf dem Platz zu erkennen.

Nach dem Krieg berichtete der französische Pilot Jean Serrail, der die Me 262 später in Frankreich nachgeflogen hat und im April 1945 auf den Platz Großsachsenheim mit seiner »Groupe de Chas-

278 LAWB Q 2-36_Bue 182, Bild 3175, Nachlass Kurt Maier
279 RL 3/9, S. 734f. und 748f., Jägerstab-Besprechung vom 3. Juli 1944
280 BArch-MA RW/19/3141, siehe Anhang D
281 RL 2-II/17, Einsatz der Flakartillerie im Ostkampfraum

Ausschnitt eines Luftbilds vom Fliegerhorst Großsachsenheim vom 17. Dezember 1944 mit zwei Me 262.[282]

se I/7 Provence« verlegte, dort gesprengte Me 262 Wracks vorgefunden zu haben[283]. Welche Aktivitäten hier bezüglich der Me 262 tatsächlich stattgefunden haben, ist leider unbekannt.

Der Flugplatz wurde 1945 Bestandteil des »Silberprogramms«, die Start- und Landebahn wurden Anfang 1945 für den Einsatz von Me 262 Strahljägern verlängert, aber bis zum Ende der Nutzung des Platzes noch nicht fertig gestellt. Außerdem sollte Gerüchten zufolge das Gleis der Güterbahn von Vaihingen/Enz aus hierher verlängert werden[284]. Das geplante Ende der verlängerten Landebahn befand sich ganz in der Nähe der Enden der Stollen der im Bau befindlichen U-Verlagerung »Galenit« im nahelegenden Enzhang. Am 14. März 1945 wurde der Flugplatz mit Bombern angegriffen, 10 Bombentreffer wurden auf der Startbahn verzeichnet. Während diesem Einsatz ist in der Nähe eine P47D »Thunderbolt« abgestürzt, bei der der Pilot Lt. Kuppers ums Leben kam.

Entgegen den Voraussetzungen eines Einsatzhafens gab es in Großsachsenheim keinen Eisenbahnanschluss. Der Treibstoff für die Flugzeuge wurde in Tankwagen gelagert, die in einem Steinbruch an der

282 mit Genehmigung des Landesamts für Geoinformation und Landentwicklung Baden-Württemberg, 04.2017, Az.: 2851.3-A/990

283 Le Fanatique de l´Aviation Nr. 40, S. 26

284 Ade-Thurow, Geschichte des Militärstandorts Sachsenheim, in Die Mörin 74/2013, S. 4

In diesem Ausschnitt eines Luftbilds vom 26. März 1945 sieht man die Arbeiten an einer Verlängerung der Startbahn in Richtung Osten sowie die Reparaturarbeiten auf der Startbahn mit vom Steinbruch auf Loren herangebrachtem Material. (Luftbilddatenbank Dr. Carls)

Straße zwischen Großsachsenheim und Sersheim abgestellt wurden. Etwas weiter an dieser Straße befanden sich auch einige Munitionsbunker. Material wurde vom Bahnhof Großsachsenheim per LKW zum Flugplatzgelände transportiert. Auf dem Flugfeld im südlichen Eck gab es einen Tank, von welchem aus die Flugzeuge betankt wurden.
Vom Bahnhof Großsachsenheim aus fanden auch die Transporte der Zwangsarbeiter statt[285]. Vom Steinbruch an der Straße nach Unterriexingen befand sich eine Feldbahn bis zum Flugplatz, wo Zwangsarbeiter und KZ-Häftlinge vom KZ Unterriexingen Steine zum Ausbessern des Platzes bei Bombenangriffen in Loren zum Flugplatz schieben mussten. Nach dem Krieg wurde der Flugplatz (nicht die Startbahn, diese wurde gesprengt) von amerikanischen Einheiten benutzt, hier wurden mit atomaren Sprengköpfen ausgestattete Nike-Raketen stationiert.

[285] Schreiben vom 10.11.1944 von SS-Hauptscharführer Seuß an die Kommandantur des KZ Natzweiler

Luftbild vom 17. Dezember 1944, mit Genehmigung des Landesamts für Geoinformation und Landentwicklung Baden-Württemberg, 04.2017, Az.: 2851.3-A/990; im oberen Bildteil sieht man das Luftwaffengut, im Wald links daneben waren zahlreiche Gebäude. Südlich der Landebahn erkennt man das Krankenlager, verfolgt man die Straße weiter nach Unterriexingen im Süden streift man den Steinbruch und weiter nach Osten am unteren, rechten Bildrand die U-Verlagerung »Galenit«.

Auf diesem Ausschnitt eines Luftbilds vom 26. März 1945 erkennt man auf dem alten Sachsenheimer Sportplatz 3 abgestellte Ju 88 sowie ein getarntes, großes Zelt in der unteren rechten Ecke des Areals wo vermutlich die Tankstelle untergebracht war. (Luftbilddatenbank Dr. Carls GmbH)

Der Steinbruch im Ausschnitt eines Luftbilds vom 26. März 1945. (Luftbilddatenbank Dr. Carls GmbH)

Der Steinbruch an der Straße zwischen Unterriexingen und Großsachsenheim.[286]

Eine Baracke im Wald.[287]

[286] LAWB Q 2-36_Bue 13, Nachlass Kurt Maier
[287] ebenda

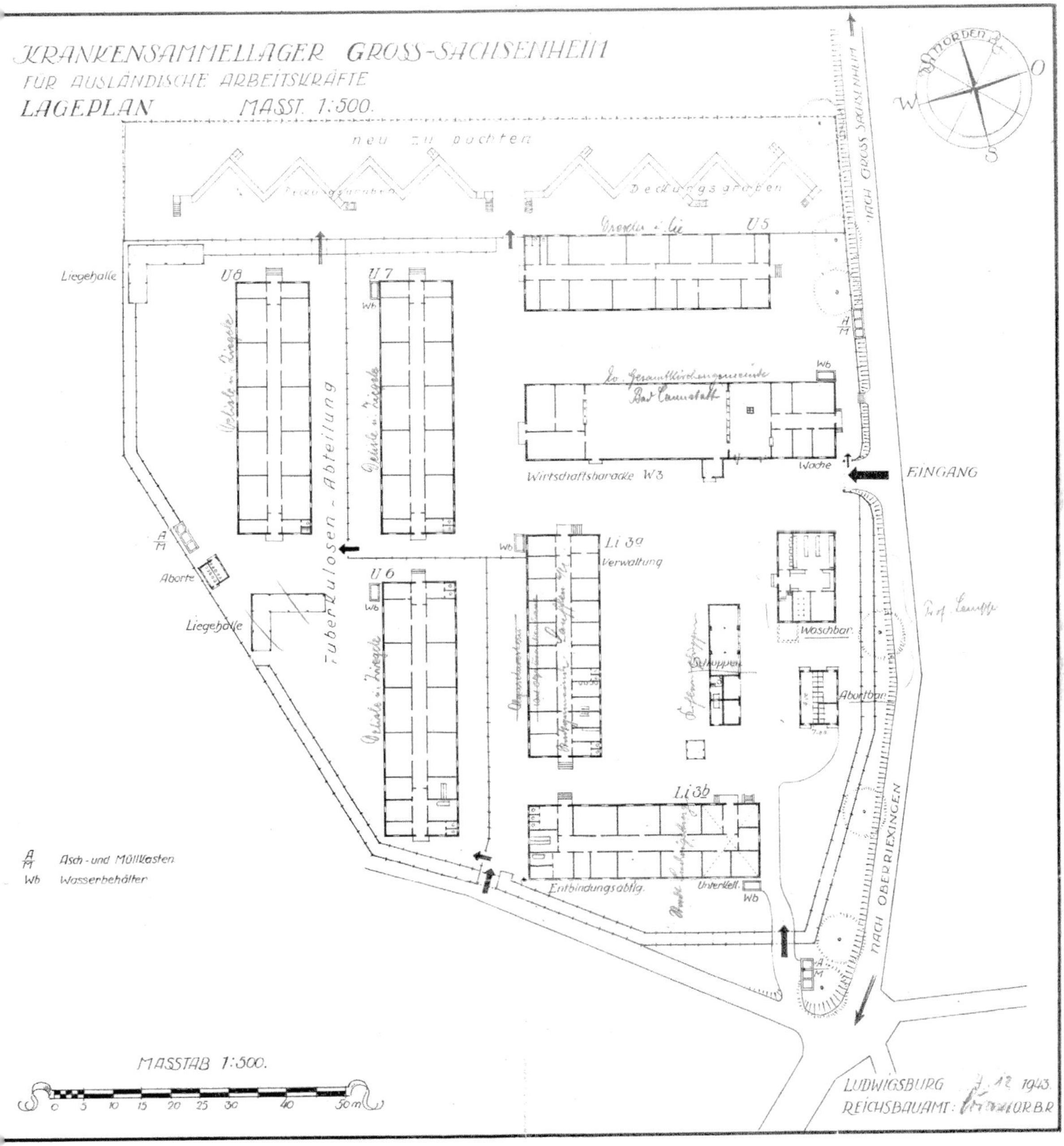

Plan des Krankensammellagers in Großsachsenheim. (StAL K 17 I Bü 67)

7.5 Projekt »Galenit« in Unterriexingen

Auf diesem Luftbild vom 26. März 1945 erkennt man links oben das Ende der Startbahn des Fliegerhorstes von Groß-sachsenheim mit der im Bau befindlichen Verlängerung. Bei dem Dorf im unteren Bereich des Bildes handelt es sich um Unterriexingen, zwischen dem Dorf und dem Flugplatz direkt oberhalb der Enz befindet sich die Baustelle der U-Verlagerung »Galenit«. (Luftbilddatenbank Dr. Carls)

Unmittelbar unterhalb des Flugplatzes gegenüber dem Fluss Enz liegt der Ort Unterriexingen. Hier befand sich ein Untertage-Verlagerungs-Projekt mit dem Tarnnamen »Galenit«, wo erst auf einer Fläche von 7000m^2 die Endmontage Me 262 untergebracht werden sollte[288]. In den Stollen waren 14m breite Hallen vorgesehen[289], die eine gewisse Ähnlichkeit mit der geplanten Endmontage in Saal an der Donau (»Ring-Me«, siehe Kapitel 6.8) aufweisen, wo die Endmontage der Me 262 aus dem Waldwerk »Stauffen« untergebracht werden sollte.

Man trieb hier von 1943 an ein insgesamt 421m langes Stollensystem in den Hang des Enztales[290]. Im selben Jahr errichtete man ein aus 7 Baracken bestehendes Lager der Organisation Todt in Unterriexingen, wo ca. 250 polnische und 300 russische Zwangsarbeiter untergebracht wurden. Eine Baracke befand sich hierbei im Schlosspark, eine am Wiesenweg, eine Baracke erstellte man am Kreuzgarten, vier Baracken sowie 2 Latrinen am Mühlgraben[291].

Im Oktober 1944 waren alleine von der Firma Julius Berger Tiefbau AG, welche zwei von vier Stollen in den Berg trieb, 200 bis 300 deutsche Arbeiter beschäftigt die alle in Unterriexingen untergebracht waren[292]. Erst am 16. November 1944 bekam der Direktor des Mannheimer Daimler-Benz Werkes Ernst Decker telefonisch die Nachricht, dass der Rüstungsstab ihm nun das Objekt »Galinit« [sic!] für die Produktion des 3-Tonnen-LKWs zugeteilt hat[293], eine offizielle Zuteilung des Projekts erfolgte allerdings erst am 11. Januar 1945 durch Ministerialrat Speh vom Ministerium Speer auf einer Fläche von 12.000m^2 (1. Ausbaustufe 5000m^2)[294].

Am 20. Januar 1945 besuchte der Haus-Architekt von Daimler-Benz Eugen Kiemle die Baustelle, welcher auch schon den Ausbau der Gipsgrube »Friede« in Obrigheim geplant hat[295]. Bis zu diesem Zeitpunkt war für die Baustelle Oberbaurat Wagner von der OT, Einsatzgruppe Rhein (V), Heidelberg, zuständig. Die Oberbauleitung übernahm die OT Heilbronn mit Sitz in Weinsberg mit Hauptbauleiter Hepp. Die örtliche Leitung hatte OT-Abschnittsbauleiter Kuhnke inne. Vorgesehen war zu diesem Zeitpunkt eine Produktionsfläche von 11.000m^2, Pläne davon gab es offenbar nicht, lediglich ein grober Ausbauplan lag vor. Heizung und Lüftung waren zu diesem Zeitpunkt ebenfalls noch nicht vorgesehen. Am 1. Dezember 1944 besuchten Direktor Decker, Ing. Rauscher und ein Herr Plocher (vermutl. Architekt) von Daimler-Benz Mannheim die Baustelle, woraufhin Vorschläge an die Oberbauleitung in Weinsberg eingereicht wurden.

Kiemle stellte fest, dass bereits vier Verkehrsstollen in einer Länge von 100 bis 130m auf einen Querschnitt von etwa 2,5 x 2,5m vorangetrieben und mit Rundholz ausgesteift wurden, die letzten 20 bis 30m waren an zwei Stollen etwa 3,5m breit ausgebrochen. Die quer zu den Fahrstollen ausgerichteten Arbeitsstollen waren mit 6m breite und 6m Höhe geplant, wobei die Form parabelförmig ausgeführt werden sollten.

Zwischen den Gruppen der Arbeitsstollen waren zwei 14m breite Hallen vorgesehen, die zu diesem Zeitpunkt allerdings noch nicht begonnen wurden. Aufgrund der nicht tragenden Schichten des Kalkfelsens sollten alle Stollen ausbetoniert werden. Eingesetzt waren die Firmen Julius Berger (Berlin) für die Verkehrsstollen I und II, Alfred Kunz (Berlin) für den Verkehrsstollen III sowie die Firma Epple (Stuttgart-Cannstatt) für den Verkehrsstollen IV. Insgesamt waren inklusive Häftlingen rund 800 Mann auf der Baustelle eingesetzt. Zahlreiche große Arbeitsmaschinen befanden sich auf der Baustelle, so befanden sich ein Kiesnassbagger auf dem Fluss, ein Trockenbagger, 4 Dieselloks, zahlreiche eiserne Kiploren, ein kleiner Schotterbrecher sowie zahlreiche weitere kleinere Maschinen vor Ort.

Ursprünglich war für die Fertigstellung der 1. April 1945 geplant, durch das Ausbleiben von drei von Daimler-Benz Mannheim versprochenen kompletten Lastzügen ergab sich aber schon eine Verzögerung von 6 Wochen, sodass eine Fertigstellung auf Mitte Juni angepeilt wurde. Ein größeres Problem bereitete noch der Stromanschluss für die geplanten Maschinen, dieser war mit 3100 KVA so groß, dass er von den Neckarwerken nicht zur Verfügung gestellt werden konnte[296].

Im November 1944 begann man mit dem Bau eines KZ-Außenlagers Vaihingen in Unterriexingen an der Straße zwischen Unter- und Oberriexingen, unter-

288 RL 3/9, S. 734f. und 748f., Jägerstab-Besprechung vom 3. Juli 1944

289 Mercedes-Benz Classic, Archive, 1 V 003, 0022 II

290 Hans–Burkhard Hess, Unterriexingen, S. 201; möglicherweise irrt Hess hier aber in der Jahreszahl, da die OT erst ab 1944 Baustellen im Inneren des Reiches betreute

291 StAL F 128 II Bü. 109, Schreiben des Bürgermeisters Unterriexingen an den Landrat, Verzeichnis der auf Unterriexinger Markung befindlichen Wehrmacht- u. O.T.Schuppen u. Baracken

292 Unternehmensarchiv Bilfinger SE, der Nachfolgegesellschaft der Julius Berger AG

293 Roland Peter, Rüstungspolitik in Baden, S. 182

294 Mercedes-Benz Classic, Archive, 1 V 003, 0022 II, »Bericht über Gallenith« [sic!] von Architekt Kiemle vom 20.1.1945

295 Roland Peter, Rüstungspolitik in Baden, S. 182, Fußnote 537

296 Mercedes-Benz Classic, Archive, 1 V 003, 0022 II, »Bericht über Gallenith« [sic!] von Architekt Kiemle vom 20.1.1945

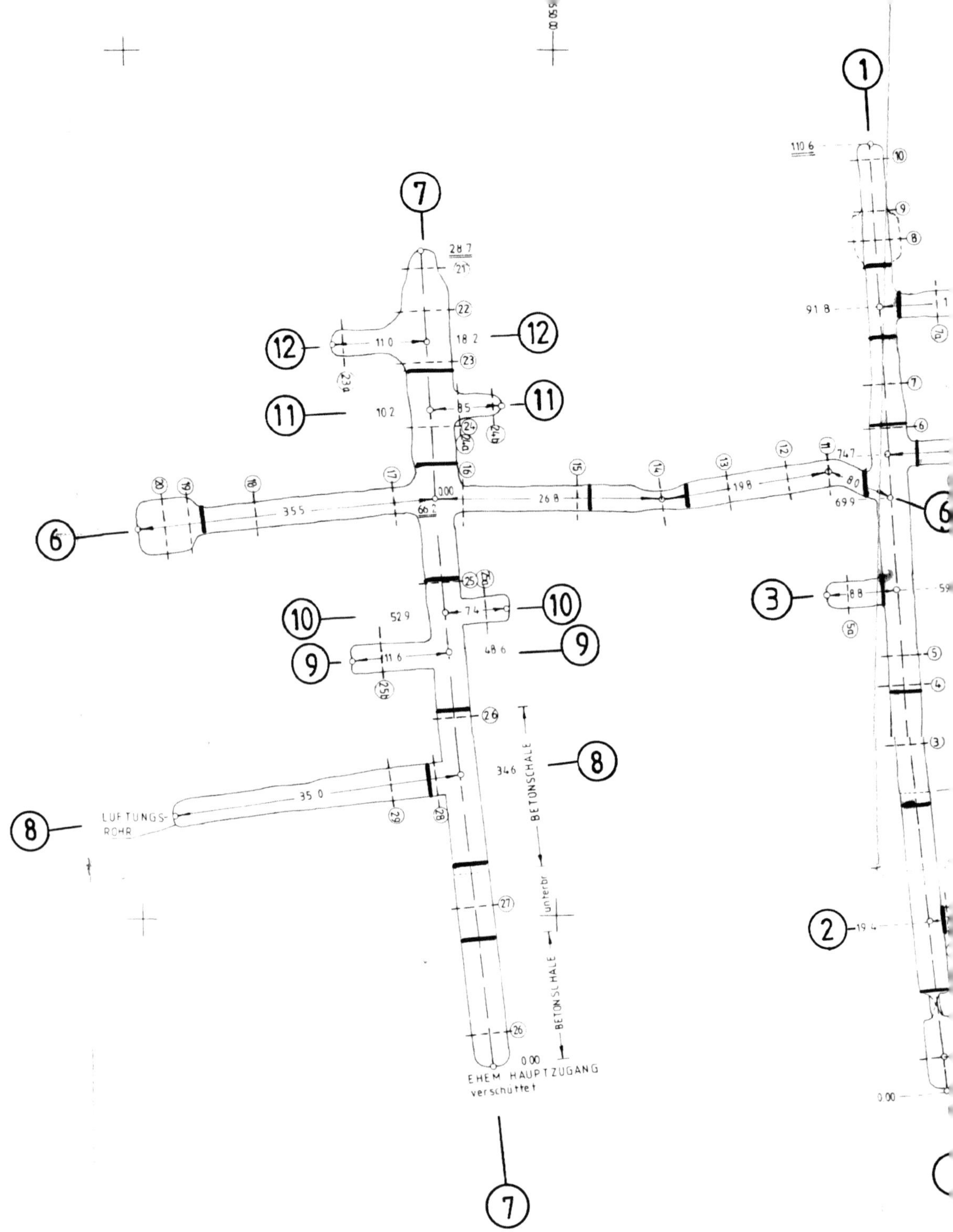

Plan der bis Kriegsende fertig gestellten, mittleren Stollen II und III, welcher vom Ing.-Büro Gerhard Kipf, Oppenweiher im Zuge der Verfüllung 1988 angefertigt wurde. (KZ-Gedenkstätte Vaihingen/Enz)

halb des heutigen KZ-Friedhofs[297]. Das 70m x 100m abmessende Lager bestand am 10. November 1944 aus eine RAD-Baracke für 400 Häftlinge, welche mit 550 Häftlingen belegt wurde. Eine zweite Baracke war im Bau und sollte 10 Tage später fertig gestellt sein. Als Waschgelegenheit war ein Provisorium gedacht, eine Waschbaracke war vorgesehen, ebenso eine Abortbaracke.

Das Lager war mit einem 3m hohen, doppelten Drahtzaun umgeben, an je zwei gegenüberliegenden Stellen war ein Wachturm angeordnet. Eine Baracke zur Aufnahme der Wachmannschaft sowie eine kleine Baracke für die Wache wurden ebenfalls errichtet. Die Küche befand sich 300 bis 400m entfernt und wurde von der O.T. betrieben, ein neues Wirtschaftsgebäude in der Nähe des Lagers war aber im Bau.

Das Essen für die Häftlinge wurde solange aus Vaihingen herangeschafft. Es wurde mit einer Belegung von 500 Häftlingen gerechnet, die Belegung sollte aber über 1000 betragen weshalb das Lager vergrößert werden sollte[298]. Am 16. November 1944 wurden 500 Häftlinge von Vaihingen/Enz nach Unterriexingen verlegt, obwohl das KZ noch nicht fertig gestellt war. Alfred Lipson beschreibt es in seinen Schilderungen so: »*Unsere Suppe und Brot wurde täglich vom Vaihinger Lager hierhergebracht, in einem vierrädrigen Wagen, welcher statt von Pferden von 10 Gefangenen gezogen und von zwei Wachen eskortiert wurde. Sie verließen das Unterriexinger Lager beim Morgengrauen mit dem Wagen voller Leichen, deren Identität in die Listen im Mutterlager in Vaihingen eingetragen werden musste und die dort begraben werden sollten. Auf dem Rückweg brachte der Wagen die Nahrungsmittel mit. Es war meistens eine 12-Stunden-Reise, aber das schlechte Winterwetter und das hügelige Gelände verzögerten die Ankunft oft bis spät in die Nacht. [...] Für jene die noch lebten war es jedes Mal eine Enttäuschung, die Suppe war kalt und zu wenig, und das Brot war zu weich*[299].«

Jules Schelvis erlebte das KZ Unterriexingen ebenfalls und berichtet in seinem Buch[300]: »*Von der Straße führte ein schmaler Pfad steil bergan zu einem kleinen, mit Stacheldraht umzäunten Konzentrationslager. Es hatte eine Fläche von ungefähr 7000m² (70 x 100m). Auf dem Gelände standen zwei Baracken, von denen eine noch nicht fertig war; ein klei-*

[297] Hans-Burkhard Hess, Unterriexingen ein Kaleidoskop, S. 210

[298] Schreiben des SS-Hauptscharführers Josef Seuß an die Kommandantur des KZ Natzweiler vom 10.11.44

[299] Alfred Lipson, »Meine Odyssee von Radom nach Vaihingen« in »Das KZ vor der Haustüre«, Schriftenreihe der Stadt Vaihingen/Enz, S. 175

[300] Jules Schelvis, Eine Reise durch die Finsternis, S. 151

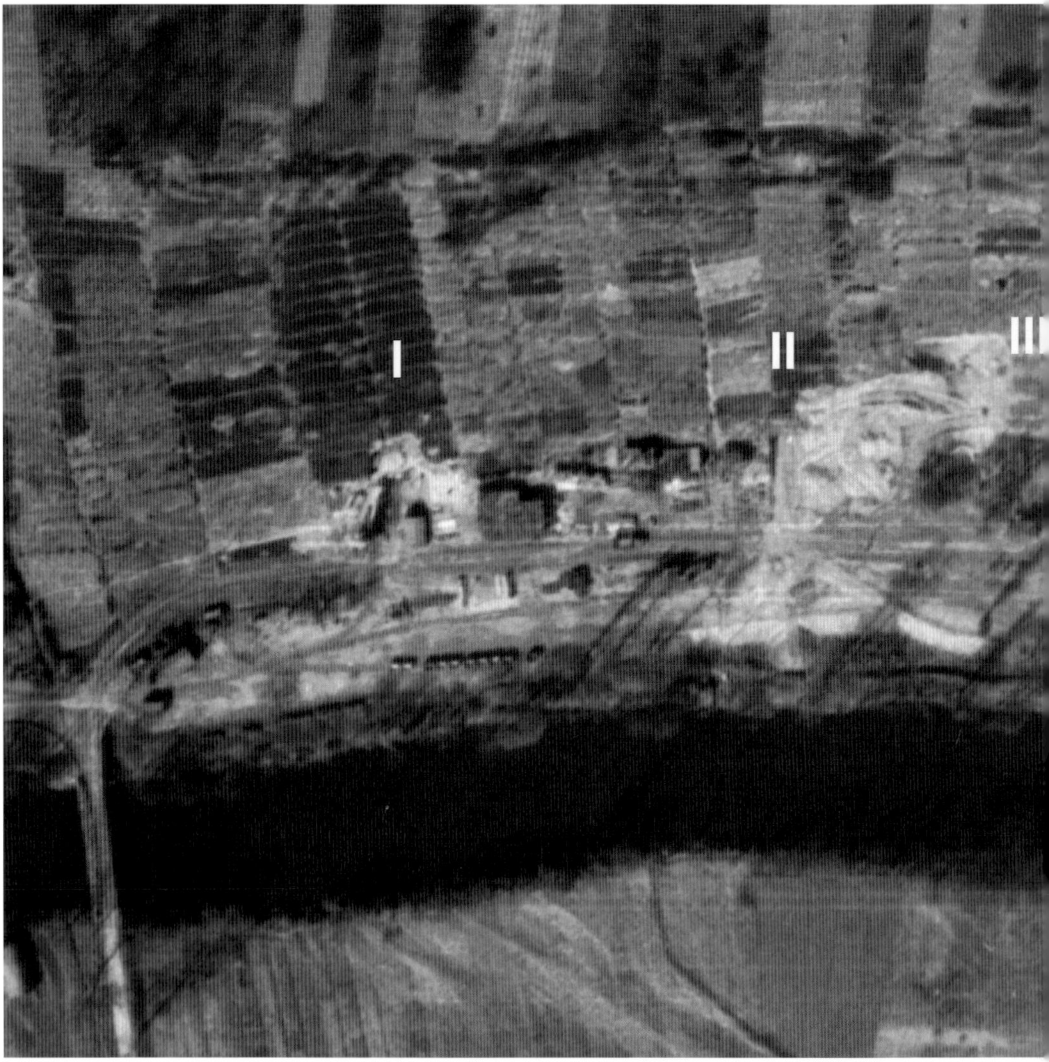

ner Holzschuppen außerhalb der Umzäunung diente als Küche. Wasser musste mit Tankwagen aus Vaihingen herangeschafft werden. Am Fuße eines der beiden Wachtürme war eine Latrine, ein kleiner Holzverschlag, an der Vorderseite offen und mit Wellblech abgedeckt. […] Als ich aus dem LKW sprang, blieb ich sofort im dicken Schlamm stecken. Außerhalb der Umzäunung war ein kleiner Appellplatz.

Auf der anderen Seite lag ein aus Brettern gezimmertes, niedriges Podest. […] Vom Lager aus konnte man in einigen hundert Metern Entfernung eine Kirche erblicken.«

Die Hygienischen Verhältnisse waren unmenschlich, Schelvis schreibt hierzu: »*Die Latrine selbst war nicht mehr als eine Grube mit einem Balken darüber, auf dem höchstens vier Personen Platz fanden. Es war die einzige Latrine im ganzen Lager – für fünfhundert Häftlinge! Es gab also kein fließendes Wasser. Wie schon in Dorohucza hielten die Nazis diese elementare Ausstattung für Überflüssig. Man konnte sich nicht einmal notdürftig waschen. Weil jegliche Form von sanitären Anlagen fehlte, war das Lager eine Brutstätte für viele Krankheiten. […] In den Lagern musste man oft auf die Latrine, sobald man eine Schnitte Brot gegessen und die dünne Suppe getrunken hatte. […] Schon ein Stück vor der Latrine war der Boden von Kot bedeckt.*

Manche Gefangene hatten es nicht mehr bis zum Balken geschafft und ihre Notdurft bereits vorher verrichtet. Ich hatte die Latrine noch gar nicht er-

Die Baustelle »Galenit« auf einem Luftbild vom 16. März 1945. Zu sehen sind die vier Mundstollen (gekennzeichnet mit I, II, III und IV), ein Feldbahngleis mit jeder Menge Kipploren, einigen Baracken und noch einigen Baugeräten zwischen der Brücke und der Straße nach Untermberg. (Luftbilddatenbank Dr. Carls GmbH)

reicht, da blieb ich mit meinen Holzpantinen schon in der Scheiße stecken.«[301]

Die Häftlinge liefen jeden Tag durch Unterriexingen zur den Baustellen im Stollen am Enzhang, dem Steinbruch an der Straße nach Großsachsenheim oder zum Flugplatz. An Weihnachten 1944 wurden KZ-Häftlinge auf Anfrage des Pfarrers zum Schnee schaufeln der Zufahrt zur Frauenkirche abgestellt, damit die Gläubigen von Unterriexingen in dem Gotteshaus Weihnachten feiern konnten.

Im Stollen arbeiteten sich deutsche Arbeiter mit Presslufthämmern voran. Die KZ-Häftlinge mussten bei ohrenbetäubendem Lärm und einer Menge Staub ohne Schutzmasken das lose Gestein auf Loren werfen und diese über Feldbahngleise zum Ufer der Enz schieben, wo diese an 2 Stellen ausgekippt wurden. Die weiteste Stelle war ca. 200m vom Stolleneingang entfernt. Gegen Ende der Arbeitszeit wurde der Fels mit Dynamitstangen gesprengt. Die Eingangsbereiche waren bereits betoniert, innerhalb der Stollen allerdings hat man die Wände noch nicht gesichert. In einer Kammer gab es bereits Fundamente für eine Lüftungsmaschine.

Weiterhin mussten die Häftlinge Grubenholz zum Abstützen der Stollen an der Straße nach Untermberg mit einer Bandsäge auf das richtige Maß bringen, eine schwere und anstrengende Arbeit bei welcher die Häftlinge auch noch von der SS schikaniert wurden[302]. In etwa der Hälfte des Weges zwischen Enzbrücke und dem Flugplatz befand sich ein Steinbruch. Hier wurde von etwa 80 Häftlingen Material zur Reparatur von Bombenschäden auf dem Flugplatz gewonnen. Hierbei lösten die KZ-Häftlinge mit einer Spitzhacke Gestein, welche dann nach unten geschafft, weiter verkleinert und auf Loren verladen wurden. Diese wurden dann zum Flugplatz geschoben und deren Inhalt in die Bombentrichter geschüttet. Bei jeder Bombardierung des Flugplatzes wurde die Häftlingszahl im Steinbruch beträchtlich verstärkt.

Die Männer mussten bei jedem Wind und Wetter unter freiem Himmel im Steinbruch und auf dem Flugplatz arbeiten. Innerhalb weniger Wochen starb die Hälfte, sodass am 25. Dezember 1944 weitere 200 Mann aus Vaihingen nach Unterriexingen verlegt wurden. Bereits zwei Tage vorher waren aus Mannheim-Sandhofen weitere 200 Mann dorthin verlegt worden, von denen aber auch innerhalb kurzer Zeit 118 starben[303].

Im Januar kam eine Gruppe von 50 bis 100 Italienischen »Militärinternierten« nach Unterriexingen, welche nach dem Frontwechsel des ehemaligen Verbündeten gefangen genommen wurden. Die Männer waren bereits bei ihrer Ankunft schon halb

[301] Jules Schelvis, Eine Reise durch die Finsternis, S. 151ff.
[302] ebenda, S. 155
[303] Manfred Scheck, Zwangsarbeit und Massensterben, S. 244

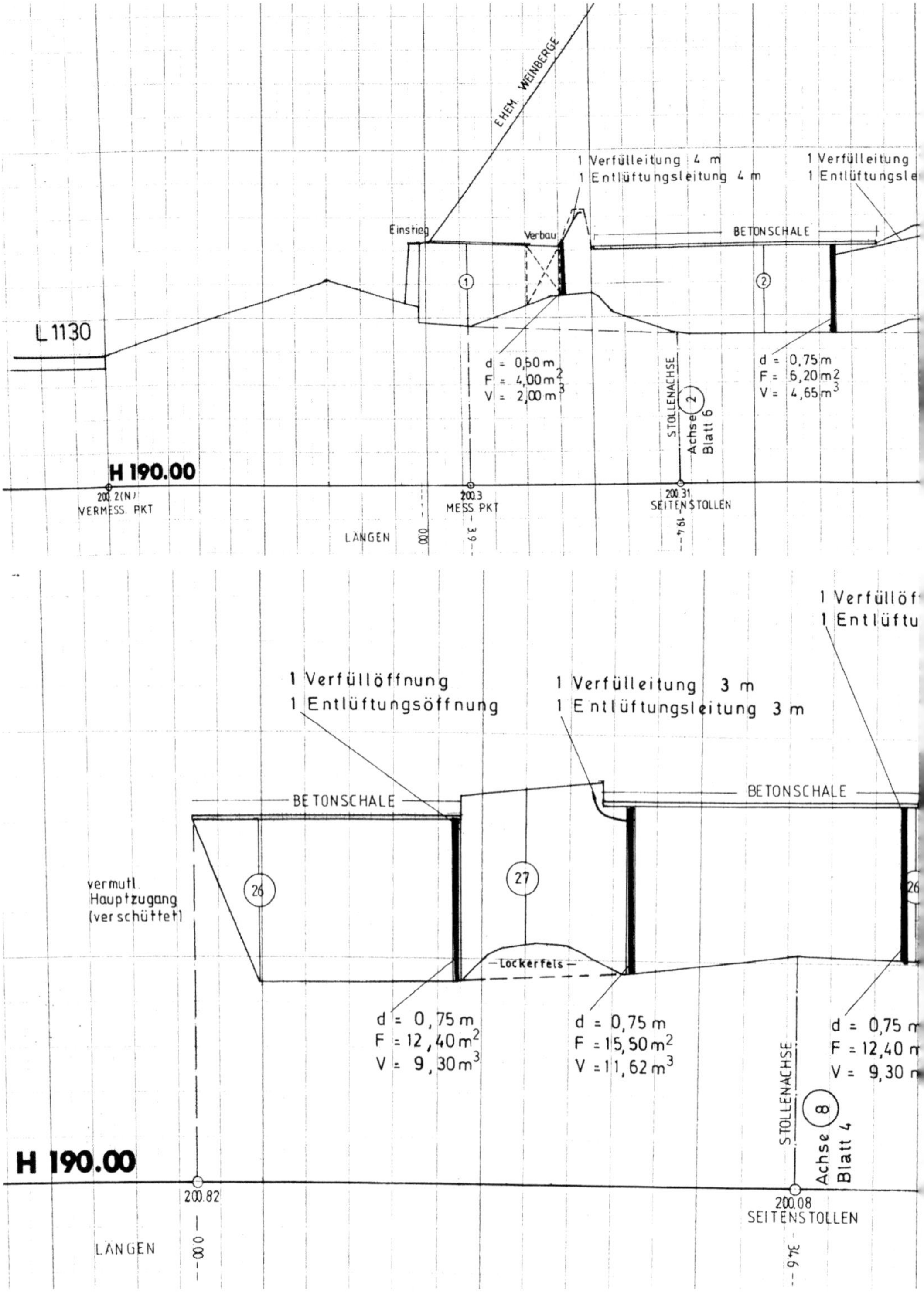

Die beiden im Rohbau befindlichen Fahrstollen II und III. (KZ-Gedenkstätte Vaihingen/Enz)

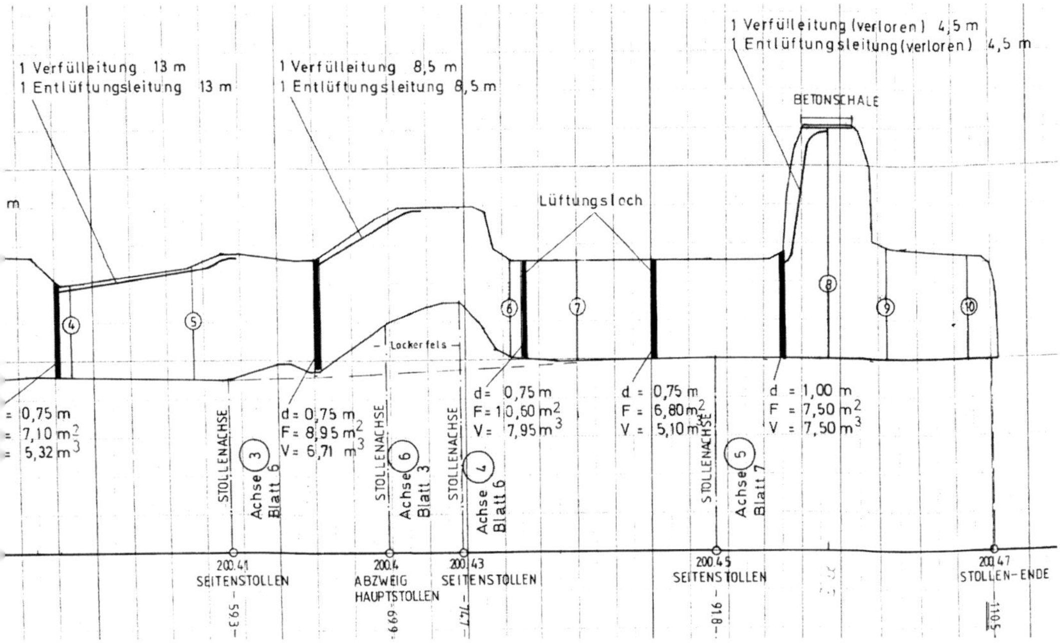
1 Verfülleitung 13 m
1 Entlüftungsleitung 13 m
1 Verfülleitung 8,5 m
1 Entlüftungsleitung 8,5 m
1 Verfülleitung (verloren) 4,5 m
1 Entlüftungsleitung (verloren) 4,5 m
BETONSCHALE
Lüftungsloch
Lockerfels
d = 0,75 m
F = 7,10 m²
V = 5,32 m³
d = 0,75 m
F = 8,95 m²
V = 6,71 m³
d = 0,75 m
F = 10,60 m²
V = 7,95 m³
d = 0,75 m
F = 6,80 m²
V = 5,10 m³
d = 1,00 m
F = 7,50 m²
V = 7,50 m³
STOLLENACHSE
Achse 3 Blatt 6
Achse 6 Blatt 3
Achse 4 Blatt 6
Achse 5 Blatt 7
200.41 SEITENSTOLLEN
200.4 ABZWEIG HAUPTSTOLLEN
200.43 SEITENSTOLLEN
200.45 SEITENSTOLLEN
200.47 STOLLEN-ENDE
- 593 -
- 699 -
- 747 -
- 918 -
- 1105 -

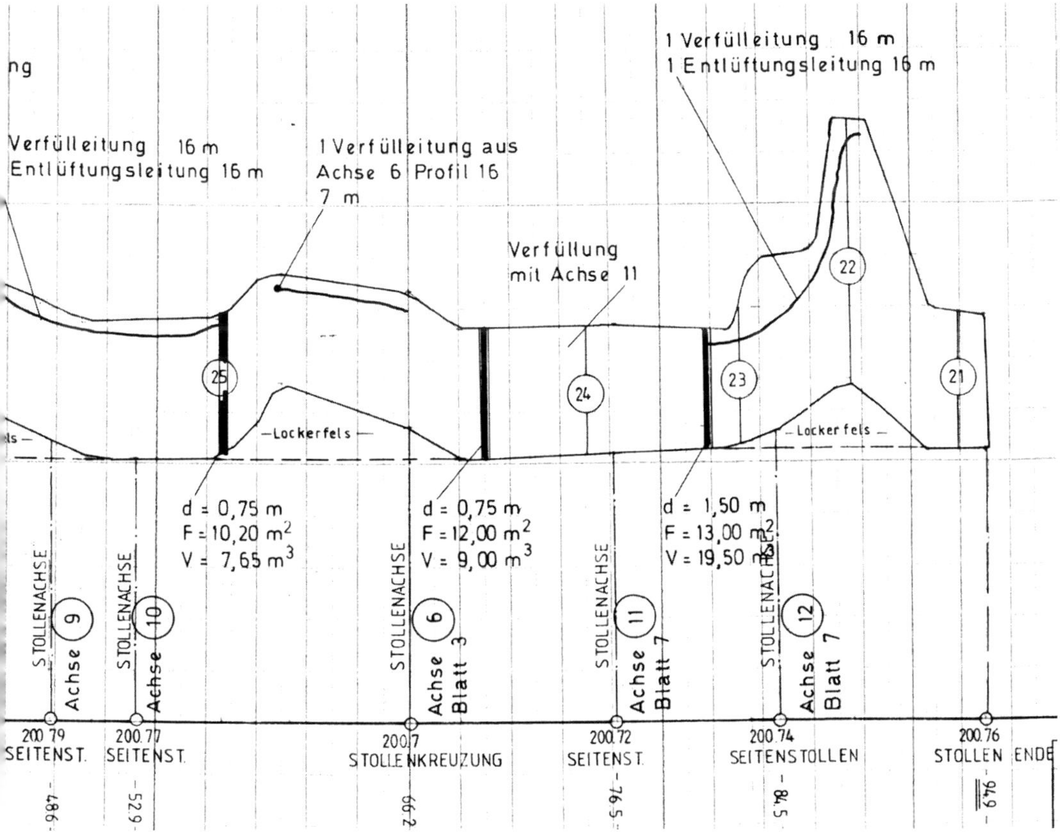
1 Verfülleitung 16 m
1 Entlüftungsleitung 16 m
Verfülleitung 16 m
Entlüftungsleitung 16 m
1 Verfülleitung aus Achse 6 Profil 16
7 m
Verfüllung mit Achse 11
Lockerfels
d = 0,75 m
F = 10,20 m²
V = 7,65 m³
d = 0,75 m
F = 12,00 m²
V = 9,00 m³
d = 1,50 m
F = 13,00 m²
V = 19,50 m³
STOLLENACHSE
Achse 9
Achse 10
Achse 6 Blatt 3
Achse 11 Blatt 7
Achse 12 Blatt 7
200.79 SEITENST.
200.77 SEITENST.
200.7 STOLLENKREUZUNG
200.72 SEITENST.
200.74 SEITENSTOLLEN
200.76 STOLLEN ENDE
- 486 -
- 529 -
- 662 -
- 76,5 -
- 84,5 -
- 94,6 -

verhungert, krank und total verlaust, meist magenkrank und hatten Durchfall. Da sie das Klima (es hatte bis zu -15°C) nicht vertragen haben, starben sie innerhalb kurzer Zeit. Sie wurden nicht nach Vaihingen gebracht, sondern in einem Massengrab verscharrt, welches etwa 500m vom Lager entfernt am Waldrand lag. Am 4. November 1944 wurde wahrscheinlich von der Flak des Flugplatzes ein Alliiertes Flugzeug abgeschossen, was auf einer offenen Ebene bei der Enzbrücke niederging. Der Pilot konnte sich offenbar rechtzeitig aus dem abstürzenden Flugzeug retten. Am 7. Februar 1945 wurde das Projekt aufgegeben, die letzten noch vorhandenen Baustoffe sollten für andere Zwecke verwendet werden[304]. Das Konzentrationslager wurde aber noch nicht aufgelöst, am 8. März 1945 gab es noch einen Transport von 150 Häftlingen nach Neckarelz, am 10. März 1945 ein Transport von 200 Häftlingen nach Kochendorf und Mitte März kamen 167 bis 200 Häftlinge nach Vaihingen/Enz[305].

Das KZ Unterriexingen im Ausschnitt eines Luftbilds vom 8. April 1945 an der Straße zwischen Unter- und Oberriexingen. Am rechten Bildrand die Frauenkirche, rechts oben die ersten Häuser des Ortes. (Luftbilddatenbank Dr. Carls GmbH)

Dasselbe Luftbild vom 8. April 1945 gedreht und stark vergrößert. (Luftbilddatenbank Dr. Carls GmbH)

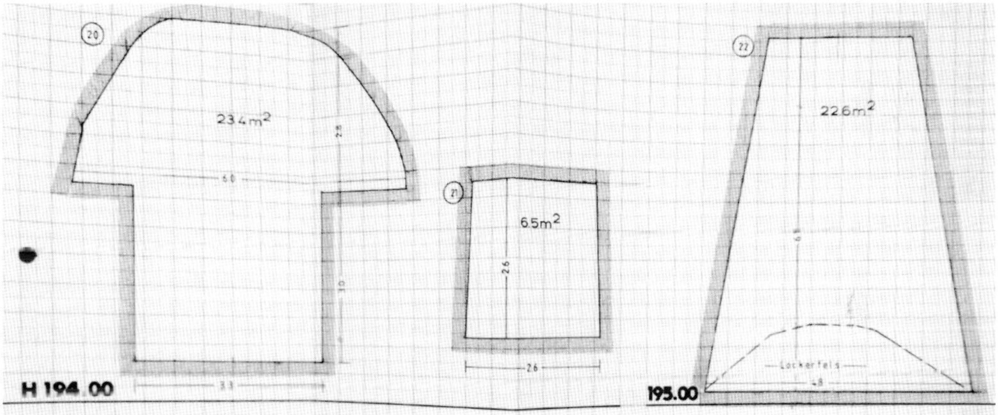

Einige der Profile aus dem Vermessungsplan von 1988. (KZ-Gedenkstätte Vaihingen/Enz)

Nach dem Krieg wurde der Eingang zu diesem Stollensystem zugeschüttet. Nachdem Weinbergbesitzer im Bereich ehemaliger Entlüftungsschächte Erdabsenkungen bemerkten, wurde das gesamte Stollensystem 1988 mit 4200m³ Steinmehl und Zement (»Dämmer«) verfüllt, nachdem es zuvor vom Ing.-Büro Gerhard Kipf aus Oppenweiler detailliert vermessen wurde (die Pläne befinden sich heute im Stadtarchiv Vaihingen/Enz).

Nach Kriegsende wurde das Lager von den Unterriexinger Bürgern demontiert, alles was man gebrauchen konnte wurde mitgenommen. In der Folgezeit wurde die Existenz des Lagers verschwiegen, man sträubte sich dagegen das Massengrab auf Geheiß der US-Amerikanischen Militärregierung zu öffnen und die Toten auf einem angemessenen Friedhof zu bestatten. Erst als es nicht mehr ging rang man sich dazu durch, zwischen 1947 und 1949 einen KZ-Friedhof am Waldrand oberhalb der Straße anzulegen und die 250 Toten aus dem Massengrab dort zu bestatten. Es vergingen viele weitere Jahre, bis 1961 ein Ehrenmal mit allgemein gehaltener Inschrift aufgestellt und 1975 eine Erinnerungstafel angebracht wurde. Schließlich brachte man 2013 vom Bürgerforum Unterriexingen eine Gedenktafel an, in denen die Geschehnisse genauer dargestellt werden und zum Nachdenken anregen sollen.

[304] Roland Peter, Rüstungspolitik in Baden, S. 183

[305] Arno Huth, Das doppelte Ende des »K.L. Natzweiler« auf beiden Seiten des Rheins, Landeszentrale für politische Bildung Baden-Württemberg, Neckarelz 2013, S. 88f.

Die Stollen wurden in mehreren Schritten in den Berg getrieben, hier zu sehen der erste, relativ quadratische Vortrieb mit einem Querschnitt von ca. 2,5 x 2,5m (KZ-Gedenkstätte Vaihingen/Enz)

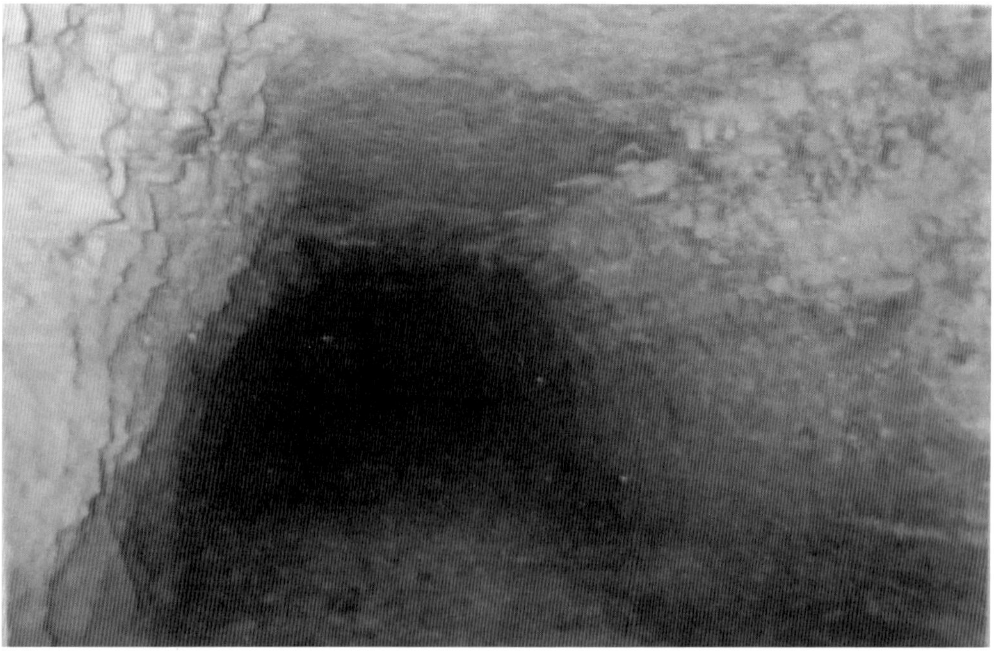

Im zweiten Bauabschnitt wurden die Stollen in die endgültige Form gebracht; der Querschnitt hier betrug ca. BxH 4x3m. (KZ-Gedenkstätte Vaihingen/Enz)

Ein Kreuzungspunkt innerhalb des Stollensystems. (KZ-Gedenkstätte Vaihingen/Enz)

Im letzten Arbeitsschritt wurden die Wände betoniert; fertig betoniert wurde lediglich der Eingangsbereich von Stollen II, siehe Plan Seite 148/149. (KZ-Gedenkstätte Vaihingen/Enz)

Mit Beton verkleideter, fertiger Stollen. (KZ-Gedenkstätte Vaihingen/Enz)

Fundamente für eine Lüftungsmaschine. (KZ- Gedenkstätte Vaihingen/Enz)

8 Großbunker

Wie bereits in Kapitel 2.7 beschrieben, setzte man bei der Produktion von Flugzeugen auf Großbunker, in welchen sämtliche Produktionszweige für die Herstellung eines Flugzeuges untergebracht werden sollten. Diese Großbunker sah man als Endlösung an, um die weit verstreuten Industrieverlagerungen wieder zu zentralisieren und rationell produzieren zu können.

8.1 Aufbau der Großbunker

Geplant waren 400m lange und 85m breite Kuppelbauten mit einer Innenhöhe von 32m, wobei 13m oberirdisch und 19m unterirdisch liegen sollten. Darin sollte ein Innenausbau mit sechs Stockwerken erfolgen, was zu einer Produktionsfläche von ca. 110.000m² führen sollte. Die Anlagen sollten in Gegenden entstehen, die folgende Eigenschaften aufwiesen:

- in Süddeutschland (für die englischen Bomber 1944 weit weg, die Amerikaner mussten zu dieser Zeit noch über die Alpen fliegen)
- naheliegender Eisenbahnknotenpunkt
- niedrig liegender Grundwasserspiegel
- dicht bewaldetes Areal
- Schotterfläche (Flussdelta, Kies war vorhanden und musste nicht aufwändig gereinigt werden)
- Rüstungsindustrie sollte in der Nähe sein, um Arbeiter abziehen zu können[306]

Dr. Ing. Franz Dischinger, Bauprofessor an der Technischen Universität Berlin, entwickelte eine Bauweise, welche aufwendige Schalungsarbeiten an Kuppelbauten überflüssig machte[307]. Als erstes wurde in der gesamten Länge der geplanten Anlage ein Entnahmetunnel aus Fertigteilen errichtet, welcher anschließend mit dem Aushub für die Fundamente (bis zu 17m breite Widerlager) überdeckt wurde. Die innere Schalung wurde dabei vollkommen aus dem in dem Gebiet reichlich vorkommenden Kies erstellt, darüber wurde eine ca. 20cm dicke Magerbetonschicht aufgebracht, in welcher die Eisenarmierung fixiert wurde. Anschließend betonierte man ein 33m langes und 3m starkes Bogensegment, wobei durch eine äußere Schalung ein Abrutschen des Betons verhindert wurde.
Die endgültige Deckenstärke von 5m wollte man später fertig stellen. Sobald der Beton abgebunden war, öffnete man die Öffnungen im Entnahmetunnel und ließ den darüber befindlichen Kies in die Loren des im Entnahmetunnel stehenden Transportzuges rinnen.
Anschließend wurde der Kern abgebaggert und zum Bau des nächsten Segments wieder benutzt, der Entnahmetunnel sollte hierbei wieder entfernt werden und die restlichen 19m in die Tiefe ebenfalls ausgebaggert werden. So plante man, 12 Segmente zu errichten, die mit einer Lücke von 30cm aneinandergereiht waren. Die 30cm breiten Spalte wollte man später schließen. In diese riesige Kuppel sollten dann sechs Stockwerke mit Fertigbetonteilen eingezogen werden, in denen anschließend die Produktionsfirmen einziehen sollten.

8.2 »Weingut II« bei Landsberg/Lech

Unter dem Decknamen »Oberbauleitung Ringeltaube« sollten drei Großbunker im Raum Landsberg/Lech und Kaufering erstellt werden, in welchen die Flugzeuge Do 335, Ta 152 sowie die Me 262 gebaut werden sollten. Dies waren Walnuß II« bei Kaufering sowie »Weingut II« und »Diana II« bei Landsberg/

[306] Josef Wagner von der KZ-Gedenkstätte Mühldorfer Hart in einem Interview am 29.1.2006 mit Peter Müller, dem Autor des Buches Rüstungswahn und menschliches Leid – Bewältigung und Erinnerung. Das Bunkergelände im Mühldorfer Hart. Veröffentlicht auf http://www.kzgedenk-mdf.de/peter-müller, abgerufen am 2.1.2017

[307] Anton Posset, »Deckname Ringeltaube«, über die Entstehung der OT-Rüstungsbauten unter der Oberbauleitung »Ringeltaube« in den Jahren 1944/45, Publikation der Bürgervereinigung zur Erforschung der Landsberger Zeitgeschichte

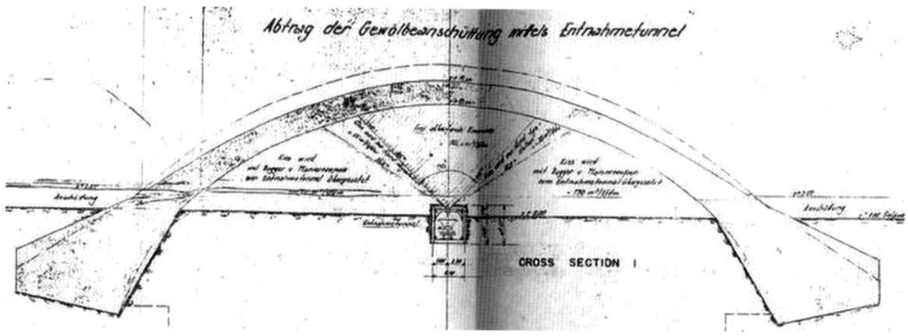

Querschnitt durch den geplanten Großbunker, links und rechts die Wiederlager, in der Mitte unten der Entnahmetunnel.

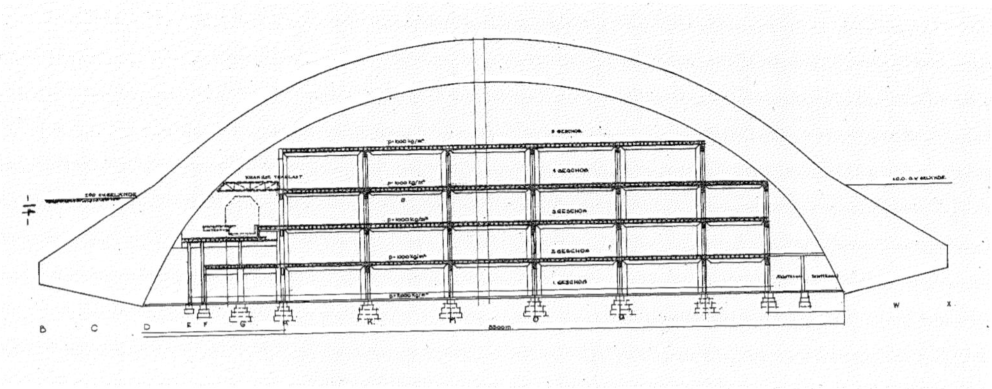

Geplante Stockwerke innerhalb des Bunkers[308].

Lech, welche unter der OT-Oberbauleitung »Ringeltaube« zusammengeführt wurden. Zugunsten »Weingut II« wurden die anderen beiden Projekte gestoppt, die Pläne wurden noch einmal dahingehend geändert, dass man das Bauwerk von 400m auf 240m verkürzte.

Am 15. Mai 1944 begann die Firma Moll, den Wald westlich von Landsberg zu roden. 10 Tage später wurde mit dem Aushub für die ersten Gewölbefundamente begonnen. Als Fertigstellungstermin wurde der 31. November 1944 festgesetzt, was allerdings damals schon manchem als recht optimistisch erschien. Von den 22.000 benötigten Arbeitskräften hatte die OT jedoch lediglich 2000 bis 3000 Arbeiter von den OT-Bauten am Atlantikwall zur Verfügung, sodass Göring beim Reichsführer SS Himmler KZ-Häftlinge anforderte, welche aus Ungarn kommen sollten.

Am 18. Juni 1944 erreichten die ersten 1000 jüdischen KZ-Häftlinge aus Ungarn die Baustelle, welche in das erste Lager an der Bahnstrecke Kaufering-Landsberg verbracht wurden. Insgesamt wurden 10 Konzentrationslager rund um die Baustellen errichtet (11 waren geplant), die alle »Kaufering I« bis XI genannt wurden und in denen bis zu 23.000 KZ-Häftlinge aus ganz Europa interniert wurden. Die Lager bestanden aus Erdhütten, welche in die Erde eingelassen und mit einem Grasdach versehen waren.

Das Lager Kaufering VI mit Erdhütten. (NARA)

[308] CIOS Report No. XXVI-44

Im Inneren des Bunkers. (NARA)

Etwa 4km südlich von Landsberg errichtete die Firma Held & Francke unter dem Tarnnamen »Erich« ein Werk zur Herstellung von Fertigbetonteilen, ein ebensolches Werk errichtete die Firma Dyckerhoff & Widmann unter dem Tarnnamen »Rudolph« im 20km entfernten Utting am Ammersee, direkt daneben befand sich das Lager »Kaufering X«. Gearbeitet werden musste in 12-Stunden-Schichten, in einer Schicht arbeiteten 700 bis 800 Menschen je Baustelle. Da es keinerlei Arbeitsschutz oder Sicherheitsvorkehrungen gab, passierten ständig Unfälle die nicht selten tödlich endeten, es sind mehrere Fälle bekannt bei dem Menschen in den frischen Beton gefallen und somit zu Tode gekommen sind. Am 6. Dezember 1944 waren von 17.600 Häftlingen noch lediglich 8319 arbeitsfähig[309], woraufhin man das KZ-Lager »Kaufering IV« zum Krankenlager umfunktionierte, was aber eher einem Sterbelager glich. Wer nicht vor Hunger, Kälte, Typhus oder Schwäche starb, wurde, wenn er nicht mehr arbeiten konnte, zurück nach Auschwitz geschickt, wo er in den Gaskammern ermordet wurde. 6334 Menschen überlebten so den Einsatz in Landsberg nicht und wurden in Massengräbern rund um Landsberg und Kaufering verscharrt, 2700 weitere Menschen wurden als arbeitsunfähig selektiert und in die Vernichtungslager Auschwitz und Bergen-Belsen abgeschoben[310].

An »Weingut II« wurde bis Ende März 1945 gearbeitet, wobei 226 Meter der Außenhülle fertig gestellt und bei den ersten 70 Metern der Innenausbau weit fortgeschritten war. Ausgeführt wurden die Arbeiten ab dem 15. Mai 1944 durch die Firmen Leonhard Moll (»Weingut II«), Philipp Holzmann (»Diana II«), Karl Stöhr (»Walnuß II«), die Innenausbauten übertrug man den Firmen Dyckerhoff & Widmann AG (Dywidag) sowie Held & Francke.

Vermutlich Ende Juni wurden die Arbeiten bis auf den Bunker »Weingut II« zugunsten der schnelleren Fertigstellung dessen gestoppt, am 27. März 1945 übergab Hitler die Bauleitung an den SS-Obergruppenführer Kammler, woraufhin die Zahl der Toten drastisch zunahm.

In diesem Großbunker sollten sich 43 Firmen in Par-

309 Europäische Holocaustgedenkstätte Stiftung e.V., Landsberg
310 Militärgeschichtliche Sammlung »Erinnerungsort Weingut II«: Welfenkaserne Landsberg am Lech

Ein Arbeiter vor dem Widerlager einer Bunkerseite. (NARA)

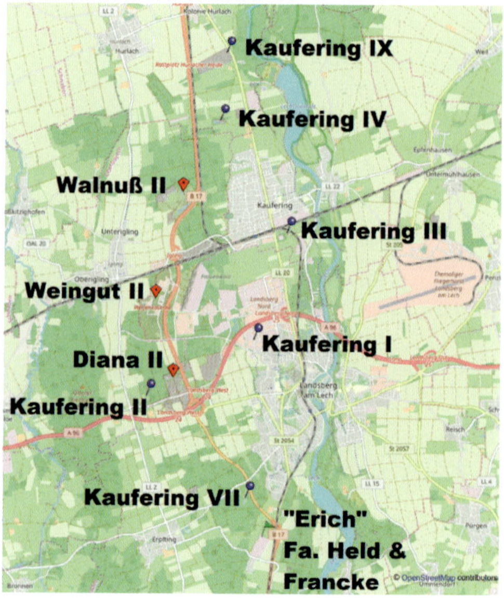

Lage der Bunkerbaustellen (Rauten), des Fertigbeton-Werkes »Erich« (Fähnchen) sowie der KZ Lager (Pins); nicht im Bild sind das Lager Kaufering VI bei Türkheim sowie das Werk »Rudolph« mit dem Lager Kaufering X bei Utting. (OpenStreetMap)

zellen des Bunkers ansiedeln, deren Größe zwischen 7000m² und 22000m² variierten. Bis Kriegsende wurde ein Teil des Innenausbaus fertiggestellt und auch schon teilweise bezogen. Die hintere Bunkerwand wurde ebenfalls fertig gestellt, darin befand sich ein Tor für einen Zug, der in Bunker eingefahren ist. Der Bunker wurde nach 1945 von der US-Armee als Sprengplatz für die auf dem Gelände gelagerten US-Bomben benutzt. 1959 wurde der Bunker von der Luftwaffe übernommen und von 1960 bis 1966 fertig ausgebaut und bis heute genutzt.
Der Bunker liegt heute innerhalb der Welfenkaserne von Landsberg/Lech und ist von außen nicht zu erkennen, kann aber im Rahmen von Führungen besichtigt werden. Von den beiden anderen Projekten »Walnuß II« und »Diana II« sind lediglich noch Sand- bzw. Kiesgruben zu erkennen.

8.3 »Weingut I« bei Mühldorf

Im Juli 1944 begann man mit dem Bau des Großbunkers im Mühldorfer Hart, in dem die Me 262 produziert werden sollte. Der Bunker entsprach in der Ausführung »Weingut II« in Landsberg/Lech.
Ab Mai richtete sich die OT in der Anstalt Ecksberg ein, welche ebenso wie die für das Bauwerk nötigen Waldflächen beschlagnahmt wurden und errichtete ein erstes Barackenlager. Im Bereich Ampfing/Mettenheim errichtete man Betonwerke, eine Zimmerei, ein Kiessortierwerk und weitere Nebenanlagen. Weiterhin wurden mehrere Luftschutzbunker in der Nähe des zu errichtenden Bunkerwerkes errichtet. Für den Transport der Baumaschinen und Materialien richtete die Reichsbahn eine Industriegleisanlage ein, welche von der Bahnstrecke München-Mühldorf abzweigte.
Ausgeführt wurden die Arbeiten durch die Firma Polensky & Zöllner, welche 200 eigene Arbeiter und 800 bis 1000 Arbeiter aus ihren angegliederten russischen Unternehmen sowie 200 bis 300 italienische Arbeiter bereitstellte. Da diese Anzahl aber bei weitem nicht ausreichte, beschäftige man weitere 8000 Zwangsarbeiter und KZ-Häftlinge auf der Baustelle. Um die Häftlinge unterzubringen, errichtete man das KZ-Außenkommando Mühldorf, welches dem KZ Dachau unterstand. Das Außenkommando umfass-

Der Großbunker in Mühldorf. (NARA)

Entnahmetunnel mit darüberliegendem Kern aus Kies. (NARA)

te vier Lager in Mettenheim, Mittergars, Thalham sowie das »Waldlager V/VI« in der Nähe der Baustelle. Die anderen Lager waren etwa 3km (Mettenheim) bis 12km von der Baustelle entfernt.
Spätestens ab 18. Juli 1944 existierte das KZ Lager Mettenheim[311]. Kurz darauf trafen die ersten 1000 Häftlinge aus Auschwitz in das noch im Bau befindliche Lager ein, nach und nach erhöhte sich die Zahl der Häftlinge auf 2000.
Das Lager umfasste 20 Holzbaracken, in denen je 150 bis 200 Häftlinge untergebracht waren. Es gab keinerlei sanitäre Anlagen, nur eine Wasserstelle und keine Heizmöglichkeiten[312]. Das »Waldlager V/VI« wurde im August 1944 errichtet, es erhielt diese Bezeichnung, weil es weitere Waldlager der OT mit der Bezeichnung I bis IV gab. Dieses Lager war das zweitgrößte im Lagerkomplex Mühldorf, in der ersten Ausbaustufe (Waldlager V, »Sommerlager«) mussten die Häftlinge in Finnenzelten leben, in der Erweiterung (»Winterlager«, Waldlager VI) wurden Erdhütten wie in Landsberg errichtet. Auch hier wurden bis zu 2000 Häftlinge untergebracht.
Ab vermutlich Oktober 1944 errichtete man das Außenlager Mittergars, welches mit 300 bis 350 Häftlingen belegt wurde sowie das Außenlager Thalham, in welchem ab Ende Januar 1945 200 Häftlinge zu Arbeiten in der nahegelegenen Kiesgrube herangezogen wurden.
Zusammen mit weiteren russischen Kriegsgefangenen arbeiteten an den Baustellen rund um Mühldorf über 10.000 Menschen[313]. Die OT betreute die Arbeiten von ihren Büros in Ampfing, Mettenheim und Ecksberg bei Mühldorf. In einem amerikanischen Untersuchungsbericht nach dem Krieg wurde festgestellt, dass im Zusammenhang mit dem Mühldorfer Lagerkomplex 3556 Menschen ums Leben kamen[314], allein in drei Massengräbern fanden die Amerikaner 2249 Tote.
Nach dem Krieg wurde der Bunker von amerikanischen Sprengstoffexperten gesprengt.

Vorne der Kieskern und dahinter fertig betoniertes Gewölbe. (NARA)

311 Edith Raim: Die Dachauer KZ-Außenkommandos Kaufering und Mühldorf, S. 174
312 Archiv der Gedenkstätte des KZ Museum Dachau, Signatur 15871, Polizeiliche Vernehmung von S. Eberl am 7./8. Juni 1966 in Dachau
313 Peter Müller: Das Bunkergelände im Mühldorfer Hart, S. 14
314 Amerikanischer Untersuchungsbericht. Memorandum, prosecution Exhibit No. 8, 123a/6, BayHSta

8.4 »Biber« bei Glesch an der Erft

Ein weiterer Großbunker sollte zwischen Bedburg und Glesch an der Erft direkt neben einer Kiesgrube entstehen, welcher genauso wie »Weingut I« sowie die Großbunker des Projekts »Ringeltaube« geplant war und der zur Verlagerung von Industriezweigen für den Flugzeugbau dienen sollte[315].

Baubeginn war im Juni 1944, ausgeführt werden sollte der Bau durch die Firmen Heinrich Butzer (Dortmund), Rathjens, Reckmann, Wayss & Freytag AG, Dyckerhoff & Widmann AG (beide Frankfurt/Main) und R.O. Meyer (Düsseldorf). Es existierten mindestens sieben Lager in denen Kriegsgefangene untergebracht waren[316].

Die Baustelle wurde im Herbst 1944 aufgrund der heranrückenden amerikanischen Streitkräfte aufgegeben. 1955 wurde in dem Gebiet der Braunkohle-Tagebau Fortuna-Garsdorf erschlossen, in den 1970er Jahren fiel das Bunkergelände dem Tagebau zum Opfer. Nach dem Betriebsende 1993 wurde das Gebiet wieder verfüllt sodass heute nichts mehr an den Tagebau erinnert.

Luftaufnahme der Bunkerbaustelle bei Glesch an der Erft. (Kreisarchiv Rhein-Erft-Kreis, Bestand Wimmer)

315 Heinz-Ludwig Kanzler, Tausende Gefangene schufteten am Biber, Rhein-Erft Rundschau, 30.5.2003

316 Uwe Depcik, Die Organisation Todt – Bunkerbau in Bedburg aus: Gezwungenermaßen – Zwangsarbeit in der Region Rhein-Erft-Rur / hrsg. von der Arbeitsgemeinschaft der Archivarinnen und Archivare im Erftkreis. – 1. Aufl. – Bergheim/Erft, 2002. - S. 63ff.

9 Waldwerke

Eine besondere Form der oberirdischen Verlagerung waren die von der Messerschmitt AG vielfach eingerichteten Waldwerke. Am Tag nach dem verheerenden Bombenangriff am 25. Februar 1944 auf das Messerschmitt-Werk in Regensburg starteten Dr. Wedemeyer und Generalingenieur Lucht mit einem Fieseler Storch, um die Umgebung um Regensburg nach geeigneten Wäldern abzusuchen, in welche man die Produktion verlagern konnte[317].
Als erstes »Waldwerk« entstand das etwa 10km vom Fabrikgelände von Regensburg gelegene Waldwerk »Gauting« bei Hagelstadt, in welchem die Bf 109 weiter produziert werden konnte nachdem im Werk aufgrund der großen Schäden durch Bombenangriffe keine Fabrikation mehr stattfinden konnte. Mit diesem Waldwerk machte man so gute Erfahrung, dass man sich entschloss weitere Waldwerke zu schaffen da auch die Fertigstellung der Bunkerfabriken noch andauerte.
Die Produktionsräume dieser Werke bestanden aus einfachen Zelten oder Baracken aus Holz, welche man zum Teil direkt in die Umgebung hinein baute. Ergänzt wurde die Blätterdachtarnung nur durch große Netze, womit die meisten Arbeiten auch schon erledigt waren. Der Vorteil gegenüber anderen Verlagerungsarten waren die unschlagbar günstigen Baukosten, allerdings konnten solche Waldwerke nicht überall errichtet werden.

Voraussetzungen waren:
- Nähe zu einer Eisenbahnlinie
- ausreichende Wasserversorgung
- Verfügbare Stromversorgung in der Nähe
- Nähe zu anderen Produktionsstätten
- Nadel- oder Mischwald zu Tarnungszwecken in verschiedenen Jahreszeiten
- Terrain, in dem Hütten gebaut werden können ohne dass diese das Aussehen des Waldes auf Luftaufnahmen verändern[318]

Ohne diese Waldwerke wäre es gegen Ende des Krieges nicht mehr zur Produktion von über 1400 Me 262 gekommen[319]. Das Augsburger Werk errichtete vier Waldwerke[320] (ein weiteres war im Bau):

- Leipheim (Endmontage und Einflugbetrieb Me 262, ab April 1944)
- Schwäbisch Hall (»Hasenbühl«, Endmontage und Einflugbetrieb Me 262; ab Juli 1944)
- Burgau («Kuno AG I", Endmontage Me 262; ab April 1945)
- Horgau (»Blechschmiede«, Me 262 Tragflächenproduktion; ab März 1945)
- Riedheim (»Kuno AG II«, Bau begonnen aber keine Produktion angelaufen)

Die Produktionsfläche dieser Waldwerke lag zwischen je 2500m² bis 4700m².

Das Werk Regensburg errichtete fünf Waldwerke[321] (ein weiteres war in Planung) sowie ein Waldlager:

- Vilseck (ab März 1944 in einer Zelthalle nördlich des Flugplatzes)
- Hagelstadt (»Gauting«, Baugruppenmontage Bf 109, später Me 262; ab Juni 1944)
- Obertraubling (»Stauffen«, Endmontage Me 262, ab Oktober 1944)
- Neuburg (»Sand und Kieswerk Kießling & Co.«, Endmontage und Einflug Me 262, Februar 1945)
- Cham (Endmontage Bf 109, Vorbereitung Endmontage Me 262, ab Oktober 1945)
- Bodenwöhr (»Waldlager«, Montage Komponenten Bf 109)
- Manching (geplant)

Die Produktionsfläche dieser Waldwerke lag zwischen je 4400m² bis 6000m², wobei entweder Teilfertigung oder Endmontage der Me 262 oder der Bf 109 durchgeführt wurde. Die fertigen Maschinen konnten dabei von nahegelegenen Fliegerhorsten oder Autobahnteilstücken starten.
Die Forschungsanstalt Hermann Göring in Voldenrode bei Brunswick (vormals Deutschen Versuchsanstalt für Luftfahrt - DFL), welche Büros, Windtunnel, Motorenprüfstände und Mannschaftsunterkünfte beinhaltete, war im Wald um den Fliegerhorst angeordnet und wurde während des gesamten Krieges nicht von Bombern angegriffen.

[317] Peter Schmoll, Die Messerschmitt-Werke im Zweiten Weltkrieg, S. 146
[318] USSBS Aircraft Division, Report No.11, Messerschmitt AG Augsburg, Appendix I, Report on Horgau Forest Dispersal, S. 1
[319] ebenda, S. 12
[320] USSBS Aircraft Division, Report No.11, Messerschmitt AG Augsburg, Part A, Exhibit A-A
[321] ebenda, Part B, Exhibit R-D

Von Messerschmitt wurde eine interessante Gegenüberstellung zwischen den Waldwerken und U-Verlagerungen im Rahmen der Befragung der Alliierten durch die »United States Strategic Bombing Survey« angefertigt[322]:

	Waldwerk Gauting	U-Verlagerung Kematen
Produktionsfläche		
Geplant	5600m²	4200m²
ausgeführt	5600m²	2500m²
Unproduktive Fläche		
Geplant	9300m²	3900m²
ausgeführt	9300m²	0m²
Bauzeit		
Geplant	2 Monate	8 Monate
Ausgeführt	2 Monate	10 Monate*
Kosten	700.000 RM	4.076.000 RM
Bedarf an Arbeitern	1200 Arbeiter	729 Arbeiter
Ausfälle wg. Luftangriffen	50 Std. pro Monat	keine

* Noch nicht fertig gestellt

Die Waldfabriken verfügten über eine etwa 100 bis 150m lange, 15 bis 20m breite und 5m hohe Zelt- oder Montagehalle aus Holz, welche zwischen hohen Fichten stand, sodass sie von beiden Seiten zu je einem Drittel durch die Wipfel der Bäume verdeckt war. Für die Tarnung des mittleren Hallendaches sorgte ein zwischen den Bäumen gespanntes Tarnnetz.
Baugruppen wie Bugsektionen, Mittelrumpfflächen u.a. wurden entweder angeliefert oder in den umliegenden Baracken vormontiert. Die Montage einer kompletten Me 262 umfasste 12 Arbeitstakte, die auf vier Fünfteln der Produktionsfläche in der Halle abliefen. Ein Fünftel umfasste den Weg von dem einen zum nächsten Takt sowie den nötigen Raum für Kleinmaterial, Werkzeug und Normteile. Die Breite der seitlichen Gänge war so bemessen, dass jeweils ein Jumo 004 Triebwerk zwischen Maschine und Seitenwand der Halle um 90° gedreht werden konnte.
In der Montagehalle wurden die hinter dem Zelt angelieferten Großbauteile von angelernten Arbeitern (Fremd- und Zwangsarbeiter sowie Hilfsarbeiter) sowie Facharbeitern innerhalb des Zeltes in 12 Takten montiert, wobei sie auf einem Montagewagen von Takt zu Takt weitergeschoben wurden.
Sowohl der Augsburger als auch der Regensburger Fertigungskreis errichtete Waldwerke, welche sich in ihrer Ausführung unterschieden. Regensburg errichtete das erste Waldwerk »Gauting«, welches über ein weit verzweigtes Netz aus Hallen und Baracken verfügte und in welchem die Bf 109 komplett produziert wurde. Augsburg errichtete die beiden Waldwerke Leipheim und Schwäbisch Hall, welche hauptsächlich aus einer großen Endmontagehalle bestanden. Die nach diesen beiden Augsburger Waldwerken errichteten Regensburger Waldwerke verfügten ebenfalls über eine Endmontagehalle, allerdings zusätzlich über direkt davor angeordneten kleineren Hallen für die Vormontage (»Bereitstellung«), wo beispielsweise die Triebwerke und die Rümpfe mit den entsprechenden Leitungen, Kabeln und Einbauteilen ausgestattet wurden die anschließend zur Endmontage weitergereicht wurden.

Die Takte setzten sich folgendermaßen zusammen[323]:

[322] USSBS Aircraft Division, Report No.11, Messerschmitt AG Augsburg, Part B, Exhibit RF
[323] NARA/Sammlung Koziol, Gemäß Endmontage 8-609 des Betriebsbüros Hauptverwaltung vom 7.3.45 (Siehe Anhang D)

Takt 2b, Einhängen des Triebwerks. (Waffen, Hände, Herzen, BArch-FA BSL 24347-2)

Endmontage 8-609						
	Arbeitsgang		Errechneter A.K. Bedarf			
			Studen-anfall	FA.	A.A.	Ges.
Takt 1	a	Rumpf und Tragwerk Zusammenbau mit Kraftstoffleitungen anschließen, innere Vorflügel und Landeklappen abschrauben, Deckel abschrauben	18	2	4	6
	b	Elektrische Anlage in Fläche rechts und Moranemast-Einbau	3		1	1
	c	Elektrische Anlage in der Fläche links und Abreißdosen-Einbau	3		1	1
			24	2	6	8

Takt 2a: Montage des Leitwerkträgers mit dem Leitwerk. (Waffen, Hände, Herzen, BArch-FA BSL 24347-2)

Takt 2	a	Leitwerksanbau nivellieren und Rüstmarken feilen	6	1	1	2
	b	Triebwerk links und rechts einhängen, Triebweksgestänge und Leitungen	12	2	2	4
	c	Hydraulik und Messeleitungen, Kabinenheizung, Bremsleitung, Staudruckleitung anschließen und prüfen	6		2	2
			24	3	5	8
Takt 3	a	Rumpfspitzenanbau ohne Haube	9	1	2	3
	b	Triebwerksverkleidungen Böckchen setzen. Wanne und hintere Haube anbringen	12	2	2	4
	c	Flügelübergang am Rumpf, Vorflügel wieder anschrauben	9	2	1	3
	d	Deckel für Zusatzkraftstoffanlage	6		2	2
	e	Flatterbremse, Federbein, Reifendruck und Bremsleitung prüfen	9		3	3
			45	5	10	15

Takt 3a: Montage der Bugsektion im Waldwerk Leipheim. (Waffen, Hände, Herzen, BArch-FA BSL 24347-2)

Takt 4	a	Haube für Rumpfspitze	6	1	1	2
	b	Triebwerksverkleidungen, vord. Und hint. Flügelübergang anpassen, Haube aufnieten	18	3	3	6
	c	Steuerung anschließen und einstellen	9	1	2	3
	d	Leitung an V20 einklemmen, V35, C11, V30 anschließen und befestigen. Peilrahmen und Drahtantenne anbringen. Leitungen für Kurssteuerung	6		2	2
			39	5	8	13
Takt 5	a	Triebwerksverkleidungen, Klappen und vordere Haube anbringen	15	2	3	5
	b	Fahrwerk und Landeklappen Funktion	12	2	2	4
	c	Waffen Funktion	6		2	2
	d	AAG.-25, U17, Mutterkompass, Sammler-Einbau montieren. Bordnetz Funktion	6	1	1	2
			39	5	8	13

AAG-25: Antennen-Anpassgerät
U17: Umformer des UKW-Sprechgeräts FuG 16
V20, V30, V35 und C11 sind Kabel-Verbindungsstellen

Hinweisschild für den nächsten Taktwechsel im Waldwerk Leipheim. (Waffen, Hände, Herzen, BArch-FA BSL 24347-2)

Takt 6	a	Deckel mit Zusatzkraftstoffbehälter einbauen	6		2	2
	b	Abwurfwaffe und Schubgerät anpassen und Funktion durchführen	15	2	3	5
	c	Leitwerksverkleidung	6	1	1	2
			27	3	6	9
Takt 7	a	Sitz einbauen, Kabine aufsetzen und Notbetätigung durchführen, sämtliche Deckel aufschrauben. Maschine reinigen und abschmieren	15	1	4	5
Takt 8	a	Endabnahme und Beanstandungen beheben (mech.)	15	3	2	5
	b	Elt. Beanstandungen beheben	3		1	1
	c	Ft.-Funktion	6	1	1	2
			24	4	4	8

Takt 9	a	Innen überholen und Trennanschluss nachstreichen	3		1	1
	b	Innen komplett beschriften	3		1	1
	c	Nachspachteln und nachschleifen	3		1	1
	d	Reinigen, abdecken und Tarnschem. Aufspritzen	6		2	2
	e	Beschriftung aufschablonieren. Gesamte Maschine mit Stahlwolle abreiben	6	1	1	2
			21	1	6	7
Betriebsbüro Hauptverwaltung, den 7.3.45 Insgesamt:			258	29	57	56

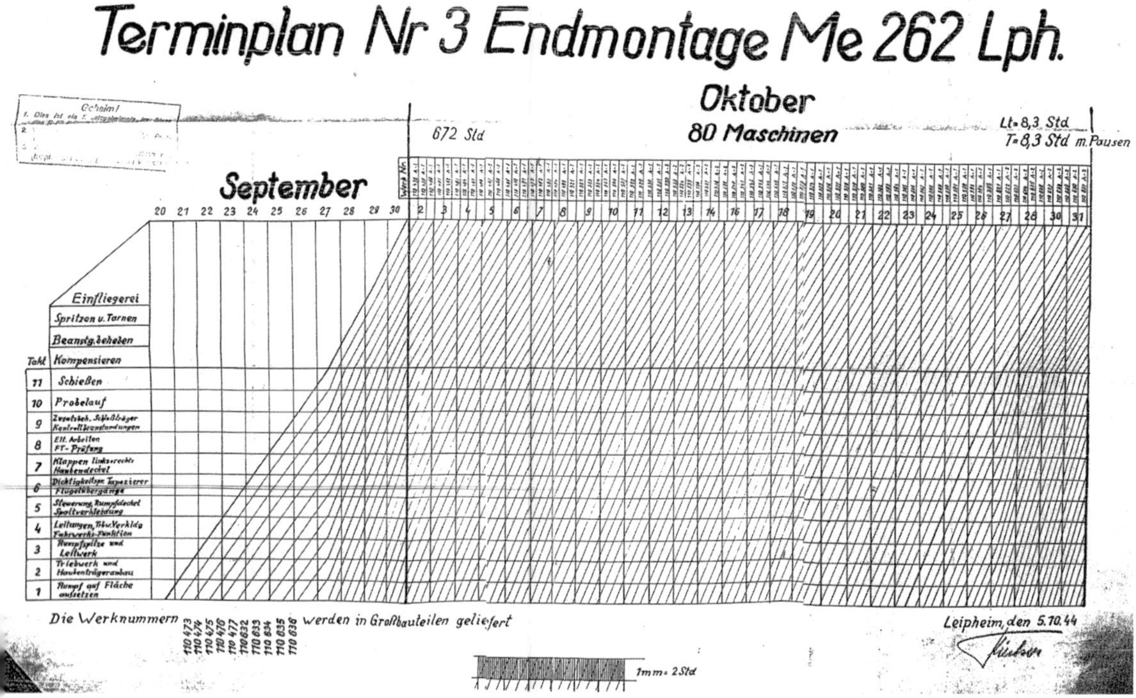

Terminplan für Oktober 1944 im Waldwerk Leipheim mit Werknummern. (Sammlung Rentschler)

Takt 10 beinhaltete das Einschießen der Bordwaffen auf einem Schießstand, Takt 11 den Triebwerksprobelauf und Takt 12 das Kompensieren des Kompasses. Diese Takte wurden auf dem jeweiligen Fliegerhorst durchgeführt. Mit dieser Stunden- und Arbeiterzahl war geplant, drei Flugzeuge pro Tag zu montieren. Der Gesamtaufwand belief sich auf 258 Arbeitsstunden, welche von 29 Fach- und 57 ungelernten Arbeitskräften ausgeführt wurden.

Den Sommer über waren die Arbeiten sowohl innerhalb als auch außerhalb der Halle einigermaßen erträglich, wenn auch die Hitze unter den Dachpappendächern bzw. der schweren körperlichen Arbeit zu schaffen machten. Schwieriger wurde es schon im Herbst und im Frühjahr, vor allem auf den unbefestigten und verschlammten Waldwegen. Außerordentlich hart waren jedoch im Winter die Bedingungen in den unbeheizten Hallen und Baracken sowie beim Transport im Freien[324].

324 Manfred Jurleit, Strahljäger Me 262, die Technikgeschichte, S. 100; siehe auch Michael S. Koziol, Rüstung, Krieg und Sklaverei, S. 65f.

9.1 »Gauting« bei Hagelstadt

Am 28. Februar 1944 wurde, kurz nach dem Bombenangriff auf Obertraubling, mit dem Bau des Waldwerks Gauting begonnen. Man hat dieses Waldgebiet ausgewählt, weil es sehr dicht bewaldet war, man keine Waldwege darin erkennen konnte und somit für die alliierten Aufklärer unsichtbar war. Am 1. Juni 1944 war das Waldwerk fertig und die Produktion von Flügeln und Rümpfen der Bf 109 begann. Die Gebäude des Waldwerks bestanden aus Holz, welches in der nahegelegenen Sägemühle bearbeitet wurde.

Das Waldwerk produzierte mit 12.000 Männern und Frauen täglich 16 Bf 109 K, welche in das nur etwa 12 km nördlich davon liegende Messerschmitt-Werk Regensburg / Obertraubling überführt wurden. Später wurden hier Rümpfe und andere Baugruppen für die Me 262 hergestellt[325], welche in die Endmontagestätten anderer Waldwerke geliefert wurden.

Dieses Waldwerk war das größte seiner Art und verfügte über eine Fläche von 5000 m^2 und hatte ein weit verzweigtes Netz mit Wegen, auf denen Feldbahnen verlegt waren um Großbaugruppen transportieren zu können. Der Bereich war hermetisch abgeriegelt.

Das Waldwerk verfügte über Montagehallen für Tragflächen, Rümpfe und Motoren sowie eine Lackierhalle, eine Küche, eine Kantine, einen Bürobereich sowie Unterkunftsbereiche für Fremdarbeiter und Kriegsgefangene (die Gebäude glichen denen des geplanten Waldwerks »Burghausen 3«, Pläne siehe Kapitel 9.10). Hier existierte eine komplette Montagelinie für die Bf 109, wohingegen in den anderen Waldwerken lediglich die Endmontage untergebracht war, die mit Großbauteilen aus anderen Fertigungsbetrieben versorgt wurde.

Nach Einbruch der Dunkelheit wurden die Flugzeuge über die heutige B15 nach Obertraubling gezogen, wobei der Sporn auf der Ladefläche eines LKW fixiert und die »109« über ihr Hauptfahrwerk gerollt wurde[326].

Ab September/Oktober 1944 fertigte man hier Rümpfe für die Me 262 (etwa 200 bis 300 Stück wurden gebaut, das Gros kam aus Obernzell und »Bergkristall«), die Endmontage der Bf 109 verlegte man nach Cham (siehe Kapitel 9.11.2) und die Rumpfmontage der 109 ins Waldwerk bei Bodenwöhr[327].

Rumpfmontagehalle[328]

[325] USSBS Aircraft Division, Report No.11, Messerschmitt AG Augsburg, Part B, S. 3

[326] Mittelbayerische Zeitung vom 12.05.2007, 416 Jagdflugzeuge wurden pro Monat gebaut – Mehr als 150 Interessenten kamen zur Infoveranstaltung über die Waldwerke bei Hagelstadt

[327] Schmoll, die Messerschmitt-Werke im zweiten Weltkrieg, S. 151ff.

[328] USSBS Aircraft Division, Messerschmitt AG Augsburg, Part B, Exhibit R-E

Das Waldwerk Gauting in einer Luftaufnahme vom 11. April 1945. Rechts ist die Reichstraße von Alteglofsheim nach Hagelstadt zu sehen sowie die beiden Einfahrten, die eine senkrecht, die andere schräg zur Reichstraße. In der Bildmitte kann man einen Verkehrsknotenpunkt als helle Feldwege erkennen. (© HES)

Rumpfendmontage im Waldwerk Gauting.[329]

[329] USSBS Aircraft Division, Messerschmitt AG Augsburg, Part B, Exhibit R-E

Lageplan des Waldwerks. (die Orientierung entspricht dem Luftbild links)[330]

Transport eines DB 605 Motors auf Feldbahngleisen.[331]

Halle Für Motorenmontage (Gebäude 10).[332]

330 Aus dem USSBS Aircraft Division, Messerschmitt AG Augsburg, Part B, Exhibit R-E

331 USSBS Aircraft Division, Messerschmitt AG Augsburg, Part B, Exhibit R-E

332 ebenda

Tragflächenmontage[333]

9.2 Gerätebau Leipheim

Seit dem Winter 1940 war die Messerschmitt AG auf dem Fliegerhorst Leipheim beschäftigt, wodurch das Flugplatzareal zum Sperrgebiet wurde. Man begann hier, den Groß-Lastensegler Me 321 »Gigant« zu bauen, mit welchem am 25. Februar 1941 erfolgreich der Erstflug in Leipheim durchgeführt wurde. Im Juli 1941 wurde die Beton-Startbahn fertig gestellt, welche für die riesigen und schweren Lastensegler sowie deren Schleppmaschinen (ab Frühjahr 1941 wurde eine He 111 Z-1 »Zwilling« eingesetzt) unabdingbar war. Zeitgleich erfolgte auch der Bau eines Tanklagers und der Ausbau des Schießstandes im Waldgebiet »Justing« gegenüber der Reichsautobahn. Die Montage der Lastensegler erfolgte in Leipheim teilweise wegen der enormen Größe des Flugzeugs im Freien. Nachdem im März 1944 die ersten Prototypen und fünf Vorserienmaschinen der Me 262 in Augsburg und Regensburg gebaut wurden, begann man in Leipheim die Serienproduktion aufzubauen, wozu zahlreiche Mitarbeiter von Messerschmitt sowie 200 Ukrainische Fremdarbeiter nach Leipheim kamen, welche in einem Fremdarbeiterlager im Wald östlich von Leipheim untergebracht wurden[334]. Rund um Leipheim produzierten zahlreiche Zulieferbetriebe Teile für die Me 262, so kamen die Rumpfnasen beispielsweise teilweise aus Günzburg. Die fünf ersten Nullserienmaschinen wurden in den Hallen des Fliegerhorstes gebaut, wo vorher die Me 321, die Me 323 »Gigant« sowie die letzten Bf 110 endmontiert wurden. Die Produktion sollte aber baldmöglichst aus den auffälligen Hallen wieder ausziehen, da man eine Bombardierung des Werkes befürchtete. Am 24. April 1944 wurde der Fliegerhorst von der US Air Force tatsächlich bombardiert, wodurch der Bau des Waldwerkes noch beschleunigt wurde[335]. Bei dem Bombenangriff wurde der Fliegerhorst stark getroffen, das Rollfeld war von Bombentrichtern übersät, alle Hallen bis auf die Werft waren ausgebrannt und 80% der Unterkünfte zerstört, 23 fertige Me 262 wurden zerstört[336].

Bereits ab 1943 war Leipheim wegen der Produktion der Me 321 und der Me 323 im Fokus der alliierten Aufklärung. Beim Bombenangriff am 24. April 1944 stellte man fünf Me 262 in Leipheim fest. Nach den Bombenangriffen gab es bis Ende Mai wenig Aktivitäten auf dem Flugplatz, allerdings nahm die Anzahl von Me 262 bis Juni stetig zu, wobei hier auch nicht komplett montierte Flugzeuge festgestellt wurden weshalb man davon ausging, dass das Flugzeug hier montiert wurde. Nach der Zerstörung der Anlagen des Flugplatzes vermutete man die Endmontage in einem noch stehenden Reparatur-Hangar in

[333] USSBS Aircraft Division, Messerschmitt AG Augsburg, Part B, Exhibit R-E
[334] Hörner/Remp, Gigantische Zeiten, S. 70
[335] Manfred Jurleit, Strahljäger Me 262, die Technikgeschichte, S. 99f.
[336] USSBS Aircraft Division, Messerschmitt AG, Appendix III, Exhibit M-C-2

der nordwestlichen Ecke des Platzes. Dieser wurde bei einem weiteren Bombenangriff am 19. Juli 1944 zerstört, weshalb man von keiner weiteren Aktivität bezüglich der Me 262 in Leipheim mehr ausging.
Am 25. Juli 1944 konnten trotzdem im Südwesten in der Nähe der Autobahn noch einige Me 262 entdeckt werden, außerdem wurde der Weg zur Autobahn erweitert. Weiterhin entdeckte man im dichten Wald südlich des Schießstandes eine schmale, gut getarnte Schneise im Wald. Auf dem Mittelstreifen der Autobahn wurden Bäume gefällt, der Mittelstreifen betoniert und getarnt. Die Autobahn wurde durch leichte Absperrungen für den Verkehr gesperrt.
Im Oktober 1944 konnte die US Armee einen deutschen Kriegsgefangenen verhören[337] welcher an der Ostfront kämpfte, nachdem er im März 1944 als technischer Zeichner zu Messerschmitt kam wo er bis zum 19. Oktober 1944 blieb. Er sagte aus, dass der Endmontagelinie der Me 262 der Tarnname »Gerätebau Leipheim« gegeben wurde. Als der Kriegsgefangene im März 1944 in Leipheim eintraf, wurde dort noch die Me 323 montiert und die Endmontagelinie der Me 262 wurde im Hangar Nr. 47 aufgebaut. Dort lief die Endmontage noch bis zum Bombenangriff am 24. April 1944, wo der Hangar zerstört wurde. Zu dieser Zeit wurde ein Flugzeug pro Tag gebaut, nahezu alle Bauteile wurden angeliefert.
Nach der Zerstörung des Hangars wurde die Endmontage in den Wald südlich des Schießstandes verlegt. Wenige Tage nach dem Bombenangriff wurde hierzu ein Betonboden hergestellt, auf den ein Zelt gestellt wurde in welchem acht Flugzeuge auf Montagewagen auf Schienen montiert werden konnten. Die Arbeiten wurden am 6. Mai mit voller Geschwindigkeit weitergeführt, sodass 40 Maschinen gebaut werden konnten. Ab Mai stieg die Produktion an, im September wurden 60 Maschinen gebaut. Der Kriegsgefangene ist sich wegen der Zahl 60 sicher, weil die Transportwagen der Endmontagelinie zwei Mal pro Tag weitergeschoben wurden. Im Oktober wurde die Endmontagelinie mit Holzwänden und einer Heizung (Warmluftgebläse) ausgestattet.
Die Maschinen wurden auf dem Weg zur Autobahn geschoben, welcher die Endmontagelinie mit dieser verband. Auf dem Flugplatz wurden die Maschinen von drei Messerschmitt-Piloten eingeflogen. Die Autobahn war für den Verkehr gesperrt, es wurde oft von der Autobahn zu Testflügen gestartet, aber auf dem Fliegerhorst gelandet. Alle Reparaturarbeiten im Rahmen der Einfliegerei wurden in einem klei-

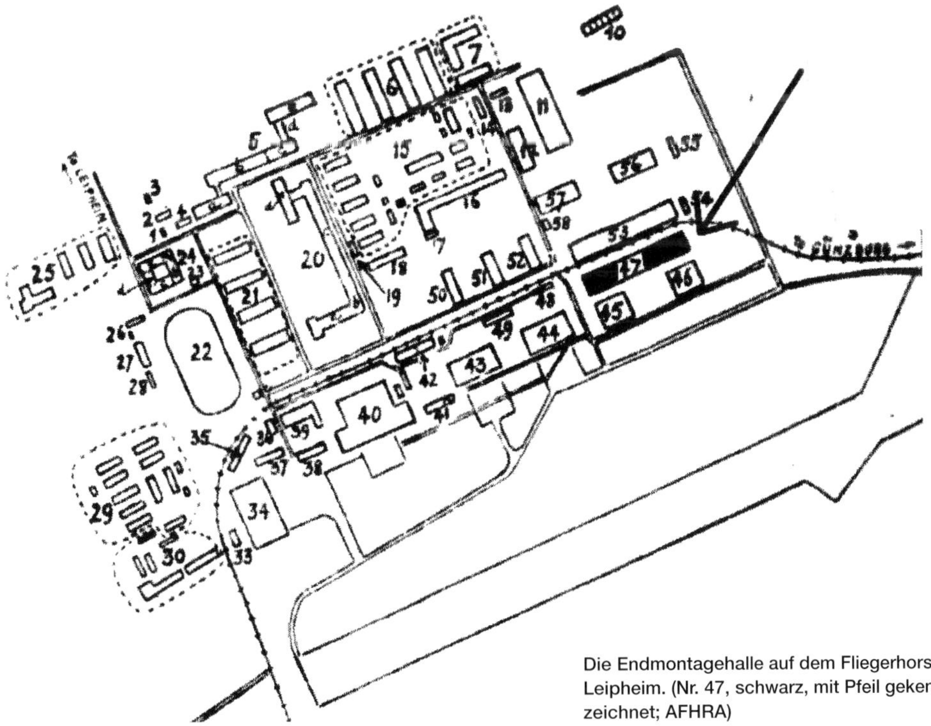

Die Endmontagehalle auf dem Fliegerhorst in Leipheim. (Nr. 47, schwarz, mit Pfeil gekennzeichnet; AFHRA)

[337] AFHRA, A.D.I.(K) Report No. 693/1944

nen Wald in der Nähe der Endmontagelinie erledigt. Die fertigen Maschinen wurden dann nach Lechfeld oder Rechlin zu den Einheiten geflogen.
Die Änderungen der Konstruktion der Me 262 aus Oberammergau machte immer wieder den Eingriff in die Endmontage nötig, dies war auch der Grund warum nicht mehr als zwei Maschinen pro Tag gebaut werden konnten. Ab April 1944 wurde ein zusätzlicher 200 Liter Tank zwischen den Tragflächenbefestigungen eingebaut, ab Juni ein weiterer 600 Liter Tank in der Nähe der Trennstelle zwischen Rumpf und Heck, weshalb hier die Rümpfe mit Stahlbändern verstärkt werden mussten. Im Mai wurde eine weitere Kabinenabwurfeinrichtung eingebaut, welche nun auch manuell vom Piloten ausgelöst werden konnte (bisher geschah dies automatisch).
Wie die Endmontagelinie in Schwäbisch Hall bezog auch Leipheim die Tragflächen aus Leonberg. Diese wurden komplett mit Steuerung und Fahrwerk angeliefert, ab April 1944 kamen pro Tag sehr regelmäßig zwei Tragflächen in Leipheim an, was für den täglichen Bedarf ausreichend war, aber nicht um eine gewisse Lagerreserve aufzubauen. Rümpfe wurden in der Nähe von Regensburg gefertigt (Obernzell) und Rumpfnasen kamen aus einem verlagerten Betrieb in Günzburg. Heckteile wurden bei Blohm und Voss in Hamburg gebaut und erreichten die Endmontagelinie in Leipheim ab August, da diese vorher in Lauingen auf Metallhöhenruder umgebaut wurden. Ab September wurde diese Änderung direkt bei Blohm und Voss eingebaut, sodass die Heckeinheiten von da an direkt von Blohm und Voss kamen. Woher die Junkers-Triebwerke kamen wusste der Kriegsgefangene nicht, sie wurden wie viele andere Teile in kleinen, getarnten Zelten rund um die Endmontagehalle gelagert.
In Leipheim arbeiteten inklusive der Büroangestellten etwa 500 Menschen, davon etwa 350 Deutsche und etwa 150 Russische Männer und Frauen, alles Zivilisten. Es wurde rund um die Uhr an sieben Tagen die Woche gearbeitet. So weit wie sich der Kriegsgefangene erinnern kann, gab es einen Maschendrahtzaun im nördlichen Teil des Fliegerhorstes, der restliche Teil war aber nicht eingezäunt. Das Gelände und die Eingänge wurden von der Wehrmacht bewacht.
Zugang zum Fliegerhorst erhielt man mit einem weißen Ausweis in den ein Metallrahmen eingeklammert war. Auf diesem Ausweis standen persönliche Angaben und ein Foto und er erhielt die Unterschrift eines Herrn Ruprecht, dem Sicherheitschef. Die andere Seite blieb leer oder enthielt Zugangserlaubnis zu diversen Hangars oder Werkstätten.
Die Alliierten entdeckten demnach bereits im Juli 1944 das Endmontagezelt im Wald südlich des Fliegerhorstes, spätestens nach dem Verhör des Kriegsgefangenen im Oktober 1944 war ihnen klar, dass sich hier die Endmontagelinie der Me 262 befand. Im Februar 1945 stellte man außerdem fest, dass in den zerstörten Hallen des Fliegerhorstes wieder Aktivitäten zu verzeichnen waren. Im Bericht des »Office of Strategic Services« war das Waldstück südlich der Autobahn auch eindeutig als Endmontagelinie gekennzeichnet.
Das Waldwerk mit dem Firmennamen »Gerätebau Leipheim« und dem Tarnnamen »Spießingen« (in Anlehnung an den Leiter des Werkes Herrn Spieß) lag im Waldgebiet »Justing« in der Nähe von Leipheim am südlichen Ausläufer des Fliegerhorst-Areals hinter der Autobahn. Es bestand aus einer 150m langen, 15m breiten und 5m hohen Zelthalle, welche auf einer Betonplatte errichtet wurde die heute noch zu sehen ist. Die Wipfel hoher Fichten links und rechts der Halle verdeckten diese zu je einem Drittel, außerdem spannte man zwischen den Bäumen ein Tarnnetz auf welchem in regelmäßigen Abständen frische Tannenspitzen montiert wurden[338], sodass die Halle aus der Luft nicht mehr zu erkennen war. Bei schlechter Witterung wurde über Kärcheröfen Warmluft in das Zelt geblasen, im Winter 1944 wurde eine Fernwärmeversorgung fertiggestellt (die Fundamente sind ebenfalls bis heute erhalten). Im April 1944 begann die Produktion. Die Baugruppen wurden auf einem Feldweg hinter der Halle auf LKWs vorwiegend nachts angeliefert und entladen, teilweise lagerte man die fertigen Baugruppen auch im Wald, teilweise in einem kleinen Teilelager in der Verlängerung des Waldweges. In der Halle wurde anschließend in 12 Arbeitstakten das komplette Flugzeug zusammengebaut. Bei jedem Takt waren etwa sechs bis acht Hilfskräfte (meist Zwangsarbeiter) unter Anleitung eines deutschen Facharbeiters oder Meisters beschäftigt. Die Großbaugruppen wurden an einer großen Laufkatze im Zelt transportiert und in einer Helling zusammengebaut.
Die Bordwaffen wurden auf dem Schießstand zwischen der Montagehalle und der nahe gelegenen Autobahn justiert, wohin man die Maschinen mit einem Kettenrad oder einem Schlepper zog. Die Flugzeuge wurden hierbei aufgebockt sodass sie in Fluglage standen, mit 5 Schüssen auf eine Zielscheibe an einer hohen Betonwand wurden die Bordwaffen sowie das Reflexvisier justiert. Bei dieser Gelegenheit wurde auch die Funktion des Fahrwerks kontrolliert. Die Kompensation des Kompasses auf der Kompensierscheibe sowie die Triebwerksprobeläufe wurden auf dem nahegelegenen Fliegerhorst durchgeführt[339].

[338] Hörner/Remp, Gigantische Zeiten, S. 76
[339] Manfred Jurleit, Strahljäger Me 262, die Technikgeschichte, S. 101

Ausschnitt aus dem Luftbild vom 6. Juli 1944; links unten ist deutlich die Endmontagehalle zu erkennen, darüber der Schießstand und die Ringstraße mit Hütte der Einfliegerei. (© HES)

Der Einflug erfolgte anschließend ebenfalls auf dem Fliegerhorst, die Einfliegerei befand sich an der Ringstraße nahe der Autobahn in einer Baracke. Die Maschinen wurden hierzu vom Waldwerk ein kurzes Stück über die Autobahn zur Einfliegerei gebracht. In der Regel wurden ein bis zwei Einflüge benötigt, mussten mehr als acht Flüge durchgeführt werden wurde die Maschine mit einem weißen »S« am Rumpf und der Bugfahrwerksklappe gekennzeichnet was bedeutete, dass das Flugzeug nicht einsatztauglich war, sondern als Schulmaschine zu verwenden ist[340].

Fertige Maschinen wurden zum Fliegerhorst gebracht und dort möglichst aufgelockert, in Splitterschutzboxen oder in Waldstücken geparkt, wo sie dann zu den jeweiligen Einheiten überführt wurden. Teilweise wurden auch Maschinen im Wald an der Straße nach Großkötz abgestellt, wo diese auf Metallroste gestellt wurden da der Boden sehr weich war[341]. Im Mai 1944 verlegten Teile des ZG 26 »Horst Wessel« nach Leipheim, um auf die Me 262 umzuschulen. In die zerstörten Hangars wurden Zwischendecken eingezogen und mit Trümmern des letzten Bombenangriffs bedeckt, darunter wurden weiterhin Wartungs- und Montagearbeiten durchgeführt. Schon am 14. Juni 1944 stellten britische Aufklärer erhöhte Aktivitäten auf dem Fliegerhorst mit der Me 262 fest, man beobachtete 12 Strahljäger und nahm an, dass dort auch eine Fabrik aufgebaut wurde[342].

Aufgrund dessen wurde der Fliegerhorst am 19. Juli 1944 erneut bombardiert, sieben Me 262 wurden zerstört. Nach einem Vorschlag des Leiters der Einfliegerei war ab Februar 1945 der Mittelstreifen der Reichsautobahn betoniert, sodass die fertigen Me 262 direkt nach dem Einflug an die jeweiligen Einheiten überführt werden konnten ohne auf dem Fliegerhorst geparkt werden zu müssen. Am 23. April

[340] Hörner/Remp, Gigantische Zeiten, S. 79
[341] ebenda
[342] Manfred Jurleit, Strahljäger Me 262, die Technikgeschichte, S. 102

Blick in das Montagezelt in Leipheim im Sommer 1944, die Seitenwände sind geöffnet. (Waffen, Hände, Herzen, BArch-FA BSL 24347-2)

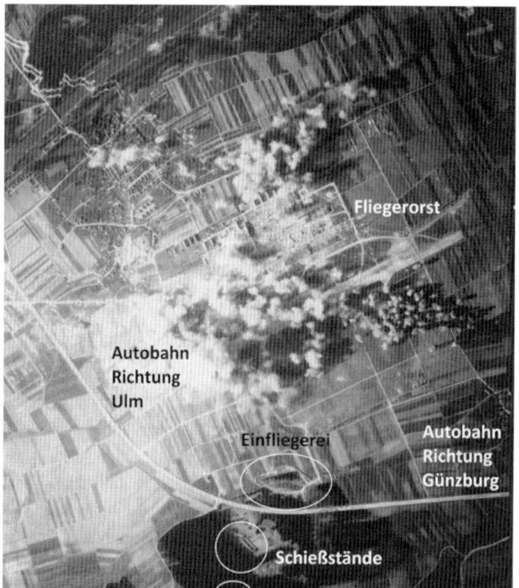

Leipheim beim Bombenangriff am 9.4.1945. Links am Knick der A8 sieht man das Waldwerk, besonders gut erkennt man den Schießstand und einige Me 262 auf dem Autobahnabschnitt stehen. (NARA)

Eine Me 262A-2a am Ende des Montagezelts in Leipheim. (Waffen, Hände, Herzen, BArch-FA BSL 24347-2)

Unten: Eine Me 262 vor dem Montagezelt in Leipheim. (Waffen, Hände, Herzen, BArch-FA BSL 24347-2)

1945 räumte man das Waldwerk und den Fliegerhorst und floh vor den US-Truppen in Richtung Österreich, kurz vor der Grenze endete allerdings die Flucht. Auf dem Fliegerhorst und dem Waldwerk wurden insgesamt etwa 700 Me 262 fertig gestellt. Ein kleines Detail am Rande: auf den Bildern des Filmes »Waffen, Hände Herzen« sieht man immer wieder am Zeltdach der Montagelinie den Schriftzug »L. Stromeyer & Co«. Bei der Firma handelt es sich um die Firma des Vaters des ersten Mannes der Baronin Lilly Michel-Raulino, der Lebensgefährtin Willy Messerschmitts. Ihr zu der Zeit schon verstorbener Ex-Mann Otto Stromeyer entstammte der »Zelt-Dynastie« Stromeyer, sein Vater gründete ein großes Unternehmen welches Zelte in Konstanz herstellte.

9.3 Autobedarf GmbH Schwäbisch Hall

Der Flugplatz Schwäbisch Hall war ein früher Fliegerhorst der Luftwaffe, der unter der Tarnbezeichnung der Deutschen Verkehrsfliegerschule in den Jahren 1934 bis 1936 angelegt wurde.
Nach zahlreichen Belegungen mit unterschiedlichen Flugzeugtypen bezog Ende 1942 / Anfang 1943 das Erprobungs- und Lehrkommando 21 den Fliegerhorst, wo u.a. die Ausbildung für Fernlenkwaffen wie »Fritz X« und Hs 293 mit den neuen Flugzeugtypen Do 217, He 177 sowie Fw 200 »Condor« stattfand. Die Fw 200 wurde ab August 1943 von Mitarbeitern der Dornier-Werken auf dem Platz für den Einbau des FuG 203 »Kehl« umgebaut, mit dem die Hs 293 gesteuert wurde[343]. Da für so große Flugzeugtypen die Startbahn nicht ausreichte, wurde von Februar bis Juni 1943 eine 1800m lange Bahn gebaut.
Im März 1944, als man in Leipheim Probemontagen mit der Me 262 durchführte, fiel die Entscheidung, in Schwäbisch Hall eine Endmontagelinie aufzubauen. Die Firmenbezeichnung war »Autobedarf Schwäbisch Hall«, unter dieser Bezeichnung wurde auch sämtliche Korrespondenz nach außen geführt. Der Messerschmittinterne Tarnname war »Mießgeldingen«, in Anlehnung an den Werkleiter Mießgeld[344]. Dazu wurde eine Halle des Fliegerhorstes zur Verfügung gestellt. Der Jägerstab war bei der Entscheidung zumindest beteiligt[345]. Messerschmitt stellte einen Konvoi von 15 Facharbeitern und Teilen für 4 bis 5 Me 262 zusammen und schickte sie nach Schwäbisch Hall. Am 1. Mai erreichte ein weiterer Konvoi mit russischen Zwangsarbeiterinnen und dem zukünftigen Chefeinflieger Hilmar Stumm den Fliegerhorst, wo in einer Halle die ersten Maschinen zusammengesetzt wurden. Am 22. Mai erfolgte der Probelauf der ersten in Schwäbisch Hall montierten Me 262, zwei Tage später erfolge der Jungfernflug der Werknummer 130 166. Am 4. Mai 1944 verlegte die 8. Staffel der II./ZG 26 nach Schwäbisch Hall um bei der Endmontage zu helfen und das Flugzeug kennen zu lernen. Am 10. Mai fanden Verhandlungen mit dem Bürgermeister statt, ein Waldstück in der Nähe des Flugplatzes an Messerschmitt abzutreten um die Produktion und die Einfliegerei zu trennen. Man wollte die Endmontage für ein halbes Jahr in ein Zelt im Wald verlagern, bis sie in unterirdische Bunker »irgendwo im Osten« verlegt werden konnte[346].
Der Forstmeister wies Waldgrundstücke aus, die Baumaßnahmen wurden als Schießstandarbeiten getarnt. Eine Stuttgarter Architektengemeinschaft plante die Fabrik, ausgeführt wurden die Arbeiten von der Haller Baufirma Härer. Es wurden zwei Bauabschnitte geplant, welche die Decknamen »Reiher I« und »Reiher II« erhielten. Am 26. Mai 1944 erfolgte die Auftragsbestätigung. 120 russische Kriegsgefangene, die bei den Bauarbeiten helfen sollten, wurden in einem Pferdestall untergebracht. Bäume wurden abgeholzt und Flächen gewalzt, es wurden Sträßchen und Wendeplatten gebaut, eine neue Straße führte von der Landstraße 1060 in den Wald zur Endmontagelinie, eine weitere von der Landstraße 1060-Altenhausen zum Horst.
Die Wände wurden massiv hergestellt, der Boden betoniert (die Reste sind heute noch vorhanden und teilweise überbaut), das Dach als Zelt ausgeführt und darüber Spitzen von Fichten angebracht, sodass es von oben nicht mehr erkennbar war, da es aussah wie eine kleine Fichtenschonung. Die Montagehalle war 150 Meter lang, 20 Meter breit und im First 5 Meter hoch, dazu gesellten sich 10 Gebäude für Büros, Lager für Teile bzw. Baugruppen, Unterkünfte sowie ein Luftschutzstollen[347].

[343] Michael Koziol, Rüstung, Krieg und Sklaverei, S. 40
[344] NARA/Sammlung Rentschler, Fertigungs- und Lieferantenübersicht 8-262
[345] Michael Koziol, Rüstung, Krieg und Sklaverei, S. 40
[346] ebenda, S. 63; vermutlich waren die Bunkerbauwerke in Mühldorf und Landsberg gemeint
[347] Michael Koziol, Rüstung, Krieg und Sklaverei, S. 65; nach dem Krieg hat dies das »Field Team 85« der Amerikaner festgestellt, da die Gebäude nicht zerstört wurden

Am 17. Juli 1944 waren die Bauarbeiten abgeschlossen, sodass am 18. Juli die Endmontage der Me 262 beginnen konnte. Laut dem ehemaligen Leiter der Hessentaler Messerschmitt-Niederlassung betrug der Personal-Höchststand 712 Personen, darunter fielen die schon erwähnten russischen Zwangsarbeiterinnen sowie das technische Personal der 9./ZG 26 und etwa 50, dem Reichsarbeitsdienst angehörige Gymnasiastinnen aus Schwäbisch Hall. Der Anteil der Stammarbeiter der Messerschmitt-Mitarbeiter soll 50% betragen haben.
Zwischen dem Waldwerk und dem Fliegerhorst musste eine Straße als Verbindung gebaut werden, um die fertigen Me 262 dorthin zu transportieren. Hierzu musste neben einem zu kleinen Bahnübergang ein neuer, breiterer gebaut werden, damit die fertigen Me 262 mit Traktoren oder Lastwagen mittels Schleppstange zum Fliegerhorst geschleppt werden konnten. Obwohl die beiden Bahnübergänge aus der Luft erkennbar waren, fielen diese der alliierten Luftaufklärung nicht auf[348].

Der Zeitzeuge Werner Krebs berichtet auf Spiegel online: *»Mitten im Gehölz standen große, nackte Hallen. Von oben konnte man nichts davon sehen, das ganze Gelände war sauber getarnt. Wenn einmal ein Baum abgeholzt werden musste, überdeckte man die Stelle mit Tarnnetzen. Ansonsten gab es dort nicht viel, denn wir benötigten nur wenige Geräte. Die fertigen Flugzeugteile wurden mit Lkws aus anderen Werken angeliefert. Wir sollten sie dann zusammenbauen«.*[349] Aufgrund der ersten Bombardierung am 13. September 1944 errichtete man in Hessental ein Konzentrationslager, die Häftlinge sollten die Startbahn nach dem Bombenangriff wieder reparieren.[350] Außerdem mussten sie eine gepflasterte Straße von der Endmontagehalle zur Landstraße 1060 bauen, welche Schwäbisch Hall und Sulzdorf verbindet. Weiterhin wechselten sie in regelmäßigen Abständen die kleinen Fichten auf dem Hallendach aus und brachten die weit im Wald verstreuten Großbauteile zur Montagehalle. Im Werk selbst arbeiteten sie nicht mit.

Luftbild der Endmontagelinie im Hasenbühl. (Verein für die Geschichte des Flugplatzes Schwäbisch Hall e.V.)

348 Michael Koziol, Rüstung, Krieg und Sklaverei, S. 66
349 Spiegel Online, Hitlers Flugzeugfabriken: Geheimkommando im Wald; nach Schilderungen des Zeitzeugen Werner Krebs
350 Dr. Otto Windmüller, Das Ende des 2. Weltkrieges in Schwäbisch Hall, Lokalhistorischer Baustein für den Geschichtsunterricht, Kaufmännische Schule Schwäbisch Hall

Die Lage des Waldwerkes auf einem Luftbild vom 23. März 1945. (Verein für die Geschichte des Flugplatzes Schwäbisch Hall e.V.)

Das Lager war eine Außenstelle des KZ Natzweiler im Elsass. Am 14. Oktober erreichten die ersten 600 Häftlinge aus dem KZ Vaihingen/Enz Hessental, die aus Radom in Polen kamen. Im November kamen weitere 200 Häftlinge. Mindestens 182 Häftlinge fielen den brutalen Lebens- und Arbeitsbedingungen, Misshandlungen und Morden im Hessentaler Lager zum Opfer[351].

Nach Schwäbisch Hall lieferten Betriebe aus dem gesamten Reich Me 262-Baugruppen und –Teile. Per LKW- und Bahntransport kamen komplette Tragflächen aus dem Autobahntunnel Leonberg bei Stuttgart. Das Rumpfende mit Leitwerk lieferte Blohm und Voss in Wenzendorf bei Hamburg und den Rumpf Messerschmitt in Obernzell bzw. später auch Hagelstadt bei Regensburg und die Untertage-Fabrik »Bergkristall« in St. Georgen an der Gusen. Die Bugsektionen kam aus Günzburg und Sprockhövel bei Wuppertal, während man die Triebwerksverkleidungen in Lauingen herstellte.

Einen Schwerpunkt bildeten die Turbinen aus dem Junkers Motorenwerk in Muldenstein. Alle angelieferten Teile und Baugruppen wurden in den Schuppen, die Rümpfe und Bugsektionen sowie die Leitwerke dagegen getarnt im Wald unter Buschwerk und Bäumen gelagert. Nachdem »Bergkristall« Rümpfe fertigte »wie der Teufel« (Aussage Ludwig Eder), wurden so viele davon geliefert, dass diese bis zu 4km weit entfernt im Wald nach Sulzdorf bis hinaus im Bühlertal verteilt werden mussten.

Auf dem »Hasenbühl« lief die Montage einer kompletten Me 262 nach 12 Arbeitstakten ab wie in Leipheim. Die Großbauteile wurden von hinten an das Montagezelt per LKW angeliefert und verließen vorne zur Straße hin das Werk. Direkt neben der Endmontage wurden die Bordwaffen eingeschos-

[351] KZ-Gedenkstätte Hessental

Das gut getarnte Zeltdach im Winter. (Bild: Ludwig Eder/Sammlung Koziol)

sen oder zumindest ein Funktionstest durchgeführt. Zeitzeugen berichten, dass die Maschinen hinter dem Wald in Richtung Sulzdorf auf dem dortigen Schießstand justiert wurden. Dieser ähnelte demjenigen in Leipheim in Form und Größe sehr.

Nach dem Transport zum Fliegerhorst, der von Bauern und ihren Traktoren nachts durchgeführt wurde, wurde anschließend der Kompass kompensiert, ein Triebwerksprobelauf durchgeführt und anschließend eingeflogen. Nach dem Montageanlauf im Juli 1944 war für das Werk ein Plansoll von täglich 14 Maschinen vorgesehen, doch dieses utopische Ziel war kaum zu erreichen, schon deshalb, weil Leonberg gar nicht so viele Tragflächen liefern konnte[352].

Der Einflugbetrieb des Schwäbisch-Haller Messerschmitt-Werkes befand sich wenige Kilometer von der Waldmontage auf dem »Hasenbühl« entfernt, direkt an der Nordgrenze des Fliegerhorstes Hessental.

Die Haller Maschinen wurden nicht nur dort eingeflogen, sondern auch in Neuburg (Tarnbezeichnung »Moorkultur«) und Memmingen (Tarnbezeichnung

[352] Manfred Jurleit, Strahljäger Me 262, die Technikgeschichte, S. 107

«Doppelter« Bahnübergang (Verein für die Geschichte des Flugplatzes Schwäbisch Hall e.V.)

Der Schießstand hinter dem Wald in Richtung Sulzdorf ähnelt sehr demjenigen in Leipheim. Auf der kurzen, breiten Bahn wurden vermutlich die Maschinen eingeschossen. (Verein für die Geschichte des Flugplatzes Schwäbisch Hall e.V.)

»Industriebedarf«)[353]. Für die Einfliegerei stand eine der Hallen am Platzrand sowie einige Baracken aus Fertigteilbauten zur Verfügung. Aufgrund von Lieferschwierigkeiten flog man Flugzeuge ein, bei denen noch wesentliche Teile der Ausrüstung fehlten. So musste die Einfliegerei, um die Flugeigenschaftsuntersuchungen durchführen zu können, die Flugzeuge mit ähnlichen, jedoch baumusterfremden Geräten ausstatten.

Mitarbeiter der Kontrolle und Mechaniker überprüften nochmals alle Funktionen der Maschine, wonach sie schließlich für den Erstflug freigegeben wurde. Nach jedem Flug mussten eine Reihe von Mängeln beseitigt werden, außerdem mussten die Einflieger immer wieder feststellen, dass fast jede Maschine unterschiedliche Flugeigenschaften besaß. Das war nicht zuletzt auf die primitiven Montagebedingungen und die dadurch bedingte mangelhafte Qualität zurückzuführen. Erkannte und beseitigte Män-

[353] NARA/Sammlung Rentschler, Fertigungs- und Lieferantenübersicht 8-262

Einfliegerei mit 14 herumstehenden Me 262; der weiße Fleck ist die Kompensierscheibe. (Verein für die Geschichte des Flugplatzes Schwäbisch Hall e.V.)

gel wurden in einem zweiten Flug überprüft, in der Regel mussten vier oder fünf Versuchsflüge von etwa sechs bis zehn Minuten Dauer bis zur Abgabe durchgeführt werden. Mit der Übergabe der Flugzeuge an die Piloten des Überführungsgeschwaders oder des aufnehmenden Verbandes endete die Zuständigkeit der Messerschmitt-Werke[354].

Die Einfliegerei geschah nicht immer reibungslos, so kam beispielsweise am 14. Oktober 1944 bei einem Überführungsflug nach Neuburg der Pilot ums Leben als er aus unbekannter Ursache aus der Maschine aussteigen musste und sich sein Fallschirm nicht öffnete, am 2. November starb ein Pilot, weil seine Maschine aufgrund eines Triebwerksbrandes abstürzte und ein weiterer am 25. November als seine Maschine in der Landekurve abschmierte.

Am 22. März 1945 wurde der Platz bei einem sehr schweren Bombenangriff total zerstört, am 30. März 1945 ließ Messerschmitt die letzten 22 endmontierten Me 262 nach Neuburg ausfliegen. Eine dieser Maschinen landete Hans Fay auf dem von US-Truppen besetzten Frankfurter Flughafen, diese Maschine war die erste, die den Amerikanern in flugfähigem Zustand in die Hände fiel. Das Waldmontagewerk bzw. dessen Inneneinrichtung wurde demontiert und abtransportiert. Am 17. April 1945 marschierte das 254th Infantry Regiment in Schwäbisch Hall ein, das 255th Infantry Regiment besetzte den Flugplatz. Die Waldmontage wurde nicht sofort entdeckt, so gut war sie getarnt. Produziert wurden in Schwäbisch Hall insgesamt etwa 460 Flugzeuge[355].

[354] Michael Koziol, Rüstung Krieg und Sklaverei, S. 67

[355] Manfred Jurleit, Strahljäger Me 262, die Technikgeschichte, S. 195

9.4 »Stauffen« bei Obertraubling

Im Juni 1944 machte man sich in Regensburg nach der Verlegung der Produktion der Bf 109 ins Waldwerk »Gauting« wieder auf die Suche nach einer geeigneten Fertigungsstätte für die Endmontage der Me 262. Nachdem man in Leipheim und Schwäbisch Hall bereits ein Waldwerk eingerichtet hatte, suchte man auch hier nach einer geeigneten Fläche. Hierzu führte man wieder Erkundungsflüge mit einem Fieseler Storch durch und wurde im Osten des Fliegerhorstes Obertraubling beim Mooshof bei Roith fündig. Die im Süden des Waldgebiets verlaufende Reichsstraße 8 und die im Norden die begonnene Trasse der Reichsautobahn 3 ergaben gute Verkehrsanbindungen. Im Sommer 1944 wurde das Gelände weitläufig abgesperrt, es wurde begonnen vorhandene Waldwege auszubauen, Schächte zur Aufnahme des Fließbandantriebs auszuheben und Fundamente für Bauvorrichtungen sowie Bodenplatten zu betonieren. Hallen aus Holzelementen, Heraklithplatten und Wellblechabdeckungen wurden errichtet, in denen angelieferte, von in den Hallen montierten Portalkränen abgeladene, vormontierte Großbauteile gelagert wurden. Die Endmontagehalle hatte einen Schotterboden, sie war mit den anderen Hallen durch eine Gleisanlage verbunden, es existierten weitere Baracken für die Kantine, Büros, Unterkünfte und Materiallager. Insgesamt entstand eine Produktionsfläche von 4400m². Alles war so durch Bäume und Tarnnetze getarnt, dass es aus der Luft nicht zu erkennen war. Das gesamte Gelände war hermetisch abgeriegelt, es gab mehrere Kontrollstellen die nur mit Sonderausweisen passiert werden konnten.

Die Hauptbaugruppen wurden mit LKWs über die Reichsstraße 8 angeliefert, in den Hallen gelagert und in der ca. 100m langen und 15m breiten Endmontagehalle mit einem Minimum von Arbeitsschritten zusammengebaut. Im Oktober 1944 begann die Produktion, im Februar 1945 erreichte die Produktion in dem mit dem Tarnnamen »Stauffen« versehenen Waldwerk mit einer Stückzahl von 4 bis 5 Flugzeugen pro Tag ihren Höchststand. Die fertigen Maschinen wurden über eine Feldbahn auf der noch nicht fertig gestellten Reichsautobahn 3 auf Spezialwaggons, die von einer Diesellok gezogen wurden, zum Fliegerhorst transportiert wo der Einflug unter dem Firmennamen »Küffner & Co.« (Tarnname »Werk T«)[356] erfolgte.

Die Arbeiten an der späteren A3 wurden 1942 kriegsbedingt beendet, erst 1980 wurde dieser Abschnitt zwischen Rosenhof und Wörth an der Donau fertig gestellt. Am Fliegerhorst wurden die Maschinen in eine große Feldscheune, welche mit großen Toren an beiden Seiten umgebaut wurde gebracht, wo die Endabnahme erfolgte. Anschließend wurden die Maschinen mit einem Raupenschlepper auf den Fliegerhorst geschleppt und in den Bereichen unter Tarnnetzen gelagert, welche die größten Beschädigungen aufwiesen um sie möglichst gut zu tarnen. Im Februar 1945 wurde die 100. Me 262 im Waldwerk montiert[357], 1945 entstanden noch 281 Stück. Insgesamt wurden in Obertraubling 370 Flugzeuge fertig gestellt[358]. Erst wenige Tage vor dem Eintreffen der Amerikaner wurden Mitte April 1945 die letzten noch im Bau befindlichen Me 262 aus der Montagehalle herausgeschoben und gesprengt. In Obertraubling befand sich ein KZ, eine Außenstelle des KZ Flossenbürg. Ab 20. Februar 1945 war das KZ mit 600 Häftlingen belegt, über 200 Polen, 100 Tschechen, 47 Kroaten und 35 Franzosen mussten den Fliegerhorst von Trümmern befreien und eine neue Startbahn für die Me 262 südlich des Werkes bauen. Da die Häftlinge aber zu schwach und krank waren, wurde kaum gearbeitet. Untergebracht waren sie im Casino, welches sich im Rohbau befand und weder über ein festes Dach, noch Fenster und Türen verfügte. 170 Häftlinge überlebten die Tortur nicht, sie starben an der Ruhr und anderen Krankheiten[359].

Montagehalle und davorstehende Me 262. (© HES)

[356] NARA/Sammlung Rentschler, Fertigungs- und Lieferantenübersicht 8-262
[357] Schmoll, Die Messerschmitt-Werke im zweiten Weltkrieg, S. 172 ff.
[358] Manfred Jurleit, Strahljäger Me 262, die Technikgeschichte, S. 195
[359] KZ-Gedenkstätte Flossenbürg

Unfertige Me 262 im Waldwerk »Stauffen« bei Obertraubling, im Hintergrund das Montagezelt. (NARA)

Die Maschinen von der Autobahntrasse aus gesehen. (NARA)

Die Montagehalle im Waldwerk »Stauffen«, nach außen fotografiert. (NARA)

Noch einmal die gleiche Montagehalle von vorne. (NARA)

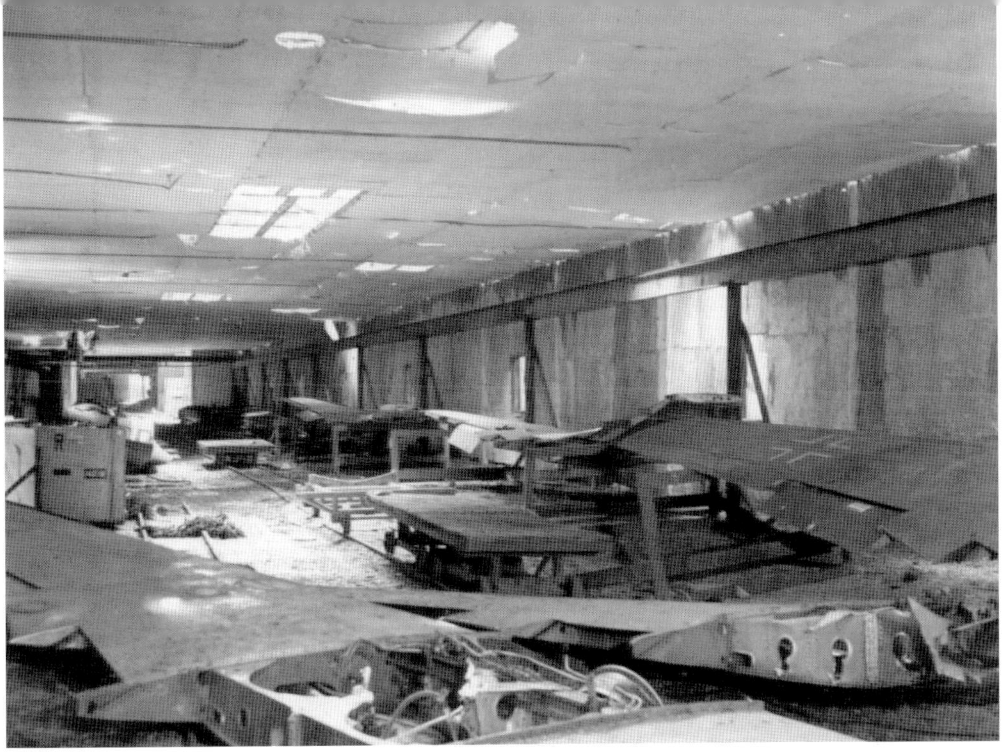

Flächen, Heck- und andere Teile in einer Halle im Waldwerk. (NARA)

Querruder, Landeklappen, Triebwerksverkleidungen und Tanks. (NARA)

Luftbild des Waldwerkes »Stauffen«; am oberen Bildrand ist die unfertige Trasse der A3 zu erkennen, unten die Reichstraße 8 von wo aus eine helle Straße in das Waldwerk abzweigt. Gut zu erkennen ist der Mooshof kurz nach der Einfahrt in das Waldwerk, an welchem der Waldweg weit geschwungen vorbei verläuft. Am oberen Ende sind nach dem Endmontagezelt sieben Me 262 hintereinander erkennen. (© HES)

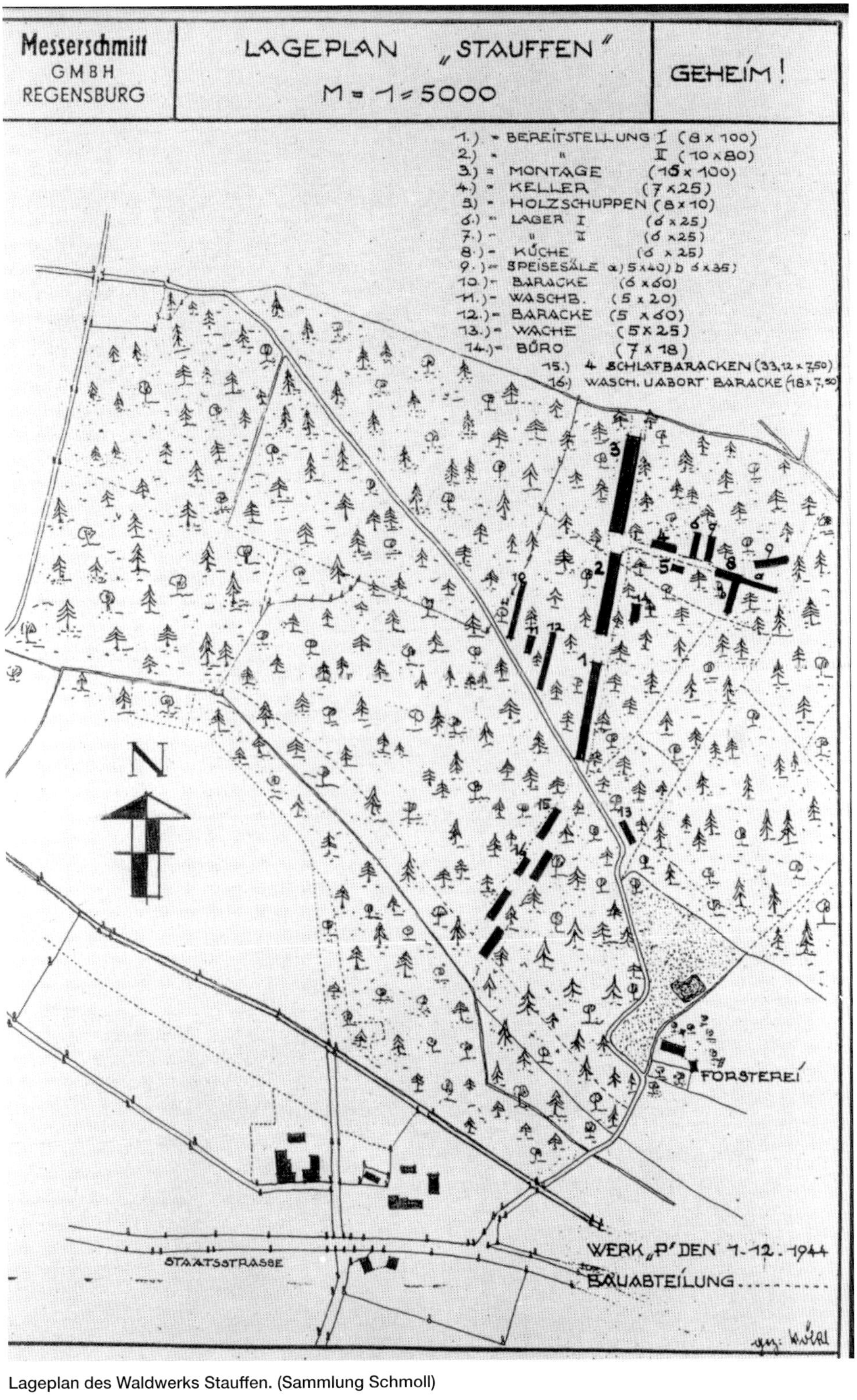

Lageplan des Waldwerks Stauffen. (Sammlung Schmoll)

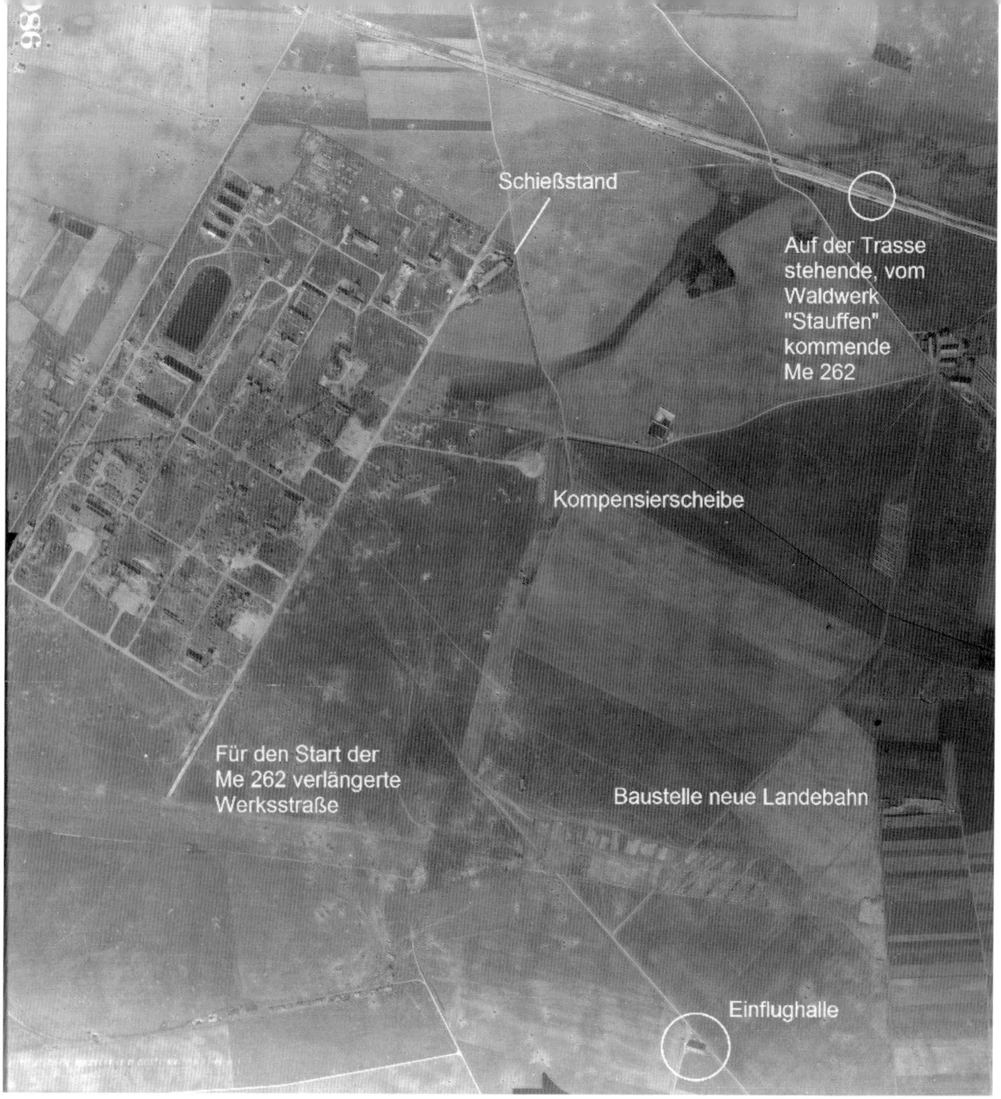

Das Werk Obertraubling mit Schießstand, Kompensierscheibe und Einflughalle. (NARA)

Zwei Jumo 004 B-1 Turbinen. (NARA)

Zwei Nasenteile fertig zum Einbau. Man beachte die Schmauchspuren! (NARA)

Fertige Heckeinheiten. (NARA)

9.5 Kuno AG Werk I bei Burgau

28km östlich von Leipheim richtete man im Scheppacher Forst das Waldwerk »Kuno AG Werk I« ein (Tarnname »Kiesweg I«)[360]. Hier wurden ab März/April 1945 Me 262 endmontiert und auf dem ca. 1,7 km langen Autobahnabschnitt gestartet. Das Herzstück der Anlage war eine große Montagehalle. Es gab außerdem einen Schießstand sowie eine Kompensierscheibe. Hinter der großen Endmontagehalle standen sternförmig angeordnet drei weitere Hallen, in welchen Großbauteile bereitgestellt wurden. In der rechten der drei Hallen wurden beispielsweise die Rümpfe vorbereitet. Die fertigen Großbauteile wurden anschließend mit auf Schienen laufenden Montageböcken in die Endmontagehalle transportiert. An Kreuzungspunkten befanden sich Drehscheiben mit denen die Großbauteile gedreht werden konnten. Ab 20. April 1945 war der Mittelstreifen der Autobahn so weit betoniert, dass dort Flugzeuge starten konnten.

Bereits im Frühjahr 1944 wurde ein Teil der Personalverwaltung von Messerschmitt nach Burgau verlagert, wozu im sogenannten Holzwinkel zehn, später vier weitere Baracken errichtet wurden.

Vor der Montagehalle von »Kuno I«. (NARA)

[360] NARA/Sammlung Rentschler, Fertigungs- und Lieferantenübersicht 8-262

Die Rückseite der Montagehalle, gut zu erkennen das Schienensystem. (Sammlung Lackner/NASM)

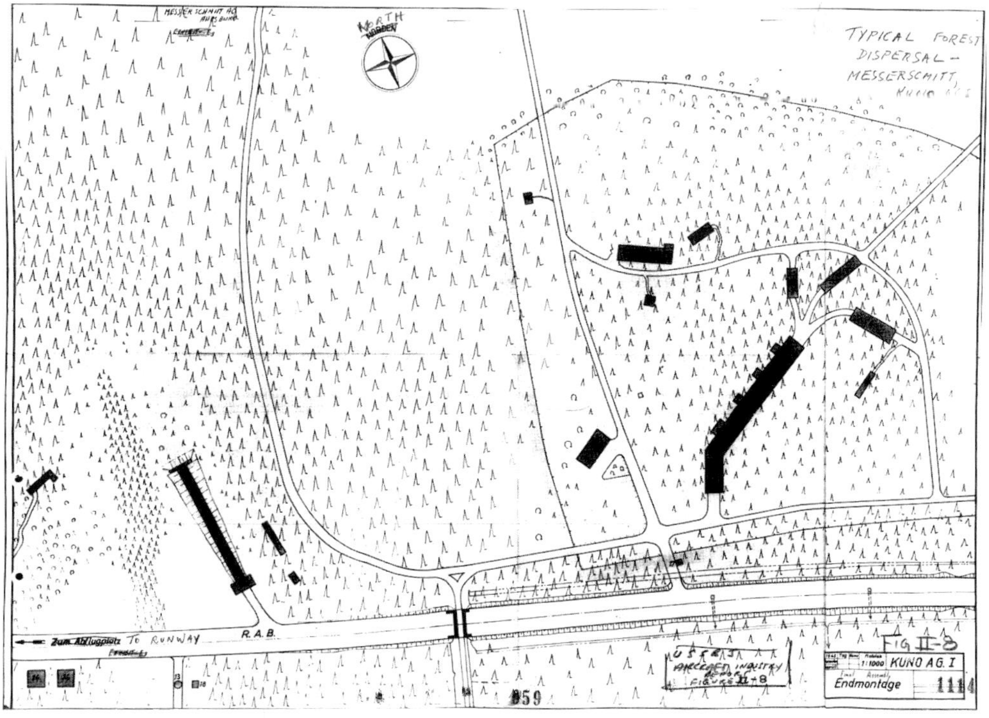

Lageplan der »KUNO AG I«. (NARA / Sammlung Lackner)

Im Februar 1945 wurden die Personalverwaltungsbaracken geräumt und darin 120 Häftlinge aus dem KZ Dachau untergebracht, welche das rund 36.000m² große Gelände zum KZ-Außenlager umfunktionieren sollten. In der Nacht vom 3. auf den 4. März erreichte der erste Transport mit ca. 500 Jüdinnen aus Bergen-Belsen das KZ, schon am nächsten Tag traf ein weiterer Transport mit ca. 500 weiblichen Häftlingen aus Ravensbrück ein. Alle Frauen stammten aus Polen und Ungarn. Die Transporte waren mehr als zwei Wochen unterwegs, auf ihnen waren viele Häftlinge gestorben, die Verbliebenen waren halb verhungert. 120 männliche und 120 weibliche Häftlinge mussten in der Produktion bei KUNO arbeiten, sie wurden mit Lastwagen und Bussen ins Waldwerk gefahren. Am 24. April wurde das Lager wegen der heranrückenden amerikanischen Streitkräfte geräumt und die Gefangenen in Richtung Kaufering transportiert[361].

Gebaut wurden im »Kuno AG Werk I« ca. 86 Maschinen, wie man anhand der Werknummernblöcke nachvollziehen kann. Ob die etwa 15 bis 20 an der Autobahn abgestellten, unfertigen Maschinen auch dazu gezählt wurden ist unklar. Diese standen noch nach der Besetzung des Werkes durch die Amerikaner an der Autobahn, höchstwahrscheinlich wurden sie wegen einem Engpass in der Triebwerksproduktion aus der Montagehalle geschoben und ohne Triebwerke zwischengelagert.

Vor der Montagehalle von »Kuno I«. (NARA)

[361] Benz, Distel: der Ort des Terrors Band 2, S. 301 ff.

9.6 Kuno AG Werk II bei Riedheim

Dieses Waldwerk befand sich in der Nähe vom Leipheim, nur 5km westlich vom Fliegerhorst entfernt im Wald zwischen der Donau und der Autobahn 8. Der Tarnname war »Kieswerk II«[362], die fertig montierten Me 262 sollten auf der Autobahn gestartet werden; der Einflugbetrieb ist bereits in der »Fertigungs- und Lieferantenübersicht 8-262« der Messerschmitt-Werke verzeichnet. Bereits am 4.12.44 wurden für das Werk acht Mannschafts-, zwei Wirtschafts- und zwei Waschbaracken sowie zwei Aborthäuser für 300 ausländische und 100 deutsche Arbeiter im Namen der Kuno AG. II [sic!] bestellt. Dem beigefügten Plan ist zu entnehmen, dass zwei der Baracken direkt am Waldwerk, die restlichen im Ort Riedheim aufgestellt werden sollten[363].

Am 6.12.1944 wurde ein »Antrag auf Genehmigung zur Errichtung einer Fernsprechnebenstellenanlage« bei den Firmen Gerätebau Leipheim, Kuno AG Werk I, Werk II und Blechschmiede Horgau beim Rüstungskommando Augsburg eingereicht. Zum Kuno AG Werk II wurde angegeben, »Montagearbeiten an Me 262«[364]. Auf Luftaufnahmen kann man erkennen, dass zwischen dem 23. März und dem 2. April 1945 zusätzliche Waldwege angelegt und eine Schneise im Wald geschlagen worden sind, was sich auch erstaunlich gut mit dem Plan vom 4.12.44 deckt. Das Waldwerk war allerdings vermutlich noch im Bau, dort wurden u.a. Rumpfspitzen gelagert, welche bei der Spinnerei Günzburg zuvor montiert und dann nachts zum Waldwerk Leipheim gebracht wurden.

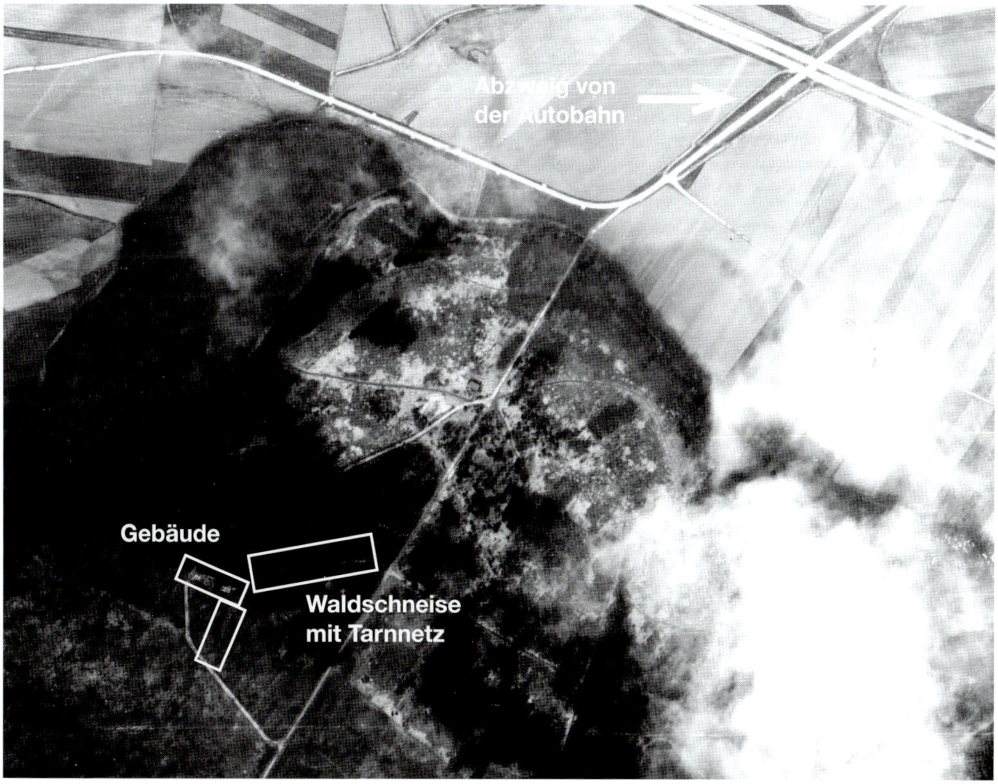

Lagerstätte bei Riedheim an der Autobahn. (© HES)

362 NARA/Sammlung Rentschler, Fertigungs- und Lieferantenübersicht 8-262

363 BArch-MA RW19/3141, Anmeldung des Bedarfs an Baracken, 4.12.44

364 BArch-MA RL3/1102, Antrag auf Genehmigung zur Errichtung einer Fernsprechnebenstellenanlage vom 6.12.1944

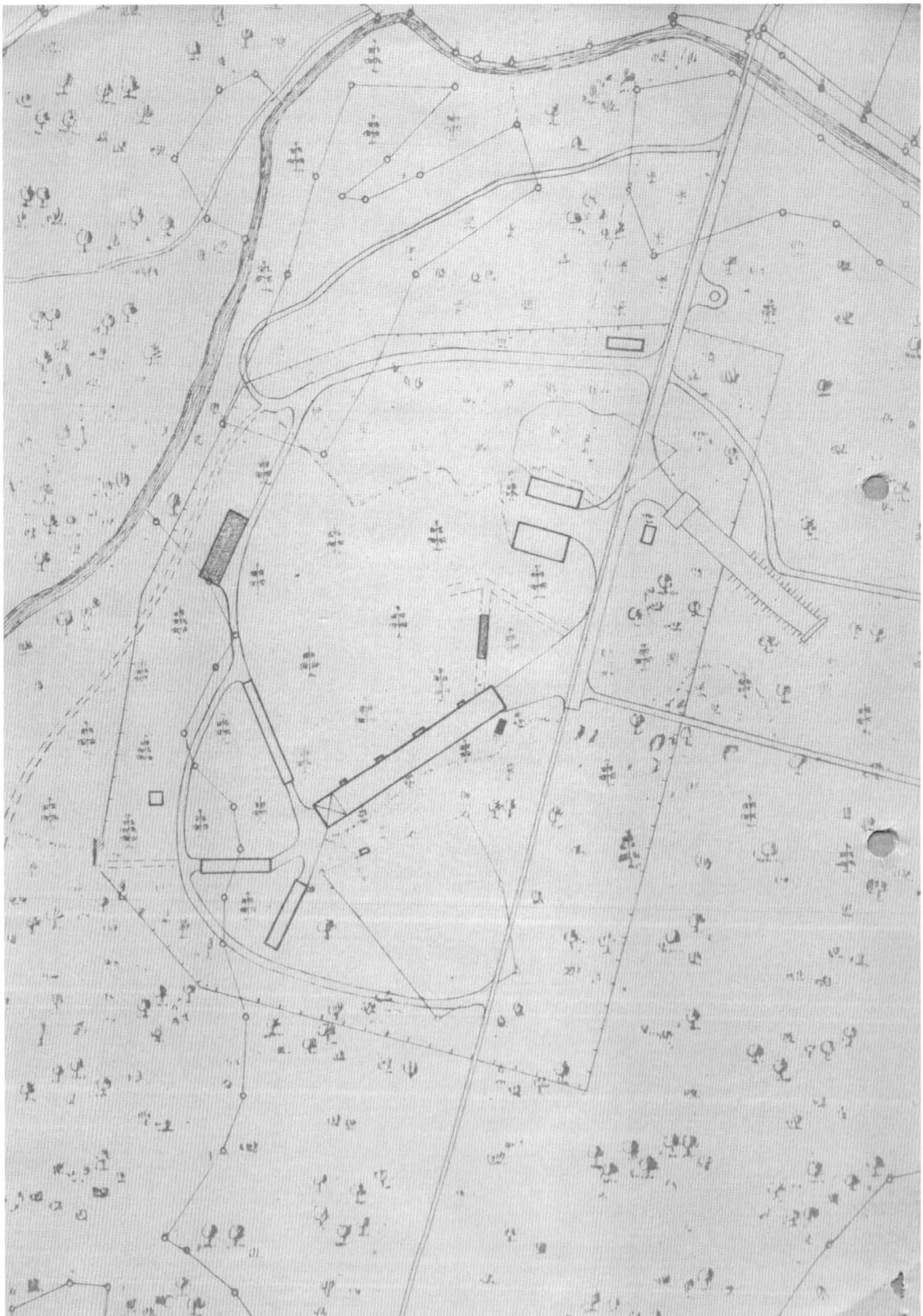

Plan des Waldwerks »Kuno AG II« in Riedheim[365].

365 BArch-MA RW19/3141, Anmeldung des Bedarfs an Baracken, 4.12.44

Das unvollendete Waldwerk »Kuno Werk II« bei Riedheim in einer vergrößerten Aufnahme. Gut zu erkennen sind Waldwege mit großen Kurvenradien, eine Schneise im Wald, ein schon aufgebautes Zelt und senkrecht dazu ein gerade im Aufbau befindliches Zelt. (© HES)

9.7 »Sand & Kieswerk Kießling & Co.« bei Neuburg/Donau

Von 1935 bis 1936 wurde der Fliegerhorst Neuburg nahe dem Ort Zell gebaut und die »Fliegerübungsstelle der Luftgaureserve Neuburg/Donau« gegründet. Am 10. Oktober 1936 wurde der Flugplatz feierlich eröffnet, am 16. November 1936 landete das erste Flugzeug, eine Junkers W 33[366]. Ende 1937 wurde daraus die »Fliegerwaffenschule E Neuburg«, welche Ende 1938 in die Blindflugschule 2 (C) überging. Nach Ausbruch des Krieges wurde die Blindflugschule nach Stargard-Klützow verlegt, da die II./KG 55 auf dem Platz stationiert wurde.

1940 jedoch kehrte die Blindflugschule schon wieder auf den Platz zurück. Nach dem Ausbau des Fliegerhorstes und der Verlängerung der Startbahn zwischen 1942 und 1943 beherbergte der Fliegerhorst u.a. die II./NJG 6 und die I./JG 301. 1944 wurde der Einflugbetrieb der Messerschmitt-Werke dezentralisiert, Neuburg wurde hierbei u.a. dafür ausgewählt. Schon bei einer Besprechung in den Messerschmitt-Werken in Regensburg am 2. November 1943 wurde Neuburg wegen seiner langen Landebahn für den Einflug festgelegt und auch für die Endmontage angesprochen[367]. Eine Verlagerung wurde allerdings schon viel früher in Erwägung gezogen, als der Fliegerhorst im Januar 1944 erkundet wurde[368].

Ab Anfang September wurden Teile der I./Ergänzungskampfgruppe He 177, Teile der II./KG 5, III./KG(J) 54, ab November die IV.(Erg.)/KG 40 (welche in I./KG(J) 40 umbenannt wurden) und Anfang Dezember die 10. und 12. Staffel der IV.(Erg.)/KG 51 als Bomberpiloten des IV./EKG 1 auf Me 262 ausgebil-

366 Neuburger Kollektaneenblatt, 144/1996, S. 240

367 BArch-MA RL 3/61, S. 133

368 BArch-MA RW 21-1/979 Erkundung des Fliegerhorstes Neuburg a.d. Donau und Manching durch Prok. Mayer u. 2 Herren, 17.1.44

det. Die Einheiten gaben ihre Ju 88 und He 177 ab und wurden auf Me 262 umgeschult, dadurch wurde Neuburg zum Mekka der Me 262-Kampflieger, da hier nicht nur Maschinen eingeflogen, sondern auch an die entsprechenden Einheiten übergeben und geschult wurde.

Die einzufliegenden Maschinen kamen vorwiegend aus Schwäbisch-Hall, aber auch aus Leipheim. Der Einflugbetrieb lief unter der Firmenbezeichnung »Flugbetrieb Moorkultur«[369] (Deckname »Schlienz« in Anlehnung an den gleichlautenden Namen des Einflugbetrieb-Leiters), das Personal bestand hauptsächlich aus Kriegsgefangenen, welche in Lagern rund um den Fliegerhorst untergebracht wurden. Zeitgleich erfolgten auf dem Fliegerhorst Versuche mit dem Deichselschleppgerät SG 5041 mit der Ar 234 sowie Mess- und Erprobungsflüge der Versuchsmuster M1 und M3 der Ba 349 »Natter«, außerdem wurde die I./EKG 1 sowie das KG 76 auf Ar 234 umgeschult.

Nach einem Bericht des amerikanischen Geheimdienstes sind ab Oktober 1944 Arbeiter von Messerschmitt nach Rohrenfels geschickt worden. Rohrenfels ist ein kleiner Ort, ca. 5km südlich des Fliegerhorstes Neuburg. Möglicherweise war damit aber nicht Rohrenfels, sondern Rohrenfeld gemeint, ein kleines Landgut, direkt angrenzend an das Waldstück wo später die Endmontagelinie eingerichtet wurde. Da die amerikanische Aufklärung keine Aktivitäten in dem Ort feststellen konnte, vermutete man, dass die Arbeiter auf den Fliegerhorst geschickt wurden[370].

Anfang Februar 1945 musste schließlich die Entscheidung gefallen sein in Neuburg eine Endmontagelinie für die Me 262 einzurichten, ab Februar / März 1945 wurde ein KZ-Nebenlager Neuburg/Donau eingerichtet. Die Waldmontage wurde im Untereichet, einem Waldstück bei Zell, aufgebaut. Die Firmenbezeichnung lautete in Anlehnung an den Leiter der Waldmontage von Kießling »Sand und Kieswerk Kießling & Co.«, der Deckname lautete »Burghausen« mit Sitz in Rohrenfeld bei Neuburg[371], wo sich das Hofgut Rohrenfeld befindet (zwischen dem Gut und dem Waldwerk befand sich der Bahnhof von Bruck, wo vermutlich die Baugruppen für das Waldwerk angeliefert wurden). Die Montagestraße bestand aus einem schnurgerade verlaufenden Waldweg, auf welchem Montagezelte aufgebaut und mit Tarnnetzen überdeckt wurden.

Das Waldwerk bestand aus drei großen Produktionshallen, wobei die größte 100m lang und 15m breit war, die beiden anderen 50m und 30m lang, die Produktionsfläche betrug 4400m². Der Waldweg wird heute noch »Fliegerstraße« genannt[372]. Die fertig montierten Flugzeuge wurden nachts auf Schienen auf eine Zufahrtsstraße gerollt, welche zuerst die Bahnlinie in einem leichten Bogen überquerte und danach kerzengerade zum Flugplatz führte. Morgens wurden die Schienen wieder demontiert[373].

Vermutlich ab Mitte Februar 1945 fertigte das Waldwerk die Me 262, 100 Maschinen pro Monat sollten hier entstehen, 80 wurden wahrscheinlich erreicht. Bereits am 14. Dezember 1944 wurde der Platz von 20 P47 Thunderbolt angegriffen und 66 Flugzeuge, davon 42 Me 262 zerstört. Am 16. Februar, 19. März sowie am 24. März 1945 wurde der Platz schließlich bombardiert, wobei er vor allem beim letzten Angriff sehr stark zerstört wurde. Nach der letzten Bombardierung am 24. März wurden die noch intakten Me 262 nach München-Riem ausgeflogen, am 27. April 1945 erreichten die amerikanischen Truppen den Flugplatz[374]. Das Waldwerk war bis zur Einnahme des Flugplatzes durch die Amerikaner unbekannt geblieben.

Das Waldwerk ist in einer Vergrößerung einer Luftaufnahme vom 2. April 1945 gut zu erkennen, vor allem die drei Hallen in der Mitte des Bildes. (© HES)

[369] Fertigungs- und Lieferantenübersicht sowie Aussage des Chefeinfliegers Helmut Kaden, Römer, für die Vergessenen, S. 113

[370] AFHRA, REEL 25193, No. 2704 Rohrenfels, Reported Messerschmitt Activities at Rohrenfels, 24.10.44

[371] NARA/Sammlung Rentschler, Fertigungs- und Lieferantenübersicht 8-262

[372] Manfred Jurleit, Strahljäger Me 262, die Technikgeschichte, S. 126

[373] Dr. Andrea Hammerl, wo der Strahljäger ME 262 gebaut wurde, Passauer Neue Presse, 29.01.2010

[374] Neuburger Kollektaneenblatt 143/1995 S. 70

In der Mitte dieser Luftaufnahme vom 2. April 1945 sieht man rechts neben der Weggabelung das Waldwerk, am unteren Waldrand führt eine kaum sichtbare Spur in Richtung Flugplatz wo nachts die Flugzeuge auf Schienen transportiert wurden. Am oberen Waldrand sieht man den Ort Bruck und die Einfahrt in das Waldwerk direkt unterhalb des Ortes. (© HES)

9.8 »Blechschmiede« Horgau

Im Waldstück »Bretterstelle« beim ehemaligen Bahnhof Horgau an der inzwischen stillgelegten Bahnstrecke Neusäß-Welden (auch Weldenbahn genannt) befand sich ein weiteres Waldwerk der Messerschmitt AG, in welchem Tragflächen für die Me 262 gefertigt werden sollten. Für dieses Waldwerk wurde eigens ein Außenlager des KZ Dachau an der Straße zwischen Bahnhof und der Autobahn errichtet, in welchem bis zu 307 KZ-Häftlinge inhaftiert waren, die Teile für die Me 262 fertigen mussten.

Auf dem Gelände errichtete man 21 Gebäude in Holzbauweise, wobei lediglich die Barackenteile Betonböden erhielten, auf denen Maschinen standen.

Fahrwerksräder lagern neben einer Hütte im Horgauer Waldwerk[375].

[375] USSBS Report No.11, Messerschmitt AG Augsburg, Appendix I, Report on Horgau Forest Dispersal, S. 2

1: Flügel-Zusammenbau,
2: Bugspitzen,
3: Bugspitzen,
4: Einzelteillager,
5: Hauptteillager,
6: Einzelteilraum für Fahrwerkteile,
7: Büro,
8: Kantine,
9: Einzelteillager für Halbfabrikate,
10. Waschraum,
11: Waschraum,
12: Transformator,
13–18: Wohnbaracken,
19–21: Wachhäuschen.[381]

Es existierten drei Fertigungshallen mit an den Seitenwänden montierten Kränen[376], in der Mitte befanden sich Einspannvorrichtungen und Transportbänder. Versorgungsleitungen für Pressluft und Strom waren an Baumstämmen aufgehängt. Die gesamte Anlage war von einem 2m hohen Stacheldrahtzaun umschlossen[377].

Ab dem 1. März 1945 fertigte man nach der Aufstellung der benötigten Maschinen durch die Fa. Messerschmitt AG Tragflächen und Bugteile im Waldwerk Horgau, wobei man hiermit die Tragflächenproduktion aus dem Autobahntunnel Leonberg für die Endfertigung im Waldwerk Horgau ergänzen wollte[378]. Fertige Tragflächen wurden wohl keine mehr aus diesem Waldwerk geliefert[379].

Das Areal wurde 2010 im Rahmen des Projekts »Arbeitshandschuhe statt Zeigefinger«[380] genau vermessen und die Fundamente frei gelegt. Das Gebiet steht heute unter Denkmalschutz und kann besichtigt werden, der Heimatverein für den Landkreis Augsburg bietet außerdem Führungen über das Gelände an.

376 ebenda

377 Hinweistafel des Heimatvereins für den Landkreis Augsburg am Forstweg des ehemaligen Waldwerkes

378 Gisela Mahnkopf, Claudia Ried: Blechschmiede Horgau – KZ Außenlager und Waldfabrik für die NS-Rüstungsproduktion; Sonderband zum 32. Jahresbericht des Heimatvereins für den Landkreis Augsburg e.V.

379 USSBS Aircraft Division, Report No.11, Messerschmitt AG Augsburg, Exhibit A-A1

380 Kreisjugendring, Realschule Neusäß und einiger privater Interessierter um die Kreisheimatpflege (Archäologie) und den Arbeitskreis für Vor- und Frühgeschichte im Heimatverein für den Landkreis Augsburg e.V.

381 USSBS Report No.11, Messerschmitt AG Augsburg, Appendix I, Report on Horgau Forest Dispersal

9.9 »Nachrüstbetrieb Nord« Brandenburg-Briest

Der Flugplatz Brandenburg-Briest gewann in den letzten Kriegsjahren zunehmend an Bedeutung, da er nicht nur recht groß war und eine mit 2000m besonders lange Piste hatte, sondern auch von Waldgebieten im Norden des Platzes umgeben war wo Flugzeuge effektiv getarnt werden konnten. Dies machte ihn besonders für die Tag- und Nachtjagd sowie für die Reichsverteidigung interessant.

Am 10. November 1944 bekam der Kommodore des JG 77, Oberstleutnant Johannes Steinhoff, den Befehl, das erste Düsenjäger-Geschwader JG 7 in Brandenburg-Briest aufzustellen. Bis zum 30. November 1944 sollte das Geschwader mit 40 Me 262 ausgestattet werden.

Ursprünglich sollten die Maschinen von Regensburg-Obertraubling durch das Fliegerüberführungsgeschwader 1 (FlüG 1) nach Brandenburg-Briest gebracht und dort übergeben werden. Allerdings machte die bereits in diesen Monaten einsetzende Herbst- und Winterwetterlage und die mangelnde Flugerfahrung der Piloten einen Strich durch die Rechnung, es kam zu zahlreichen Unfällen während der Überführung. Selbst das Einfliegen im Dezember war nur an wenigen Tagen aufgrund des schlechten Wetters Möglich.

Bereits im Dezember ging man dazu über, die in Leipheim und Regensburg montierten Maschinen wieder zu demontieren und per Bahntransport nach Brandenburg-Briest zu verfrachten. Dort wurden die Maschinen vom Bodenpersonal in Empfang genommen, erneut zusammengesetzt und eingeflogen bevor sie an den Verband übergeben wurden. Als es vermehrt zu Angriffen auf das Transportnetz kam, wurden die Transporte auf die Nachtstunden verlegt. Dadurch wurde im Laufe der Zeit aus dem Montagekopf eine Endmontagelinie in welcher unter der Tarnbezeichnung »Nachrüstbetrieb Nord«[282] Me 262 zusammengebaut wurden.

Da die Montage der Flugzeuge noch in den großen Hallen am Rande des Flugfeldes vorgenommen wurde was in Süddeutschland aufgrund der Luftangriffe schon nicht mehr möglich war, entschloss man sich die Montagelinie in den nahegelegenen Wald zu verlegen, wozu Zwangsarbeiter aus dem nahen riesigen Zwangsarbeiterlager Kirchmöser herangezogen wurden.

Die Zwangsarbeiter mussten in einer Waldschneise im Norden des Platzes eine riesige Holzbaracke errichten und tarnen sowie die Zufahrtswege für den Transport der Baugruppen schaffen. Anfang Februar 1945 wurde aus dem bisherigen Montagekopf ein Endmontagewerk der Messerschmitt AG. Zusätzlich zum JG 7 sollte nun auch der Jagdverband (JV) 44 mit Me 262 ausgerüstet werden. Obwohl Brandenburg-Briest direkt in der Einflugschneise der Bomberströme auf Berlin lag, gab es dort keine Großangriffe wie in Süddeutschland, man konnte bis kurz vor der Besetzung durch die Rote Armee produzieren. Lediglich Ende März gab es kleinere Angriffe durch die Vorausjagd der US-Bomberströme mit ihren Bordwaffen und am 10. April als eine kleine Bombergruppe ihre Last über dem Flugplatz ablud, was allerdings nur geringen Schaden verursachte.

Am 18. April verlegten die letzten Teile des JG 7 nach Prag-Ruzine und Saaz, da die Endmontagelinie noch bis zum 21. April produzierte befanden sich zum Zeitpunkt der Besetzung der roten Armee 30 brandneue und intakte Maschinen auf dem Platz[283].

9.10 Geplantes Waldwerk »Burghausen 3«

Am 26. März 1945 ging bei der OT-Oberbauleitung in München ein »Antrag auf Aufnahme in die Liste der Programmbauten« über eine Baumaßnahme der Messerschmitt GmbH Regensburg ein. Die Bezeichnung des Bauvorhabens gab man mit dem Tarnnamen »Burghausen 3« an, man wollte ein weiteres Waldwerk zur Endmontage von Flugzeugen bauen welches höchstwahrscheinlich im Feilenforst südlich von Manching lag. Bereits im Januar 1944 wurde der Fliegerhorst bei einer Erkundung für eine Verlagerung in Betracht gezogen[384].

Als Bauzeit veranschlagte man 8 Wochen, benötigt wurden 20 Maurer, 50 Zimmerer, 25 Zement- und Betonarbeiter sowie 250 Bauhilfsarbeiter und 15 gelernte und ungelernte Arbeiter. Die Kosten beliefen sich auf 671500,- RM. Das Bauvorhaben wurde allerdings nicht realisiert, es sind aber alle Pläne und Kostenaufstellungen erhalten geblieben[385].

382 NARA/Sammlung Rentschler, Fertigungs- und Lieferantenübersicht 8-262

383 Manfred Jurleit, Strahljäger Me 262, die Technikgeschichte, S. 163ff.

384 BArch-MA RW 21-1/979 Erkundung des Fliegerhorstes Neuburg a.d. Donau und Manching durch Prok. Mayer u. 2 Herren, 17.1.44

385 BArch-MA RL 3/4115

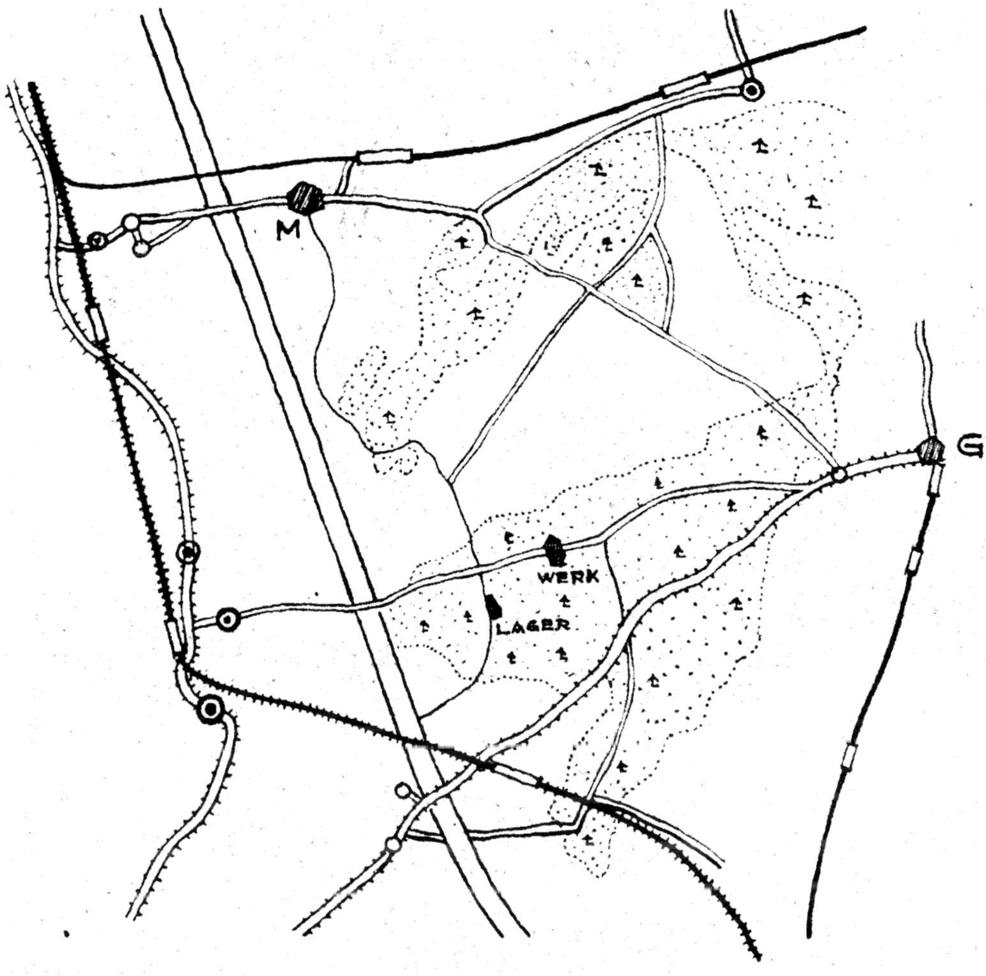

Die Lage des Werkes und des Lagers; »M« steht höchstwahrscheinlich für Manching, »G« für Geisenfeld. (BArch-MA RL 3/4115)

Geplant war wie in Neuburg/Donau eine sternförmige Anordnung der Endmontagehalle sowie der Hallen für die Groß- und Kleinbauteilbereitstellung, alle mit betonierten Böden. Das Werk selbst sollte zweifach mit Stacheldraht umzäunt werden. Innerhalb des umzäunten Werkes sollten zwei Abortbaracken sowie ein Brunnen erstellt werden. Außerdem sollte hier eine Verwaltungs-, eine Wach- und eine Regiebaracke gebaut werden.

Etwa 700m westlich sollte der Schießstand erstellt werden, wiederum 700m südlich davon zwei Unterkunftsbaracken für deutsche Arbeiter sowie ein umzäuntes Lager mit drei Baracken für ausländische Arbeiter. Dazwischen sollte eine große Kantine mit Küche entstehen (wie sie auch in gleicher Form im Waldwerk Gauting existierte), umsäumt von mehreren Baracken für Aborte, eine Wache, eine Revier- sowie eine Lagerführerbaracke. Alles sollte im Wald gebaut werden, die Dächer sollten gegen Fliegersicht getarnt werden, indem die einfachen, mit Dachpappe belegten Dächer entsprechend bemalt werden sollten.

Die Wände der 115m langen und 15m breiten Montagehalle sollten mit 2,5cm starken Heraklithplatten belegt werden, mit außen angebauten Heizungsanlagen und Räumen für Meister und Werkzeugausgabe. Innen sollten über 50m Länge beiderseits zwei 6m hohe Kranbahnen angebracht werden.

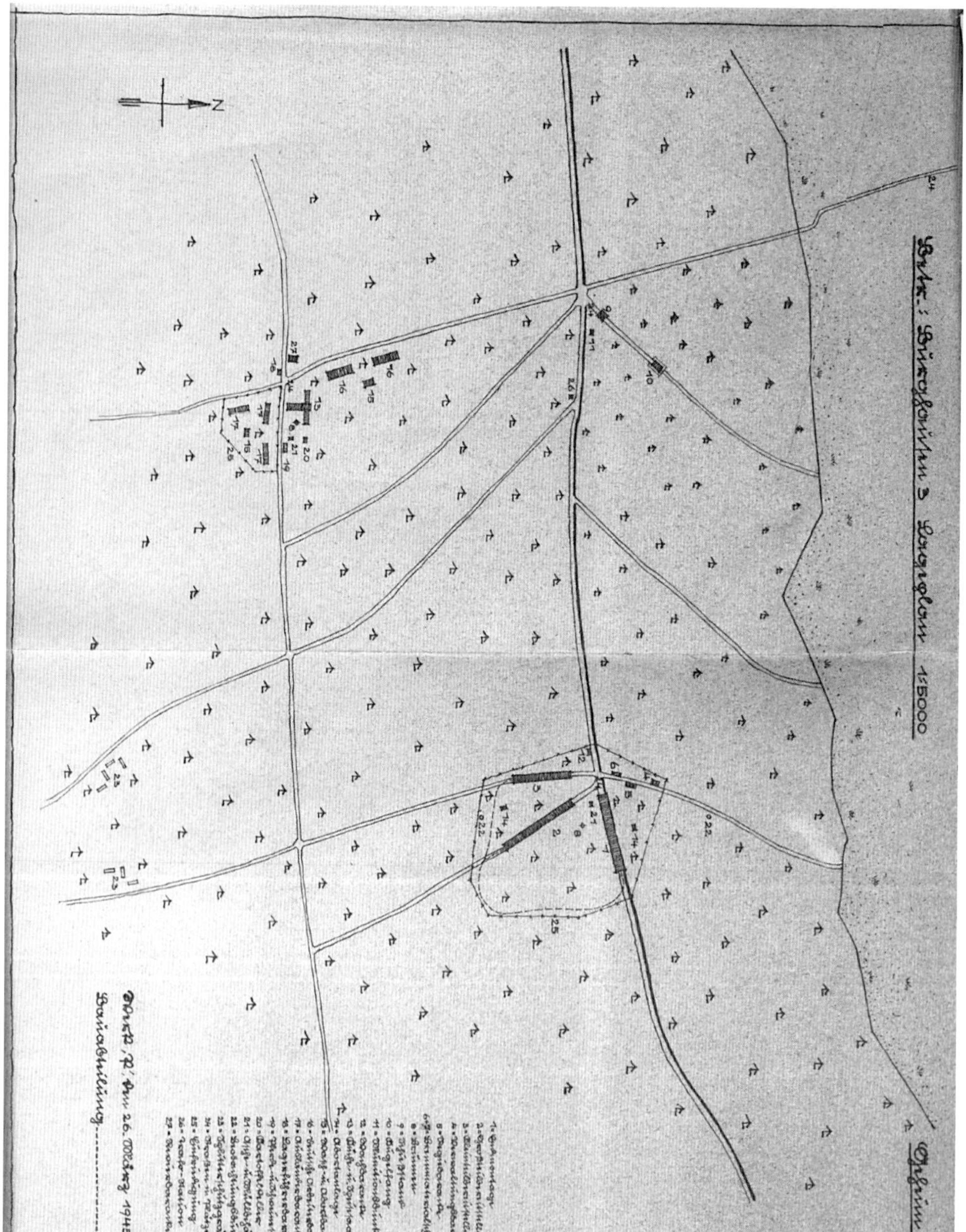

Übersichtsplan der Gebäude. (BArch-MA RL 3/4115)

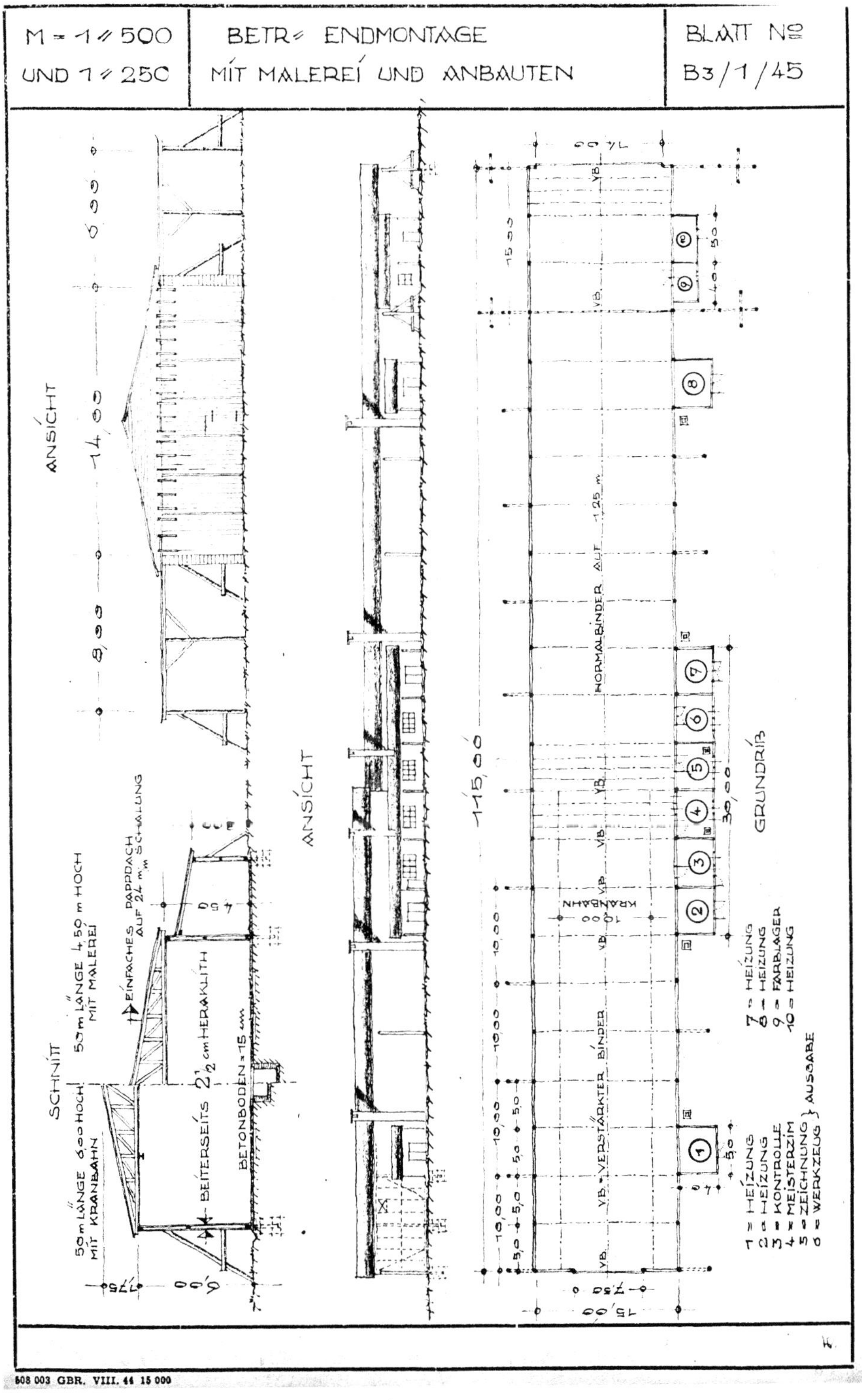

Plan der Endmontagehalle. (BArch-MA RL 3/4115)

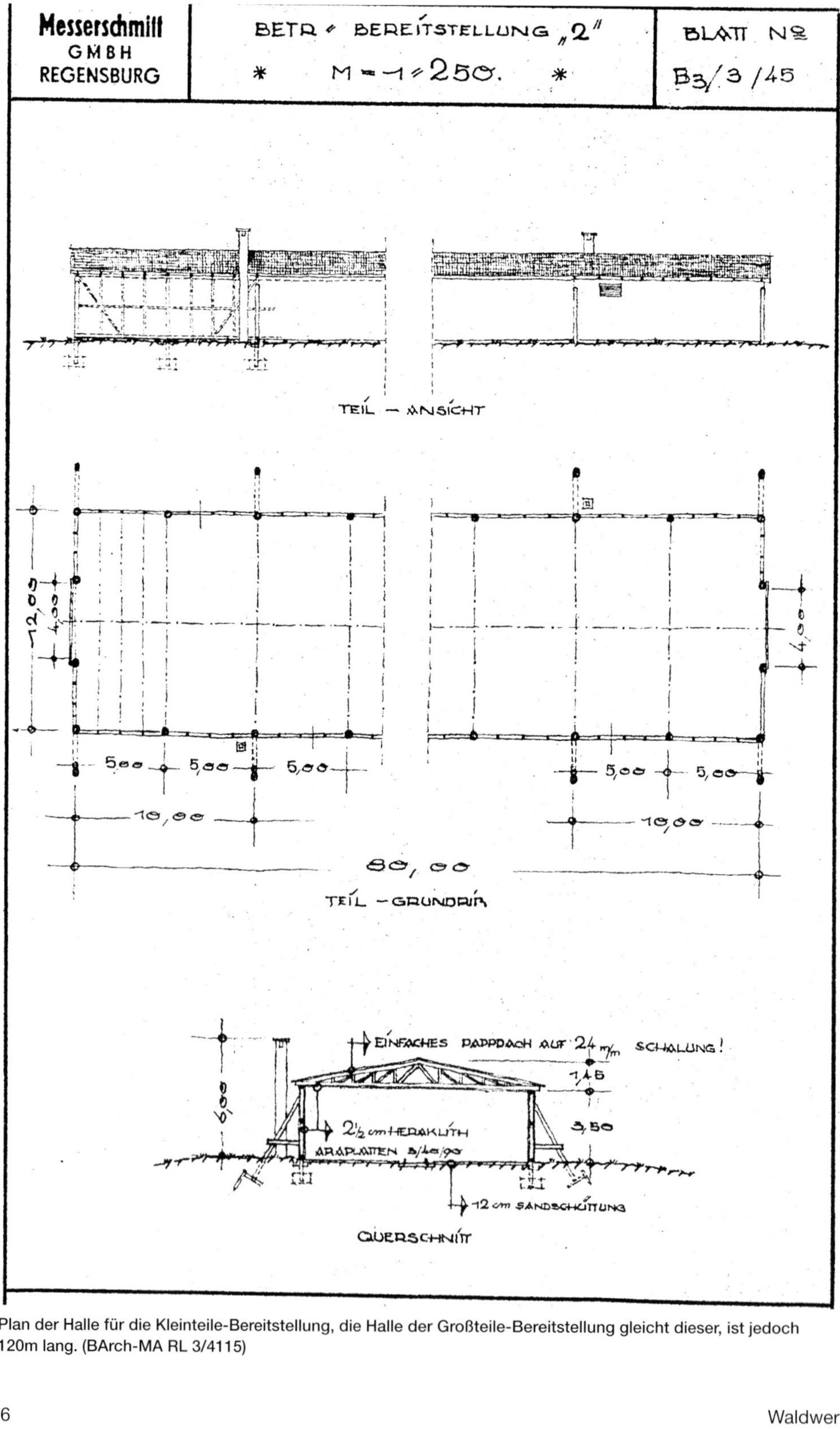

Plan der Halle für die Kleinteile-Bereitstellung, die Halle der Großteile-Bereitstellung gleicht dieser, ist jedoch 120m lang. (BArch-MA RL 3/4115)

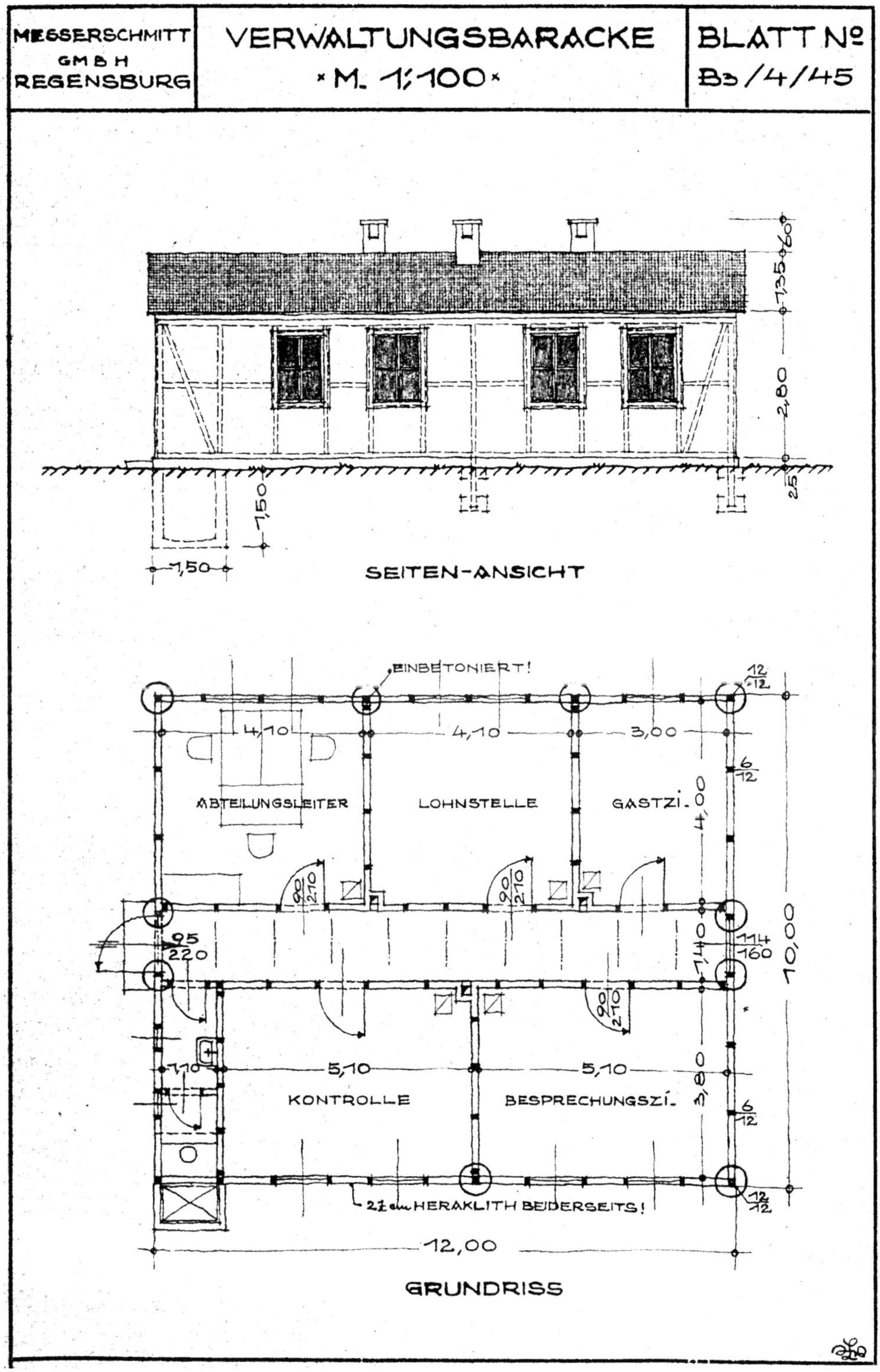

Die Verwaltungsbaracke. (BArch-MA RL 3/4115)

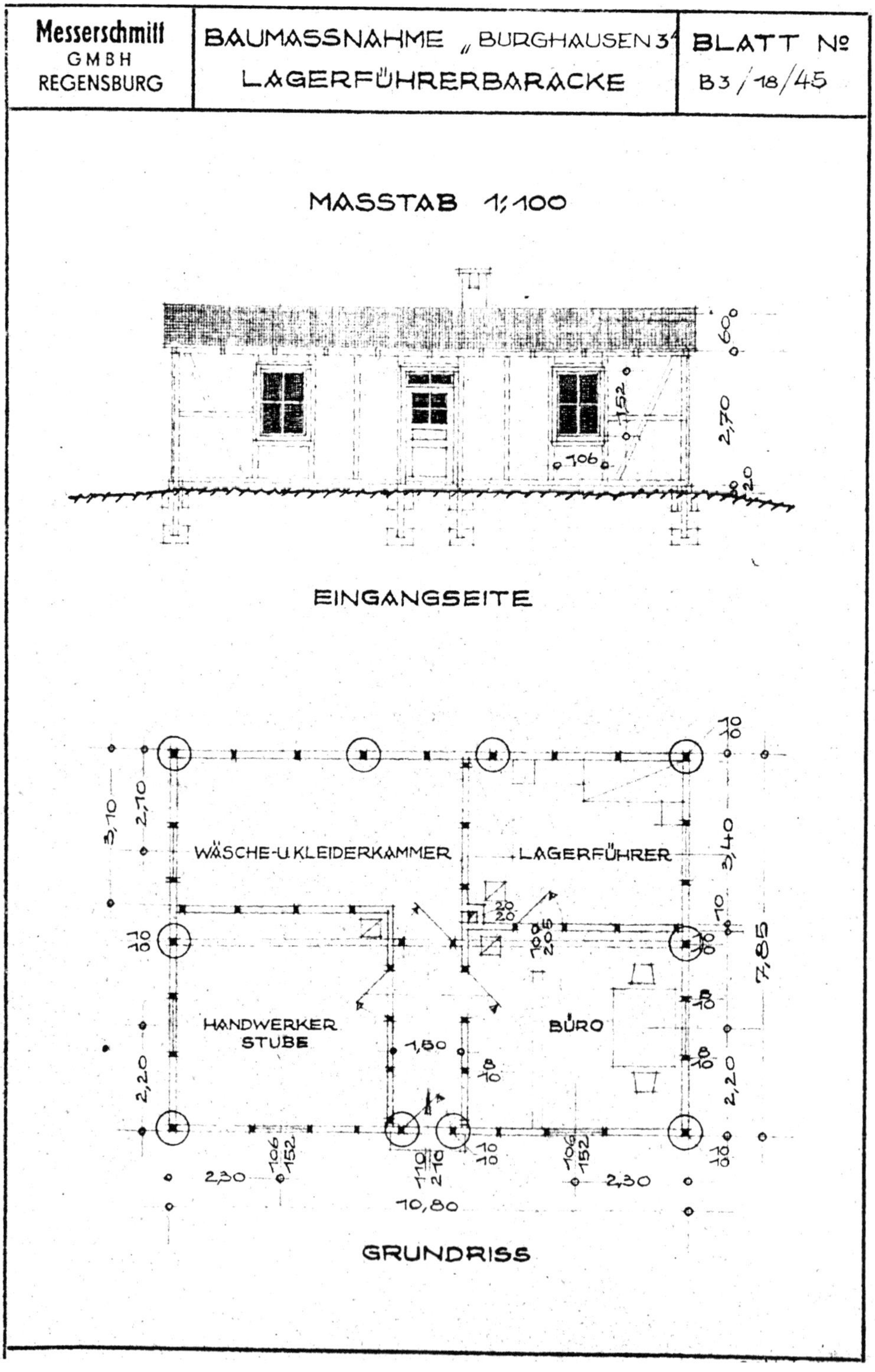

Die Baracke des Lagerführers. (BArch-MA RL 3/4115)

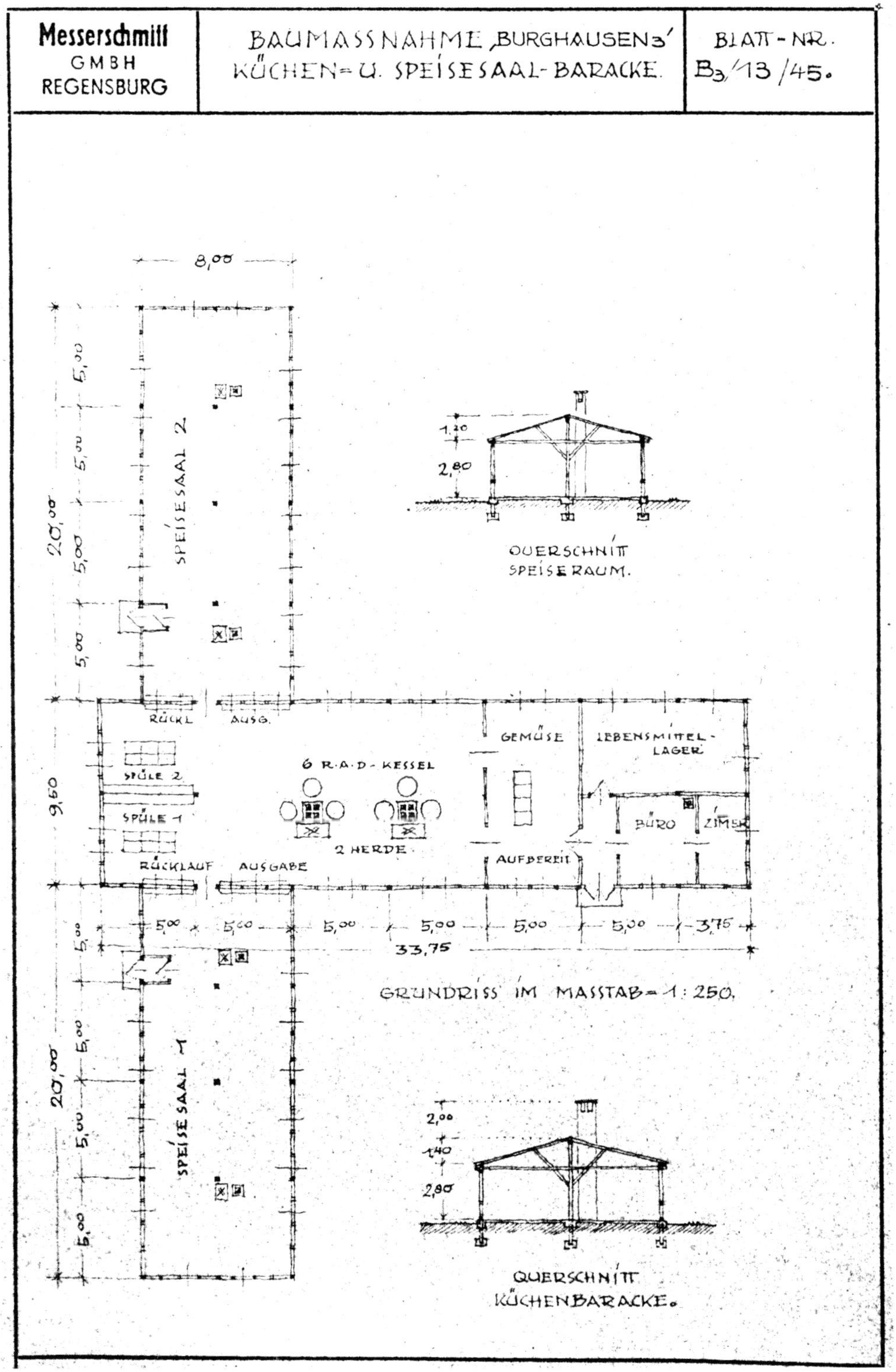

Küche und Speisesaal. (BArch-MA RL 3/4115)

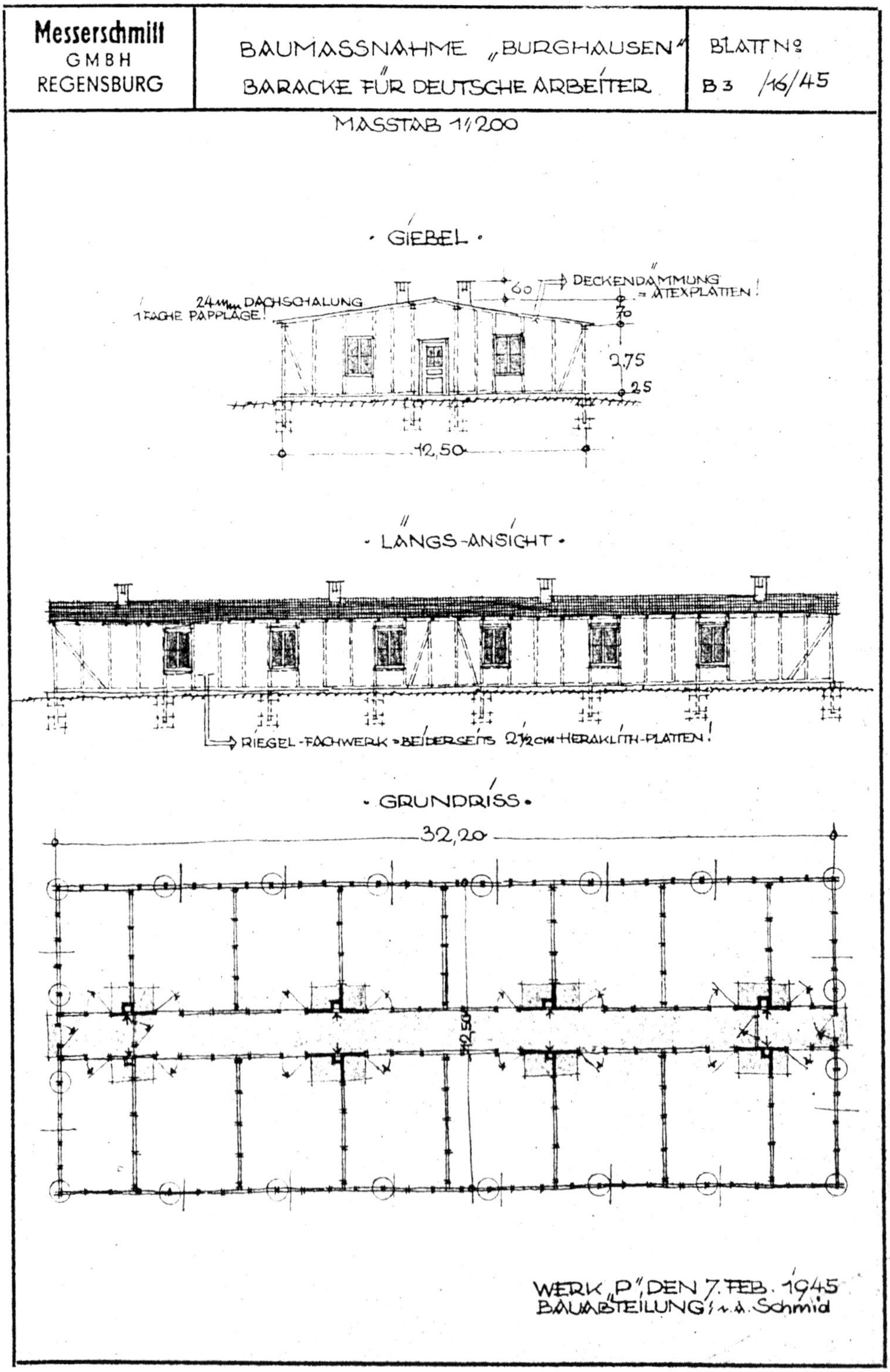

Baracke für deutsche Arbeiter. (BArch-MA RL 3/4115)

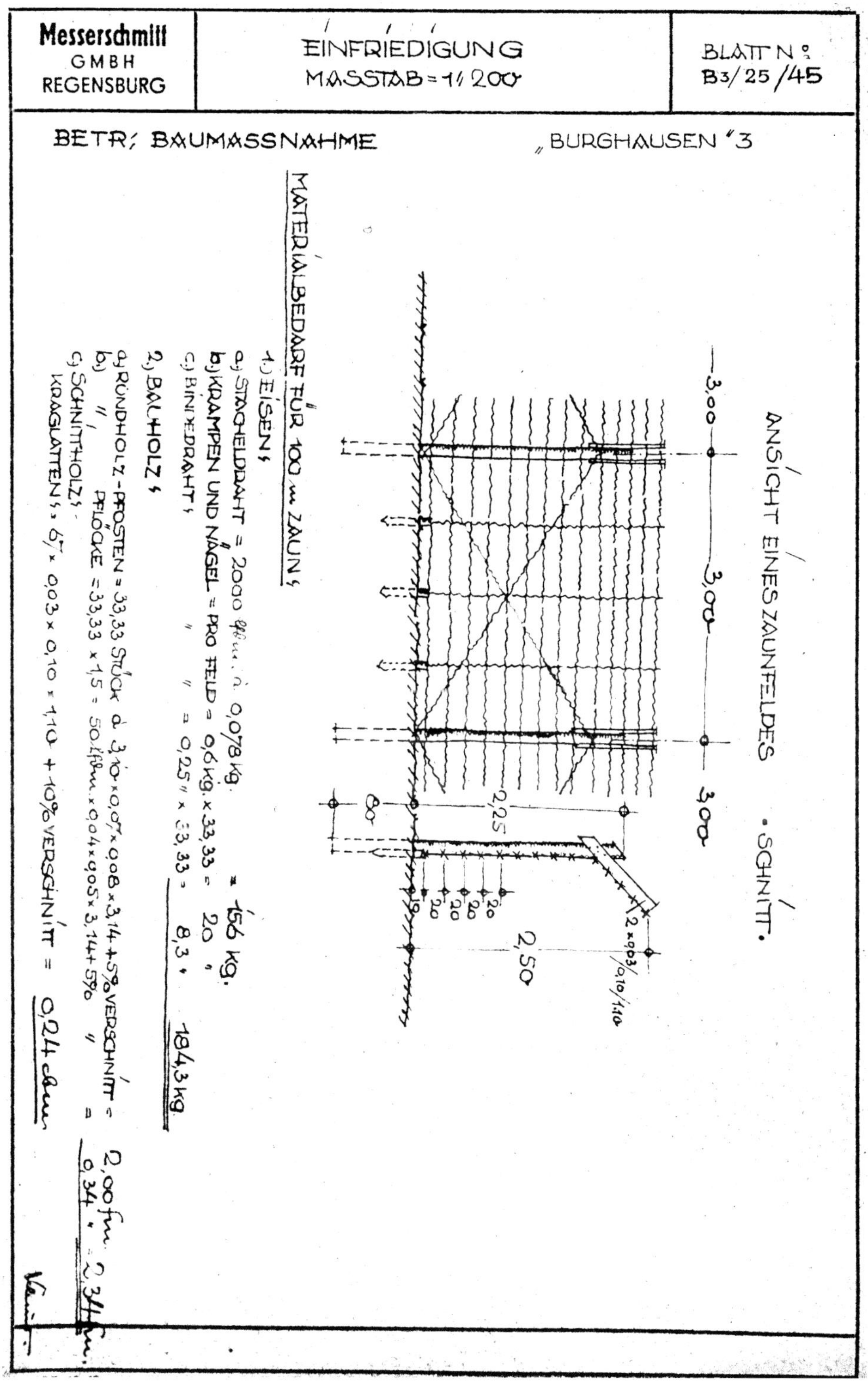

Der Stacheldrahtzaun des Waldwerkes sowie des Lagers für Ausländer. (BArch-MA RL 3/4115)

9.11 Weitere Wald- und Montagewerke

9.11.1 Kitzingen

Ab Januar 1945 war das KG(J) 54 in Kitzingen stationiert. Im Januar/Februar 1945 wurde hier eine Waldmontage eingerichtet, in der monatlich 40 Me 262 montiert werden sollten. Bis zur Besetzung sollen allerdings nur 20 Flugzeuge montiert und der Luftwaffe übergeben worden sein. Am 22. März 1945 wurde der Platz von der 8. USAAF angegriffen, wobei drei Me 262 zu 70%, eine »Silber« zu 50% und vier »Silber« zu 7% zerstört wurden.

9.11.2 Cham

Zwischen Mai und September 1937 wurde in Michelsdorf bei Cham ein Einsatzhafen der Luftwaffe gebaut. Dieser wurde nach und nach weiter ausgebaut, so errichtete man im Juli 1938 im angrenzenden Wäldchen vier Munitionsbunker, Unterkünfte für die Soldaten und die Flugplatzverwaltung. Der Einsatzhafen verfügte über ein kleines Gleis, welches allerdings nicht an das Schienennetz angeschlossen war. Vielmehr verlud man im Bahnhof von Cham Kesselwagen mit Flugbenzin auf Tieflader, um diese bis zum Flugplatz zu fahren und wieder auf die dortigen Schienen zu setzen, von wo aus der Inhalt in Unterirdische Tanks gepumpt wurde[386]. Stationiert waren hier Teile der Luftkriegsschule 10[387].
In einem kleinen Wäldchen am Flugplatzgelände richtete die Messerschmitt AG ab Oktober 1944 eine Endmontagelinie für die Bf 109 ein. Nach dem Einstellen der Bf 109-Produktion sollte hier die Me 262 endmontiert werden was aber nicht mehr möglich war[388].
Die Montagelinie bestand aus einem langen Zelt in einem kleinen Wäldchen neben dem Flugplatz, welches mit Tarnnetzen gegen Fliegersicht getarnt war. Hinter dem Wäldchen befand sich ein Schießstand um die Bordkanonen einzuschießen. Auf dem Gelände befindet sich heute ein Industriegebiet, die ehemaligen drei Rundbogenhallen existieren hier noch. Direkt angrenzend an das Industriegebiet liegt immer noch das Wäldchen in welchem die Endmontagelinie war.

9.11.3 Erding

Auf dem Fliegerhorst Erding wurde noch im März 1945 mit der Endmontage begonnen, in den Monaten März/April müssen noch rund 66 Flugzeuge montiert worden sein. Möglicherweise war Erding ein Ausweichwerk für die Endmontagelinie Obertraubling, da der dokumentierte Werknummernkreis zu den dortigen produzierten Flugzeugen gehört. Am 1. oder 2. Mai 1945 entstanden kurz vor dem Einmarsch der Amerikaner noch einige Fotos, auf denen eine ganze Anzahl fertiger bzw. fast fertiger Me 262 vor den teilweise zerstörten Hallen zu sehen sind. Weitere Bilder wurden von amerikanischen Soldaten gemacht, die sich vor komplett vormontierten Rümpfen mit Nasen und Leitwerken fotografieren ließen[389].

[386] Beiträge zur Geschichte im Landkreis Cham, 32. Band 2006 S. 203ff.
[387] Mittelbayerische Zeitung, Christoph Klöckner, Chaos am Himmel über Cham vom 06. Februar 2015
[388] USSBS Aircraft Division, Report No.11, Messerschmitt AG Augsburg, Part B, Exhibit R-D
[389] Manfred Jurleit, Strahljäger Me 262, die Technikgeschichte, S. 170

Rumpf einer Me 262 in Erding. (NARA)

Rumpf einer Me 262 in Erding. (NARA)

9.11.4 Bodenwöhr

In einem Waldstück zwischen Mappach und Neubäu am See in der Nähe von Bodenwöhr errichtete die Messerschmitt AG ein »Waldlager«, in welchem Teile für die Bf 109 gefertigt wurden die anschließend über den Bahnhof in Blechhammer zur Endmontage nach Obertraubling gebracht wurden. Nach dem Krieg fanden dort viele Flüchtlinge aus den »Ostgebieten« bis in die 50er Jahre hinein eine vorübergehende Bleibe[390].

9.11.5 Vilseck

Nördlich von Vilseck bei Heringnohe befand sich am Südrand des Truppenübungsplatzes Grafenwöhr der Einsatzhafen I. Ordnung, welcher in den 1930er Jahren angelegt wurde. Ab März 1944 erfolgte hier die Endmontage der Bf 109 G und K auf einer Fläche von $8000m^2$ in zwei nördlich des Flugplatzes liegenden Hallen und drei aus Holz bestehenden Flugzeughangars, wobei die Tragflächen und Rümpfe im KZ Flossenbürg produziert wurden[391]. Der Platz verfügte über einen großen Gleisanschluss, am westlichen Ende befand sich eine Schießbahn zum Einschießen der Bordwaffen. Nach der Montage der Flugzeuge wurden diese auch hier eingeflogen. Geplant war hier wie in Cham die Umstellung auf Me 262[392], gegen Ende des Krieges befanden sich schon zahlreiche Rümpfe auf dem Fliegerhorst.

Luftbild vom 14. März 1945 des Fliegerhorstes Vilseck, links am Bildrand sind die beiden Endmontagehallen zu sehen. (© HES)

[390] Der Ostbayern Kurier, Die Messerschmitt-Produktion in der Oberpfalz, von Marion Lanzl, 02.07.2016

[391] Schmoll, die Messerschmitt-Werke im zweiten Weltkrieg, S. 151

[392] USSBS Aircraft Division, Report No.11, Messerschmitt AG Augsburg, Part B, Exhibit R-D

Das gesamte Luftbild vom 14. März 1945 mit den Endmontagehallen im Norden sowie weitere Hallen u.a. der Einfliegerei im Süden des Platzes. (© HES)

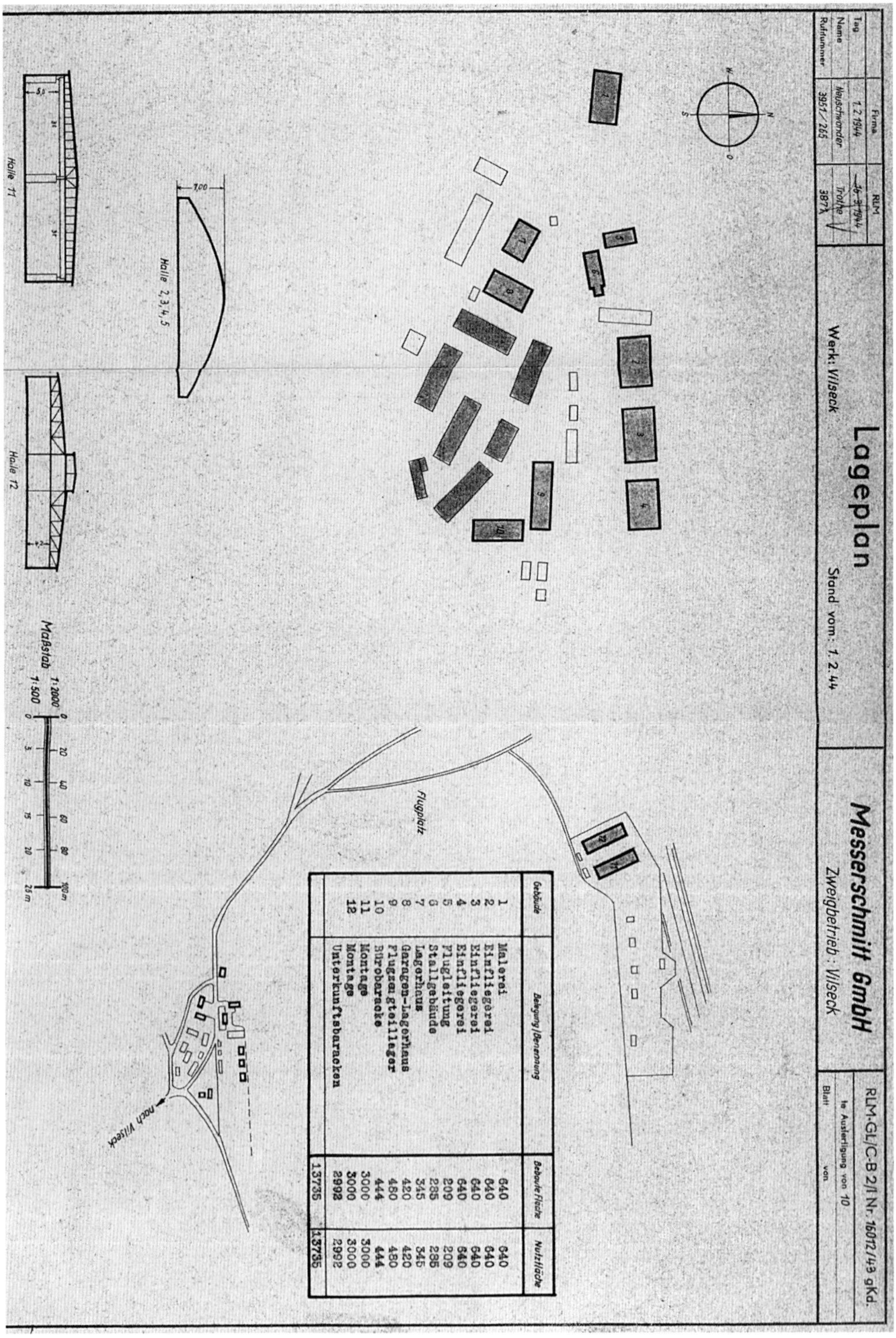

Plan des Messerschmitts-Werks in Vilseck. (BArch-MA RL 3/1511)

Anhang A – Zeitleiste

1938	-	**Beginn der Entwicklung bei Messerschmitt an der Me 262 sowie des Strahltriebwerks bei BMW, Heinkel und Junkers**
1939	27. August	Erster Flug eines Strahlflugzeugs, der He 178, in Rostock-Marienehe
	1. September	Beginn des zweiten Weltkriegs durch den Überfall auf Polen
1941	18. April	Erstflug der Me 262 V1 mit Kolbenmotor
1942	25. März	Erstflug der Me 262 V1 mit BMW-Triebwerken und Kolbenmotor
	19. Juli	Erstflug der Me 262 V1 mit Jumo-Triebwerken (erster reiner Strahlflug der Me 262)
1943	Januar	Konferenz von Casablanca
	Februar	Kapitulation der 6. Armee in Stalingrad
	März	erste Auslagerungen der Produktion
	11. April	Gründung des "Sonderstab Höhlenbau"
	17. August	Operation "Double Strike", Bombenangriffe auf Schweinfurt (SKF) und Regensburg (Messerschmitt)
	18. August	Operation "Hydra", Bombenangriff auf Peenemünde
	August	Beschluss der Fertigung der V2 in Nordhausen
	August	Verlagerung der Entwicklungsabteilung von Augsburg nach Oberammergau
1944	Februar	"Big Week", Bombenangriffe u.a. auf Messerschmitt-Werke Augsburg und Regensburg
	26. Februar	Entschluss der Auslagerung in Waldwerke
	28. Februar	Beginn Bau Waldwerk "Gauting"
	01. März	Gründung des Jägerstabes
	März	Beginn Bau Stollenanlage in St. Georgen an der Gusen
	März	Bau der ersten Vorserien Me 262 in Augsburg und Regensburg
	März	Beginn Ausbau Autobahntunnel Leonberg
	17. April	Beginn der Arbeiten im Steinbruch Vaihingen/Enz ("Stoffel")
	April	Aufstellung des Erprobungskommando 262 in Lechfeld
	April	Beginn der Endmontage der Me 262 im Waldwerk Leipheim
	April	Beginn Einrichtung Waldwerk Schwäbisch Hall
	21. April	Dorsch wird mit der Errichtung von 6 verbunkerten Jägerfabriken beauftragt
	Mai	Beginn der Arbeiten an "Weingut II", "Diana II" und "Walnuß II" bei Landsberg
	12. Mai	Sitzung des Jägerstabes bei Göring wegen dem schleppenden Produktionsanlauf der Me 262
	22. Mai	Erste Me 262 kommt aus dem Waldwerk Schwäbisch Hall
	6. Juni	Landung der Alliierten in der Normandie
	20. Juni	Aufstellung Kommando Schenk
	29. Juni	Aufstellung des Kommando Nowotny
	Juni	Beginn der Arbeiten an "Weingut I" in Mühldorf
	Juni	Beginn der Arbeiten an "Biber" in Glesch an der Erft
	Juni	Beginn Produktion im Waldwerk "Gauting"
	Juli	Beginn der Serienproduktion des Jumo 004 B-1
	Juli	Beginn Tragflächenproduktion in Leonberg
	Juli	Beginn Bau Stollenanlage in Saal/Donau ("Me-Ringberg")

1944	01. August	Jägerstab wird Rüstungsstab
	25. August	Befreiung von Paris durch die Alliierten
	August	Beginn Bau Stollenanlage in Kematen
	September	Beginn Einrichtung Waldwerk "Kuno AG I" bei Burgau
	September	Beginn Ausbildung von Bomberverbänden auf Me 262 in Neuburg a.d. Donau
	21. Oktober	US Amerikanische Soldaten erobern Aachen als erste deutsche Stadt in Alliierter Hand
	Oktober	Beginn Produktion im Waldwerk "Stauffen" bei Obertraubling
	November	Aufstellung des JG-7 in Brandenburg/Briest; aufgrund Problemen bei der Überführung werden die Maschinen per Bahn nach Briest gebracht und dort wieder zusammen gebaut
	November	Beginn der Produktion in den Stollen in St. Georgen an der Gusen
	16. Dezember	Beginn der Ardennenoffensive
1945	1. Januar	Beginn des »Unternehmen Bodenplatte«
	25. Februar	Am Ende des »Unternehmen Nordwind« waren die Kraftstoffreserven nahezu aufgebraucht und Luftwaffe, Heer und Marine an allen Kriegsschauplätzen danach weitgehend bewegungslos
	Februar	Beginn Aufbau Waldwerk und Endmontage in Neuburg a.d. Donau
	Februar	Einrichtung Waldwerk Brandenburg/Briest
	18. April	Kapitulation der Heeresgruppe B mit mehr als 320.000 Soldaten im »Ruhrkessel«
	01. März	Beginn Produktion von Tragflächen im Waldwerk "Blechschmiede" Horgau
	April	Beginn der Produktion im Werk Kuno AG I
	30. April	Hitler nimmt sich im Bunker der Berliner Reichskanzlei das Leben
	8. Mai	Ende des zweiten Weltkrieges

Anhang B – Produktionsstätten

Messerschmitt verfügte über ein weites Netz von Produktionsstätten, die nach den Verlagerungen nach der »Big Week« Ende Februar 1944 in weiten Teilen Deutschlands verteilt wurden. Die United States Strategic Bombing Survey führte nach dem Krieg eine flächendeckende Untersuchung ihrer Bombardements durch und dokumentierten große Teile der deutschen Rüstungsindustrie. Aus diesem Bericht stammen die folgenden Zusammenstellungen aus Produktionsort und -fläche sowie einige Bemerkungen dazu.

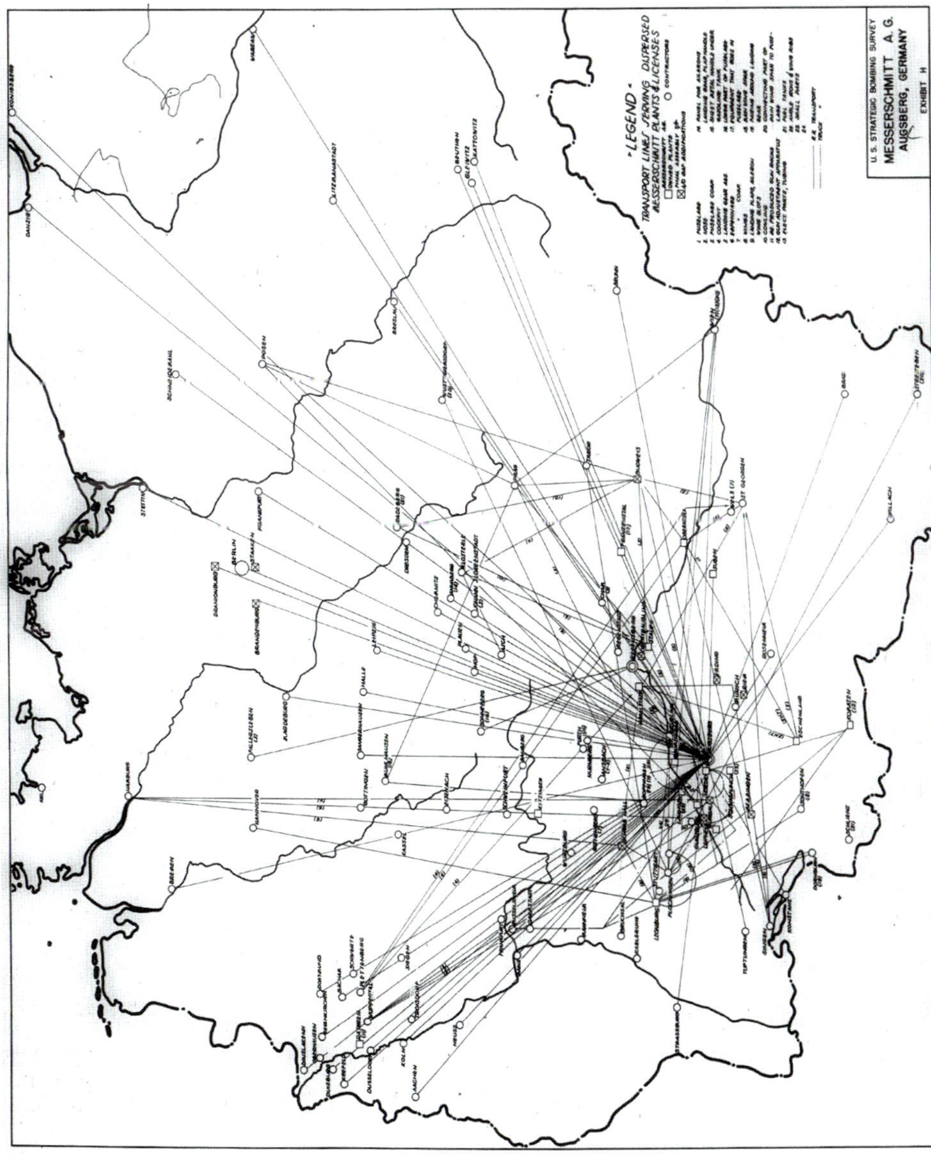

USSBS, Aircraft Division, Messerschmitt AG Augsburg, Exhibit M-B

Augsburg				
Hauptwerk				
Werk	**Ort**	**Fläche m²**	**Produkt**	**Bemerkung**
Augsburg	Haunstetterstr.	107000	Me 210, 410 und 252	Serienfertigung Werk II, III, IV
-«-	-«-	58000	Versuch	Versuch verlagert nach Oberammergau
Endmontage				
Kuno AG I	Waldwerk in der Nähe von Burgau	4700 ohne Unterkünfte	Endmontage Me 262	Gestartet wurde auf der Reichsautobahn
Leipheim	Waldwerk in der Nähe des Fliegerhorstes Leipheim	4200 ohne Unterk., 11 Gebäude	Endmontage Me 262	Zelte und Holzgebäude; Gestartet wurde erst auf dem Fliegerhorst, später auf der Reichsautobahn
Schwäbisch Hall	Waldwerk in der Nähe von Schwäbisch Hall	3800 ohne Unterk., 10 Gebäude	Endmontage Me 262	Zelte und Holzgebäude; Gestartet wurde auf dem Fliegerhorst
Großbaugruppenmontage				
Leonberg	Reichsautobahntunnel (zweistöckig und oberirdische Hallen)	14750	Tragflächenproduktion Me 262	Verlagert nach Landsberg am 2. April 1945
Blechschmiede	Waldwerk (Nähe Bahnhof Horgau)	2500 ohne Kantine und Unterkünfte	Tragflächenmontage Me 262	Keine fertigen Tragflächen geliefert
Einfliegerei				
Leipheim	Fliegerhorst	1600 ohne Startbahn	Einfliegerei	Fliegerhorst, 70% mit Wehrmacht belegt
Schwäbisch Hall	Fliegerhorst	2800 ohne Startbahn	Einfliegerei	dto.
Neuburg	Fliegerhorst	1800 ohne Startbahn	Einfliegerei	dto.
Memmingen	Fliegerhorst	2600 ohne Startbahn	Einfliegerei	dto.
Ostenweg	Reichsautobahn Augsburg Ost	90 ohne Startbahn	Einfliegerei	Nur für 2 Tage in Betrieb
Teilefertigung				
Schwabmünchen	Schwabmünchen nahe Bahnhof	4500	Formteile	Mechanische Teile für Me 410 bis 30. Juni 1944 und mechanische Teile für Tragflächen Me 262
Lauingen	Räume der Fa. Kodel und Bohm	6750	Triebwerkverkleidungen (Montage)	Am 24. März 1945 nach Schwaz/Tirol verlagert
Lauingen	Räume der Fa. Feller & Co.	2850	Triebwerkverkleidungen (Komponenten) Me 262	
Bäumenheim	Fa. Dechenreiter Werk II	3500	Teilefertigung für Tragflächen	Verlagert nach Landsberg am 24. März 1945. Produktionsstart am 10. April 1945.

Werk	Ort	Fläche m²	Produkt	Bemerkung
Wasserburg	Metallwarenfabrik Blattgold	1800	Querruder und Landeklappen Me 262	Verlagert nach Kematen am 15. November 1944
Günzburg	Fa. Spinnerei Günzburg	2100	Rumpfnasen Me 262; mechanische Teile für Me 109, ab 5. März 1945 für Me 262	Verlagert nach Kematen am 15. April 1945
Ay bei Senden	Fa. Spinnerei Ay bei Senden	950	Elektrische Teile für Ausrüstung, Tragflächen und Rumpfnasen	
Gablingen	Fliegerhorst	2000 4000	Tragflächenteile Me 262 Starter Me 410	Verlagert nach Leonberg am 10. März 1944
Kottern	Fa. Spinnerei und Weberei Kottern	12800 ohne Unterk.	Vorrichtungsbau, Vorrichtungen und Lehren	8300m² sind nach Luftangriff vom 19. Juni 1944 übrig geblieben
Fischen	Fa. Spinnerei Fischen	3800	Vorrichtungen und Lehren	Verlagerungsbetrieb von Kottern, beim Luftangriff am 10. Juli 1944 zerstört
Leubas	Leubas	700	Vorrichtungsbau, elektrische Ausrüstung	dto.
Oberstdorf	Loritz-Garagen	700	Schnittwerkzeuge	Ersatz für beschädigte Werkstätten in Kottern. Luftangriff am 19. Juli 1944
Walterhofen	Fischermühle	600	Bohrer- und Werkzeugherstellung	dto.
Schrobenhausen	Fa. Schubick	ca. 100	Holzvorrichtungen	
Weißenhorn	Memminger Straße	400	Elektrische Ausrüstung, Zimmereiwerkstatt	Produktion von BetriebsInstallationen
Weingut II	Kaufering-Landsberg	Großbunker 20000 waren behelfsmäßig am 1. April 45 fertig	Teilefertigung, Tragflächenmontage	geplante Größe 95000m²
Tiroler Bergwerksgesellschaft	Schwaz i. Tirol	Bunker	Triebwerksverkleidungen	Aus Lauingen nach Schwaz verlagert am 24. März 1945
Oberbayerische Forschungsanstalt	Oberammergau	52.000 davon 3500 Stollen	Vorentwicklung, Prototypenbau, Versuch	Konstruktionsbüro von Augsburg von Oktober bis November 1943 verlagert, der Rest im März 1944
Modellwerkstätten Monheim	Monheim	1500	Versuchsmodelle, Metall und Holz	Verlagert

Werk	Ort	Fläche m²	Produkt	Bemerkung
Messerschmitt GmbH Tirol	Kematen	15000 davon ca. 3000 unterirdische Stollen	Querruder, Landeklappen, Lagerfläche Me 262; Temperaturregler DB 603/605, Abdeckungen Bf 109, Luftschrauben MP 7/8 Querruder Me 110, 210, 410 Bombenschächte Me 210, Standardteile für alle Modelle	
Messerschmitt GmbH Ratingen	Ratingen bei Düsseldorf	1800	Rüstungsvorräte, Standardkomponenten aller Art	Zweigwerk von Messerschmitt Augsburg wurde bombardiert, keine weiteren Details bekannt
Weissenburg	Reichsgetreidehalle	2500	Halbfertige Teile und Bestandslager M 262	Lager Motoren für 410 (Eisenbahnanschluss)
Roggden	Ziegelei Roggden	800	Halbfertige Teile Me 262	
Münchingen	Zelthalle	900	Standardkomponenten, Fahrwerksteile	
Neu-Ulm	Fa. Reichswollverwertung	5000	Lager für Vorrichtungen Me 210, 410, 110	Komplett beim Bombenangriff am 1 März 1945 zerstört
Dornstedt	Reichsautobahn Augsburg-Stuttgart Kilometerstein 132	700	Werkzeuge, Geräte für Einflugbetrieb	In den Räumen der Reichsautobahn
Memmingen	Fa. Schmiergelwerk	2600	Fertige und Halbfertige Standardteile	Eisenbahnanschluss
Grossaitingen	an der Bahnstrecke Augsburg-Schwabmünchen	3000	Rohmaterial, Stäbe, Blechrohre, Stähle für Me 262	
Königsbrunn	5km von Augsburg in Richtung Landsberg	640	Presswerkzeuge, Stempel und Matrizen	Backstein Lagerplatz
Ettringen	Saal in Ettringen	210	Werkzeuglagerraum	
Obladerwall	Spinnerei Obladerwall in Augsburg	9700	Lagerraum für Rohmaterial für Me 410, 262 Staatseigene Ausrüstung für Me 410, 262	50% verlagert nach Grossaitingen und Memmingen
Spinnerei	300m südlich vom Stammwerk Augsburg Werk II	2100 Lager 2250 Ausbildungsstätte	Große Teile, halbfertige Teile	Lehrwerkstatt zerstört am 19. Juli 1944

Werk	Ort	Fläche m²	Produkt	Bemerkung
Martini Haunstetten	Spinnerei Haunstetten 3km südlich vom Stammwerk Augsburg	2400	Standardteile und beschichtete Teile	Zerstört Januar 1945
Bernd Müller	Stadt Augsburg	3200	Halbfertige Teile	1200m² für Lehrwerkstatt benutzt ab 16. Februar 1945
Lohwald	Fa. Industriewerke Lohwald	960	Elektrikteile	Werksinstallationen
		Regensburg		
		Hauptwerk		
Regensburg-Prüfening		55000	Bestandteile zum sofortigen Gebrauch	Hatte ursprünglich eine Produktionsfläche von 55000m², wurde nach dem ersten Angriff vom 17. August 1943 evakuiert
Obertraubling bei Regensburg	Stahlkonstruktion	2500	Rumpf- und Tragflächenmontage Me 109. Späterer Rumpfmontage 262	Produktion seit September 1943; insgesamt 5 Luftangriffe
		Endmontage		
Waldwerk bei Obertraubling	Einfache Holzgebäue mit Heraklithplatten	4400	Endmontage Me 262	Produktion seit Dezember 1944; Keine feindliche Aktivität
Waldwerk bei Neustadt an der Donau	Einfache Holzgebäue mit Heraklithplatten	4400	Endmontage und Einflugbetrieb Me 262	Produktion seit Februar 1945; ein Luftangriff
Cham Waldwerk mit Flugplatz	Einfache Holzgebäue mit Heraklithplatten	5000	Endmontage und Einflugbetrieb Bf 109; Me 262 Programm war nicht mehr realisierbar	Produktion seit Oktober 1944; Keine feindliche Aktivität
		Baugruppenmontage		
Obernzell bei Passau	Ehemaliges gemauertes Fabrikgebäude	3500	Rumpfmontage Me 262; Schlauchventile und Vormontage Me 262	Produktion seit Februar 1944; Keine feindliche Aktivität
Waldwerk bei Hagelstadt	Einfache Gebäude aus Holz und Heraklithplatten	5000	Rumpf- und Tragflächenmontage Bf 109; Später Rumpfmontage Me 262	Produktion seit Januar 1944; Keine feindliche Aktivität
Vilseck mit Fliegerhorst	Drei Holzhangars, zwei Holzbaracken und zwei Hallen aus Ziegelsteinen	8000	Endmontage und Einflugbetrieb Bf 109; Nach dem Ende des Bf 109 Programms im April 1945 war Endmontage Me 262 geplant	Produktion seit März 1944; Keine feindliche Aktivität

Werk	Ort	Fläche m²	Produkt	Bemerkung
		Teilefertigung		
Neustadt an der Weinstraße	Früher Glasstruktur aus Ziegelstein	3000	Pressen und Bearbeitung	Produktionsstätte ab Nov. 43 keine feindlichen Angriffe
Untersteinbach bei Pfreimd	Vorher Apparatebau	750	Montage mit Bearbeitung	Produktion ab März 1943; keine feindliche Aktivität
Olympiatunnel bei Eschenlohe zwischen Murnau und Garmisch	Straßentunnel mit ursprünglich 295x10m, dann 110m verlängert teilweise zweigeschossig mit 9cm dicker Stahlbetondecke	6000	Montage mit und ohne Bearbeitung	Produktion ab Juni 1944; Keine feindliche Aktivität
Sinzig bei Regensburg	Ehemaliges gemauertes Fabrikgebäude	1500	Vorrichtungen	Produktion seit August 1944; Keine feindliche Aktivität
Frontenhausen bei Landshut	Ehemalige landwirtschaftliche Maschinenfabrik	1000	Vorrichtungen, Lehren und Prüfgeräte	Produktion seit September 1944; Keine feindliche Aktivität
Franzensthal	Möbelwerk	1000	262 Ventilverschraubungen	Produktion seit April 1944; Keine feindliche Aktivität

Anhang C – Fertigungs- und Lieferantenübersicht

Zentralplanung Sond. — Fertigungs-u. Lieferantenübersicht 8-262 — Emo u. Einflg 3 Bl. Bl. 1

Baureihe	Zeichnungs-Nr.	Fertiger: Firma	Ort	Tarn-Name	Tel.	FS	Verantw. Leitg.	Wehrkreis bzw. Rüstgs. Insp.	wieviel % für Mitbeschäftigte	Bemerkung
Endmontage		Gerätebau Leipheim	Leipheim/Do.	Spießingen	295	29	Spieß	VII	Konzern	
		Autobedarf	Schwäb.Hall	Mießgeldingen	244	–	Mießgeld	Va	"	
		Kuno AG Werk I	Burgau	Kiesweg I	151	üb.Jettingen 41	H.Lattke	VII	"	
		Kuno AG Werk II	Riedheim b.Lph.	Kiesweg II	Günzburg 291	üb. Lph.29	H.Spieß	VII	"	
		Küffner	Flugplatz Vilseck	Babel	98	–	H.Küffner	XIII	"	
		Sand-u.Kieswerk Kiesling & Co.	Rohrenfeld b.Neuburg	Burghausen	Neuburg 366	–	H.v.Kiesling	VII	"	
		Über Fe.Mtt.GmbH	Regensburg	Steufen	3982	ü.Regbg.	H.v.Kissling	XIII	"	
		Leichtbau Budweis	Budweis/Böhmen	Elbus	1168-70	004/253	H. .Tobolt	Prag		
Einflug		Gerätebau Leiph.	Leipheim/Donau	Spießingen	295	29	H.Spieß	VII	"	
		Autobedarf	Schwäb.Hall	Mießgeldingen	244	–	H.Mießgeld	Va	"	
		Moorkultur	Neuburg/Donau	Schlienz	254	–	Schlienz	VII	"	
		Industriebedarf	Memmingen	Kochel	2395	–	H.Koch	VII	"	
		Ostenweg AG	Augsburg-Ost Reichsautobahn	Rennweg I	37133	über 06714	Schlienz	VII	"	im Bau
		Westenweg AG	Augsburg-West Reichsautobahn	Rennweg II						in Planung
		Kuno AG II	Riedheim b. Leipheim	Kiesweg II	Günzburg 291	üb.Lph. 29	H.Spieß	VII	"	
		Erhard GmbH	Landsberg-Penzing	Südwind	273	–	Erhard	VII	"	FN-Betrieb – Süd
		Nachrüstbetrieb Nord	Brandenburg/Briest Fliegerhorst				H.Dr.Weber	III		FN-Betrieb – Nord Sonderausschuß Nachrüstg.
		Sand-u.Kieswerk Kießling & Co.	Rohrenfeld/Neuburg	Burghausen	Neuburg 366	-	H.v.Kießling	VII	"	
		Leichtbau Budweis	Budweis/Böhmen	Elbus	1168-7.	01001/253	H.Dir.Tobolt	Prag		
		Küffner & Co.	Obertraubling	Werk F	Rgb.4255	üb.Rgb.	H.Küffner	XIII	Konzern	
		Fz.Werk	Eger/Sudetengau	Emil,Egstein	730	6156	H.Dir.Sander	IV b		

Quelle: NARA/Sammlung Rentschler

Anhang D – Verlagerungsplan Stand Juli 1944

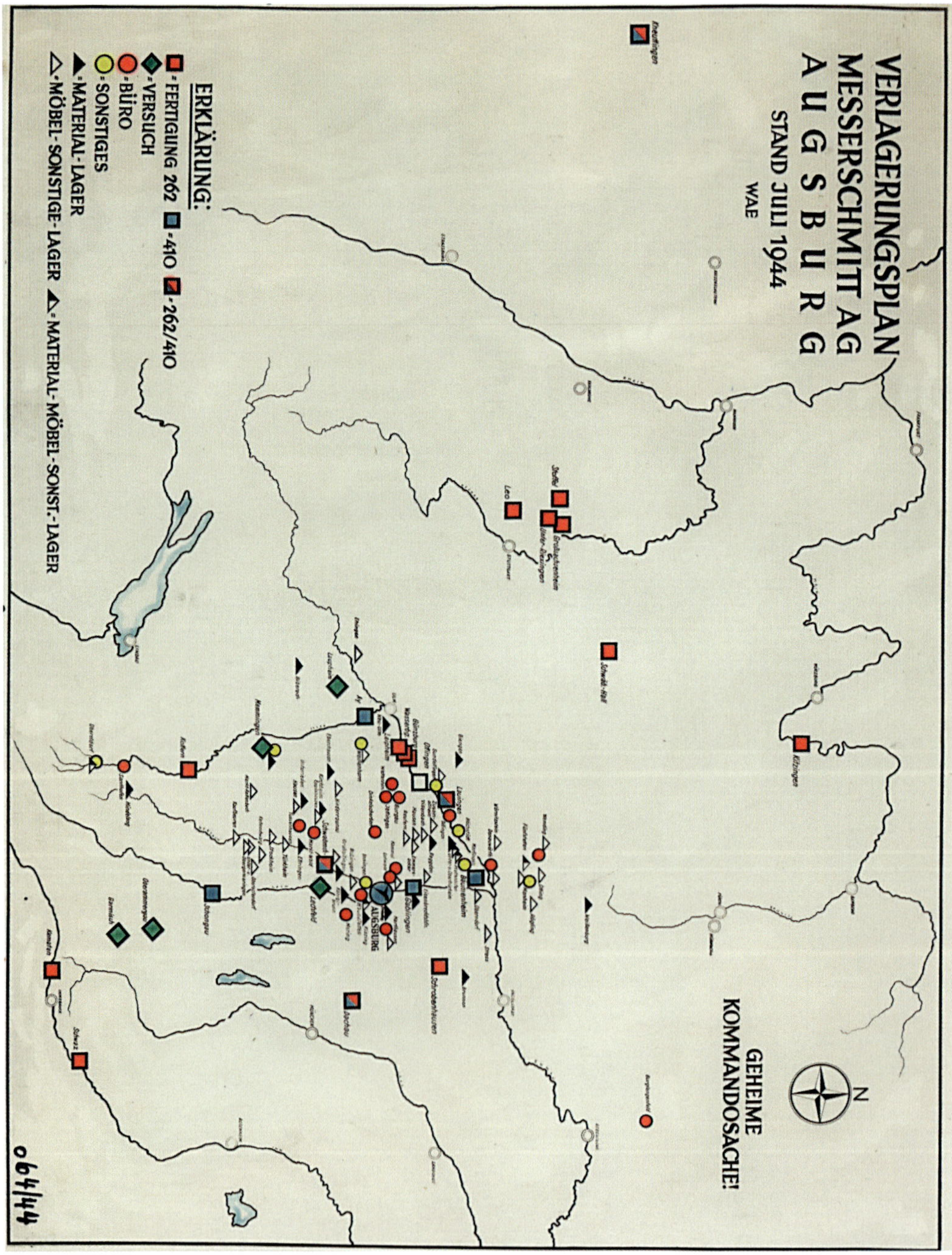

BArch-MA RW/19/3141

Anhang E – Endmontage 8-609

Endmontage - 8-609

Ausbringung: pro Schicht = 3 Fz.

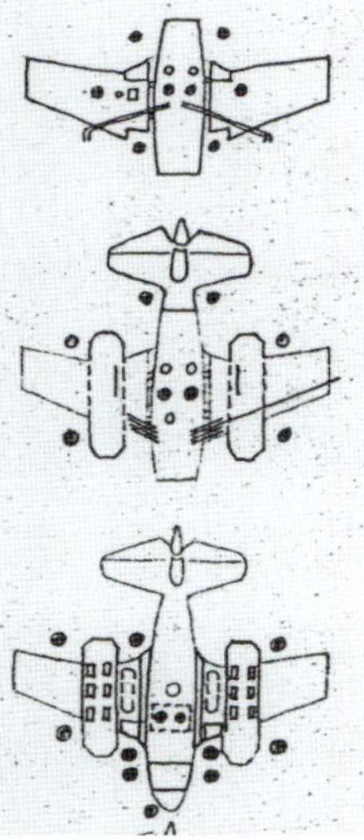

Takt	Arbeitsgang	Stund.-anfall	Errechneter A.K.-Bedarf FA.	A.A.	Fr.	Ges.	Tatsächlicher Eins. Deutsch FA.	A.A.	Fr.	Ges.	Ausländ. Ung.	Hesl.
Takt-1	a) Rumpf und Tragwerk Zus-Bau mit Kraftstoffleitung anschließen, innere Vorflügel und Landeklappen abschrauben, Deckel abschrauben.	18	2	4		6						
	b) Elt.Anlage in Fläche rechts und Moranemast-Einbau.	3		1		1						
	c) Elt.Anlage in der Fläche links und Abreißdosen-Einbau.	3		1		1						
		24	2	6		8						
Takt-2	a) Leitwerksanbau nivellieren und Rüstmarken feilen.	6	1	1		2						
	b) Triebwerk links u.rechts einhängen, Triebwerksgestänge und Leitungen.	12	2	2		4						
	c) Hydraulik und Meßleitungen, Kabinenheizung, Bremsleitung, Staudruckleitung anschließen und prüfen.	6		2		2						
		24	3	5		8						
Takt-3	a) Rumpfspitzenanbau ohne Haube.	9	1	2		3						
	b) Triebwerksverkleidg.Böckchen setzen. Wanne u. hintere Haube anbringen.	12	2	2		4						
	c) Flügelübergang am Rumpf, Vorflügel wieder anschrauben.	9	2	1		3						
	d) Deckel für Zusatzkraftstoffanlage	6		2		2						
	e) Flatterbremse, Federbein, Reifendruck und Bremsleitung prüfen.	9		3		3						
		45	5	10		15						

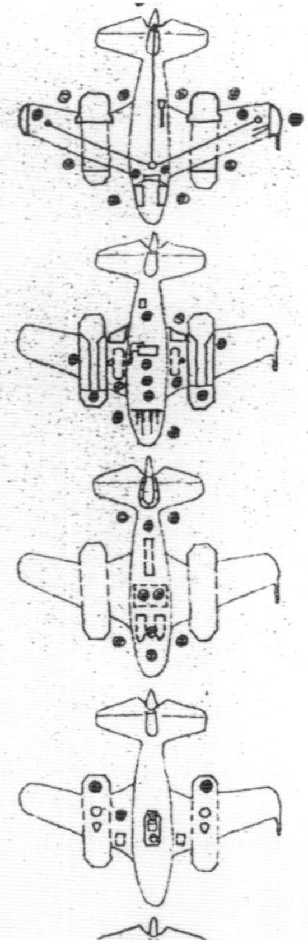

Takt	Arbeitsgang					
Takt-4	a) Haube für Rumpfspitze.	6	1	1		2
	b) Triebwerksverkleidung, vord. und hint. Flügelübergang anpassen, Haube aufnieten.	18	3	3		6
	c) Steuerung anschließen und einstellen.	9	1	2		3
	d) Leitung an V2o einklemmen, V35, C11, V3o anschließen, Randkappen anschließen und befestigen. Peilrahmen u. Drahtantenne anbringen. Leitungen für Kurssteuerung.	6		2		2
		39	5	8		13
Takt-5	a) Triebwerksverkleidung, Klappen und vordere Haube anbringen.	15	2	3		5
	b) Fahrwerk und Landeklappen Funktion.	12	2	2		4
	c) Waffen Funktion.	6		2		2
	d) AAG.-25, U17, Mutterkompaß, Sammler-Einbau montieren. Bordnetz Funktion.	6	1	1		2
		39	5	8		13
Takt-6	a) Deckel mit Zusatzkraftstoffbehälter einbauen.	6		2		2
	b) Abwurfwaffe und Schubgerät anpassen und Funktion durchführen.	15	2	3		5
	c) Leitwerksverkleidung.	6	1	1		2
		27	3	6		9
Takt-7	a) Sitz einbauen, Kabine aufsetzen und Notbetätigung durchführen, sämtliche Deckel aufschrauben. Maschine reinigen und abschmieren.	15	1	4		5
		15	1	4		5

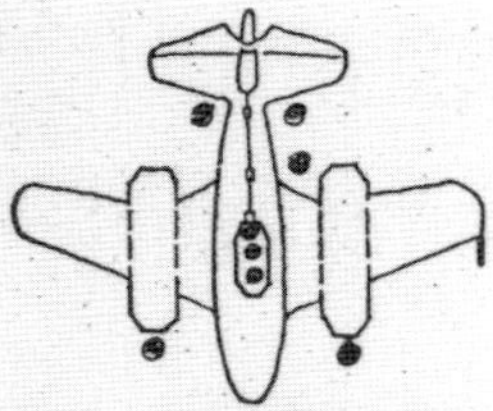 Takt - 8	a) Endabnahme und Beanstandungen beheben. (mech.)	15	3	2		5
	b) Elt. Beanstandungen beheben.	3		1		1
	c) FT.-Funktion.	6	1	1		2
		24	4	4		8
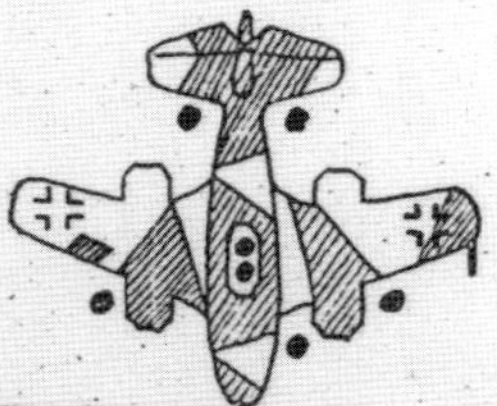 Takt - 9	a) Innen überholen und Trennanschluß nachstreichen.	3		1		1
	b) Innen kompl. beschriften.	3		1		1
	c) Nachspachteln und nachschleifen	3		1		1
	d) Reinigen, abdecken und Tarnschem. aufspritzen.	6		2		2
	e) Beschriftung aufschablonieren. Gesamte Maschine mit Stahlwolle abreiben.	6	1	1		2
		21	1	6		7
Betriebsbüro - Hauptverwaltung, den 7.3.45 Bch.	Erklärung: a = rot, b = blau, c = grün, d = violett, e = schwarz, f = gelb. Insgesamt:	258	29	57		86

Quelle: NARA/Sammlung Koziol

Anhang F – Produktionszahlen

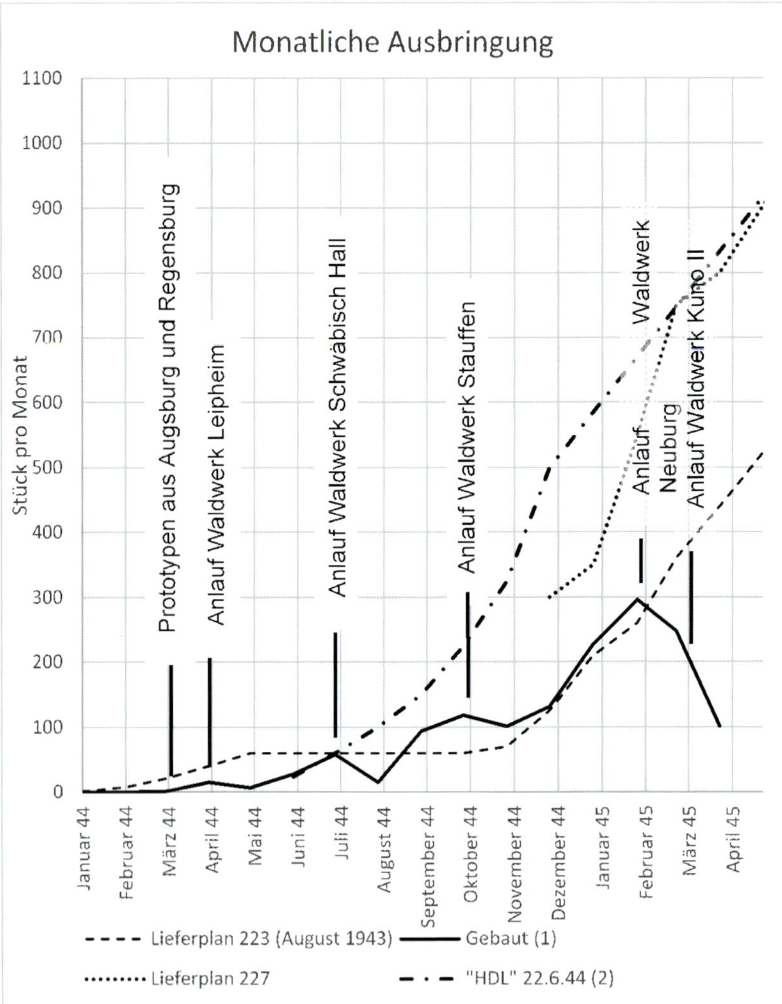

(1) Jurleit S. 199; USSBS, Messerschmitt, Exhibit G; Survey of Messerschmitt and Functions Oberammergau, S. 539
(2) wie (1), außerdem Schabel, S. 235: Barch-MA RL 3/1103; StaM, 779 SpkA K1165 S. 13f.

Leipheim			bekannter Einflug		
von	bis	Stück	Erster	letzter	Bemerkung
130001	130005	5	17.10.1943	25.02.1944	Prototypen V6 bis V10 gebaut in Augsburg
130006	130010		16.02.1944		
130011	130027	17	24.04.1944	10.06.1944	Vorserie S6 bis S22, teilw. schon im Waldwerk montiert
130163	130165	3	22.06.1944	-	-
130186	130190	5	Jul 44	-	-
170001	170015	15	01.07.1944	12.07.1944	12.7. und 19.7.44 viele zerstört beim Bombenangriff auf Leipheim
170054	170073	20	01.07.1944	31.07.1944	12.7. und 19.7.44 viele zerstört beim Bombenangriff auf Leipheim
170094	170118	25	16.07.1944	09.09.1944	-
170288	170312	25	17.09.1944	-	-
110386	110410	25	23.09.1944	27.09.1944	408 - 410 nach Wenzendorf
110471	110495	25	04.10.1944	12.10.1944	-
110521	110545	25	13.10.1944	20.10.1944	-
110571	110595	25	21.10.1944	26.10.1944	-
110621	110645	25	03.11.1944	18.11.1944	Terminplan Nr. 3 Endmontage Leipheim
110719	110743	25	09.11.1944	15.11.1944	-
110769	110843	75	14.11.1944	25.12.1944	18.11.44 viele Maschinen bei Bombenangriff zerstört
110961	111011	51	04.02.1945	13.03.1945	Zahlreiche Maschinen nach Briest
111538	111636	99	07.01.1945	09.02.1945	Zahlreiche Maschinen nach Briest und Egor
111887	112000	114	03.02.1945	04.03.1945	-
112311	112414	104	13.03.1945	01.04.1945	-
113046	113062	17	31.03.1945	09.04.1945	-
113063	113386	324	04.04.1956	15.04.1945	Mögl. Teilweise in Riem und Erding endmontiert
113387	113394	8	-	-	-
113695	113728	34	26.04.1945	-	-

Gesamt: ca. 700

Kuno AG Werk I			bekannter Einflug		
von	bis	Stück	Erster	letzter	Bemerkung
110744	110768	25	01.02.1945	März 45	Zahlreiche Maschinen nach Briest
111737	111811	75	22.02.1945	04.04.1945	-

Gesamt: 100

Schwäbisch Hall			bekannter Einflug	
von	bis	Stück	Erster	letzter
130166	130185	20	22.05.1944	03.07.1944
170016	170017	2	05.07.1944	
170036	170053	18	08.07.1944	27.07.1944
170074	170093	20	16.07.1944	05.09.1944
170119	170124	6	01.09.1944	-
170269	170287	19	13.09.1944	28.11.1944
110361	110385	25	23.09.1944	30.09.1944
110411	110430	20	12.10.1944	25.10.1944
110466	110470	5	26.10.1944	16.12.1944
110496	110520	25	25.10.1944	19.11.1944
110546	110570	25	20.11.1944	12.12.1944
110596	110620	25	02.12.1944	14.01.1945
110646	110669	24	25.12.1944	13.01.1944
110718	-	1	26.12.1944	-
110911	110960	50	03.01.1945	31.01.1945
111637	111736	100	13.02.1945	07.04.1945
111812	111886	75	24.02.1945	07.03.1945
113395	113694	300	-	-

Gesamt: ca. 460

Regensburg-Obertraubling			bekannter Einflug		Baulos-Aufteilung Me 609 lt. Programm 226 v. 15.7.44
von	bis	Stück	Erster	letzter	Bemerkung
500001	500005	5	23.10.1944	03.12.1944	0-Serie
500006	500104		24.10.1944		
500199	500280	82	30.01.1945	23.02.1945	-
500281	500402	122	28.02.1945	01.03.1945	nicht in Baulos-Aufteilung provisioniert; teilweise U3 Eger
500422	500435	14	03.03.1945	14.03.1945	-
500436	500561	126	14.03.1945	23.04.1945	-
500722	500795	74	15.03.1945	01.04.1945	Möglw. Neuburg
500796	500889	94	-	-	-
500908	501046	139	01.03.1945	-	-
501192	501258	67	03.02.1945	31.03.1945	Budweis

Gesamt: ca. 370

Kahla (REIMAHG			bekannter Einflug	
von	bis	Stück	Erster	letzter
100001	100024	24	29.03.1945	04.04.1945
110150	110154	5	30.03.1945	

Gesamt: ca. 29

Gesamtproduktion: ca. 1433

Quellen: Jurleit, O'Connell, USSBS Report No.11 (Messerschmitt)

Offizielle Produktionszahlen der Messerschmitt AG, Stand 10.4.1945[393]

	Zugang aus Industrie		bis 31.12.44	bis 10.4.44
Neufertigung		Insgesamt	1322	1369
	davon	an Nachrüstung	257	265
		an Umbau	116	116
		zerstört und beschädigt	212	218
von der Luftwaffe übernommen		neu	737	770
		aus Instandsetzung	52	52
		Nachrüstung	134	154
	zusätzlich	Nahaufkl.	33	33
		Nachtjagd	3	4
		Doppelsteuer	26	26
		Summe der Abnahme	985	1039

Flugzeuge bei der Truppe bis 10.4.44		Gesamt	Verluste		Instandsetzung	Bestand
			Feind	sonstige		
Lw. Kdo. West	KG 51	342	88	146	21	20
	KG(J) 54	153	52	81	21	35
	KG(J) 6	13	-	7	-	6
I. Jagd-Korps	JG 7	372	71	187	25	107
	JV 44	13	11	1	1	0
Nacht-jagderpr.	NJG 11	19	5	5	-	9
Aufklärer	NAGr 1 und 6	43	-	-	-	?
Sonstige		41	-	23		15
KdE		25	1	8	-	17
Industrie und Forschung		18	-	-	-	18
Luftwaffe gesamt		1039	228	458	68	227

393 Überblick über die Me 262 Lieferung, BArch-MA RL2 III/624

Anhang G – Abkürzungsverzeichnis

AFHRA:	United States Air Force Research Agency
BArch:	Bundesarchiv
BArch-FA:	Bundesarchiv Filmarchiv
BArch-MA:	Bundesarchiv Militärarchiv, Freiburg
HES:	Historic Environment Scotland (siehe NCAP)
IWM:	Imperial War Museum
NARA:	National Archives and Records Administration
NCAP:	National Collection of Aerial Photography
NSKK:	Nationalsozialistisches Kraftfahrkorps
RLM:	Reichsluftfahrtministerium
SS-WVHA:	SS-Wirtschafts- und Verwaltungshauptamt
StAL:	Staatsarchiv Ludwigsburg
USSBS:	United States Strategic Bombing Survey

Anhang H – Archive

United States Air Force Historical Research Agency, Maxwell AL (AFHRA)
National Archives and Records Administration, Washington DC (NARA)
Imperial War Museum, London (IWM)
Bundesarchiv, Koblenz (BArch)
Bundesarchiv-Militärarchiv, Freiburg (BArch-MA)
Airbus Corporate Heritage, Ottobrunn
Stadtarchiv Leonberg
Stadtarchiv Vaihingen/Enz
Archiv der KZ-Gedenkstätte Vaihingen/Enz
Archiv der KZ-Gedenkstätte Leonberg
Gemeindearchiv Sachsenheim
Gemeindearchiv Sersheim
Landesarchiv Baden-Württemberg, Stuttgart (LABW)
Staatsarchiv Lufwigsburg (StAL)

Anhang I – Literaturverzeichnis

Anhang I – Literaturverzeichnis

United States Strategic Bombing Survey (USSBS) Reports

USSBS, Aircraft Division, Air Frames Plant Report No.11, Messerschmitt AG Augsburg, bestehend aus Over-All-Report, Part A, Part B, Appendix I bis III (NARA)
USSBS, Aircraft Division, Air Frame Plants Report No. 1, Junkers Aircraft and and Aero Engine Works, Dessau, Germany (NARA)
USSBS, Aircraft Division, Report No. 6, Aircraft Division Industry Report (NARA)
USSBS, Munitions Division, Motor Vehicle and Tanks, Plant Report No. 3, Adam Opel Russelsheim, Germany

Combined Intelligence Objectives Subcommittee, CIOS Reports

CIOS Report XXVI-44, 25 - Messerschmitt Bombproof Assembly Plant, Landsberg (IWM)
CIOS Report XXXII-17 - Underground Factories in Central Germany (IWM)
CIOS Report XXXII-38 - Underground Factories in Germany (NARA)
CIOS Report No. XXVII-25, German Airframe and Tooling Methods, Messerschmitt Works (IWM)

Schriftenreihen

Augsburger Allgemeine Exclusiv, Wunderwaffe aus dem Wald, Das Geheimprojekt KUNO im Scheppacher Forst, Presse-Druck- und Verlags-GmbH
Mahnkopf, Gisela und Ried, Claudia; Blechschmiede Horgau – KZ Außenla-ger und Waldfabrik für die NS-Rüstungsproduktion; Sonderband zum 32. Jahresbericht des Heimatvereins für den Landkreis **Augsburg** e.V., Augsburg 2010; ISBN 978-3-925549-26-7
Beiträge zur Geschichte des Landkreises **Cham**, 23. Band – 2006; herausgegeben vom Arbeitskreis Heimatforschung im Kulturverein Bayerischer Wald e.V.
De Burgadler, Jahreshefte des Vereins zur Erforschung und Erhaltung der **Eschenloher** Heimatgeschichte e.V.

- Jahresheft 2007, Herbert Thiess, Die unterirdische Flugzeugfabrik in Eschenlohe
- Jahresheft 2010, Franziska Lobenhofer-Hirschbold, Unterirdische Flugzeugproduktion in Eschenlohe
- Jahresheft 2013, Steffen Wündisch, Der Rüstungsbetrieb im Olympiatunnel

Heigl, Richard; Die Messerschmitt AG in Oberammergau (1943-1945) - Auslagerung, Projekte, Fremdarbeitereinsatz. In: Mohr-Löwe-Raute-Beiträge zur Geschichte des Landkreises **Garmisch-Partenkirchen** - Band 3. Verein für Geschichte, Kunst- und Kulturgeschichte im Landkreis Garmisch-Partenkirchen e.V., Garmisch-Partenkirchen, 1995. S. 233-263
Die Mörin, Schriftenreihe des Vereins für Heimatgeschichte **Großsachsenheim**, im Eigenverlag

- Heft 8/1996, Fritz Krohmer, der Fliegerhorst Großsachsenheim
- Heft 74, März 2013, Herbert Ade-Thurow, Zur Geschichte des Militärstandortes **Großsachsenheim** 19391994, Teil 1 Der Wehrmachtsflughafen 1939-1945

Neuburger Kollektaneenblatt, Jahrbücher des Historischen Vereins **Neuburg an der Donau**

- Jahrbuch 143/1995, Albrecht Weißmann, Die Zerstörung des Fliegerhorstes Neuburg/Zell
- Jahrbuch 1944/1996, Albrecht Weißmann, Ein Flugplatz entsteht

Utschneider, Ludwig; Oberammergau im Dritten Reich 1933-1945; **Oberammergau**, 2012; Der Ammergau, Schriftenreihe des Historischen Vereins Oberammergau 1999 e.V., Band 6
Das KZ vor der Haustüre, Beiheft 4 zur Schriftenreihe der Stadt **Vaihingen an der Enz**, Selbstverlag der Stadt Vaihingen an der Enz
Verein zur Erforschung der sozialen Bewegungen im **Wuppertal** e.V., Vergessene Orte; Eine Trassentour auf den Spuren der NS-Zeit in Wuppertal; Juni 2016; ISBN 978-3-943643-04-6

Burggeln, Marc; Das System der KZ-Außenlager. Krieg, Sklavenarbeit und Massengewalt; Reihe Gesprächskreis Geschichte, Heft 95; Friedrich-Ebert-Stiftung, Archiv der sozialen Demokratie

Zeitschriften

Weltluftfahrt; Luftverkehr, Luftsport, Lufttechnik, Raumfahrt; Verlag der Weltluftfahrt, Coburg; monatlich erschienene Zeitschrift; Serie über die Me 262 in Ausgabe Band VII/Heft 11, Heft 12 1955, Heft 1, 2 und 3 1956, zusammengestellt von Wolfgang Späte

Bücher

Baur, Joachim und Wörner, Birgit; Leonberg, Band 8 der Beiträge zu Stadtgeschichte Leonberg, Stadtarchiv Leonberg 2001, ISBN 3-933636-06-x

Benz, Wolfgang; Distel, Barbara; Der Ort des Terrors; Band 2., Frühe Lager, Dachau, Emslandlager; C.H. Beck, München 2014; ISBN 978-3-406-67167-8

Benz, Wolfgang; Distel, Barbara; Der Ort des Terrors; Band 4., Flossenbürg, Mauthausen, Ravensbrück; C.H. Beck, München 2006; ISBN 3-406-52964-X

Boehme, Ralf; Chronik Jagdgeschwader 7, Motorpresse Stuttgart, ISBN 978-3-613-03090-9

Boelcke, Willi A.; Deutschlands Rüstung im Zweiten Weltkrieg: Hitlers Konferenzen mit Albert Speer 1942 – 1945; Frankfurt a.M.: Akademische Verlages. Athenaion

Boog, Horst; Die deutsche Luftwaffenführung 1935 – 1945 – Führungsprobleme, Spitzengliederung, Generalstabsbildung; Deutsche Verlagsanstalt, Stuttgart 1982; ISBN 3-421-01905-3

Bölkow, Ludwig; Der Zukunft verpflichtet – Erinnerungen; Herbig, 1994; ISBN 3-7766-2145-1

Brown, David E.; Poruba, Tomaš; Vladar, Jan; Messerschmitt over Chech Territory – 1945; Messerschmitt Me 262 Production & Arado Ar 234 Final Operations; JaPo 2012, www.japo.eu

Budraß, Lutz; Flugzeugindustrie und Luftrüstung in Deutschland 1918 – 1945; Droste, Düsseldorf, 1997, ISBN 978-3-7700-1604-4

Das Daimler-Benz-Buch; Ein Rüstungskonzern im »Tausendjährigen Reich«; Hamburger Stiftung für Sozialgeschichte des 20. Jahrhunderts; ISBN 3-89190-950-0

Dierich, Wolfgang: Chronik Kampfgeschwader 51 »Edelweiß«, Motorbuch-Verlag, Spezialausgabe 2011 (Erstauflage 1973), ISBN 978-3-613-03338-2

Heinrich Dörner, Drei Welten ein Leben. Prof. Dr. Ulrich Hüttner, Hochschullehrer, Konstrukteur, Künstler; Verlag H. Dörner, Heilbronn, 1995; ISBN 978-3-00-000067-6

Ebert, Hans J.; Kaiser, Johann B.; Peters, Klaus; Willy Messerschmitt - Pionier der Luftfahrt und des Leichtbaues: eine Biographie; Bernard & Graefe in der Mönch Verl.-Ges., Bonn, 2008 (Erstausgabe 1992); ISBN 978-3-7637-6129-6

Eichholtz, Dietrich; Geschichte der deutschen Kriegswirtschaft, 1939 – 1945, Band III 1943 – 1945; Akademie-Verlag, 1996; ISBN 3-05-002751-7

Fink, Reinholf; Advokat und Zuckerbäcker; Handel, Gewerbe und Industrie im Böhmerwald 1930 bis 1940; Books on Demand, 2005; ISBN 3-8334-2552-0

Galland, Adolf; Die Ersten und die Letzten, Flechsig Verlag 2005, ISBN 978-88189-588-0

Gersdorff, Kyrill von; Schubert, Helmut; Ebert, Stefan; Flugmotoren und Strahltriebwerke, 4. Auflage, Bernard & Gräfe, Bonn 2007 ISBN 3-7637-6128-4

Gleichmann, Markus; Bock, Karl-Heinz; Düsenjäger über dem Walpersberg; Heinrich-Jung-Verlagsgesellschaft mbH Zella-Mehlis / Meiningen, ISBN 978-3-930588-82-4

Gümmer, Frederic; Die Rolle Der Untertageverlagerung in Der Deutschen Rüstungsproduktion 1943 – 1945; GRIN Verlag, 2008, ISBN 978-3-638-92393-4

Hess, Hans-Burkhard; Unterriexingen. Ein historisches Kaleidoskop; Eigenverlag der Stadt Markgröningen 1993, ISBN 3-929948-00-1

Heusler, Andreas; Spoerer, Mark; Trischler, Helmuth; Rüstung, Kriegswirtschaft und Zwangsarbeit im »Dritten Reich«; Oldenbourg Verlag, 2010, ISBN 3486588583

Hörner; Peter; Remp, Roland; Gigantische Zeiten? Die Geschichte des Fliegerhorstes Leipheim, Teil 1: 1935 – 1960; Eigenverlag 2006; ISDN 3-00-017963-1

Irving, David; Die Tragödie der deutschen Luftwaffe – aus den Akten und Erinnerungen von Feldmarschall Erhard Milch; Verlag Ullstein GmbH, Frankfurt/M – Berlin 1990 ISBN 3-548-33134-3; Originalausgabe von 1970

Korsten, Holger; Röhm, Eberhard; KZ-Dokumentationsstätte im alten Engelbergtunnel, Eine Ausstellung; Eberl Print, Immenstadt, 2015; ISBN 978-3-00-032802-2

Kosin, Rüdiger; Die Entwicklung der deutschen Jagdflugzeuge; Bernard & Graefe Verlag, Koblenz 1983; ISBN 3-7637-5275-7

Koziol, Michael Sylvester; Rüstung Krieg und Sklaverei, Der Fliegerhorst Schwäbisch Hall-Hessental und das Konzentrationslager, Jan Thorbeke Verlag 1989, ISBN 9783-7995-7626-0

Jurleit, Manfred; Strahljäger Me 262, Die Technikgeschichte; ISBN-10: 3344707604

Moll, Martin; Führer-Erlasse 1939–1945, Edition sämtlicher überlieferter, nicht im Reichsgesetzblatt abgedruckter, von Hitler während des Zweiten Weltkrieges schriftlich erteilter Direktiven aus den Bereichen Staat, Partei, Wirtschaft, Besatzungspolitik und Militärverwaltung, Stuttgart 1997

Müller, Peter: Das Bunkergelände im Mühldorfer Hart: Rüstungswahn und menschliches Leid. 4. Auflage. Heimatbund; Mühldorf a. Inn: Kreismuseum, Mühldorf a. Inn 2006, ISBN 3-930033-17-8

O'Connell, Dan; Messerschmitt Me 262 The Production Log 1941 – 1945; Cehvron Publishing Limited, 2005; ISBN 1-903223-59-8

Pabst, Martin; Willy Messerschmitt: zwölf Jahre Flugzeugbau im Führerstaat; Aviatic-Verl. Oberhaching, 2007; ISBN 978-3-925505-87-4

Peter, Roland: Rüstungspolitik in Baden, Kriegswirtschaft und Arbeitseinsatz, R. Oldenbourg Verlag München, 1995; ISBN 3-486-56057-3

Radinger, Willy; Schick, Walter; Me 262 – Entwicklung, Erprobung und Fertigung des ersten einsatzfähigen Düsenjägers der Welt; AVIATIC Verlag, 1992; ISBN 3925505-21-0

Raim, Edith; Die Dachauer KZ-Außenkommandos Kaufering und Mühldorf – Rüstungsbauten und Zwangsarbeit im Letzten Kriegsjahr 1944 – 1945. Dissertation, Landsberg 1992

Römer, Gernot; Für die Vergessenen; KZ-Außenlager in Schwaben – Schwaben in Konzentrationslagern; Presse-Druck und Verlags-GmbH, Augsburg 1984

Schabel, Ralf; Die Illusion der Wunderwaffen, Schriftenreihe des Militärhistorischen Forschungsamtes, De Gruyter Oldenbourg Verlag 1994, ISBN 978-3-486-55965-1

Schenk, Manfred; Zwangsarbeit und Massensterben – Politische Gefangene, Fremdarbeiter und KZ-Häftlinge in Vaihingen an der Enz 1933 bis 1945; Metropol Verlag 2014, ISBN 978-3-86331-200-8

Schelvis, Jules; Eine Reise durch die Finsternis. Ein Bericht über zwei Jahre in deutschen Vernichtungs- und Konzentrationslager, Münster 2005

Smith, Richard J.; Creek, Eddie J.; Me 262, Konzepte und Endwicklung; Heel-Verlag, 1999; ISBN 3-89365-784-3

Smith, Richard J.; Creek, Eddie J.; Me 262, Erprobung und Einsatz; Heel-Verlag, 2001; ISBN 3-89880-016-4

Speer, Albert; Erinnerungen, Ullstein Taschenbuchverlag, Berlin 2005, ISBN 3-548-36732-1

Staden, Wendelgard von; Nacht über dem Tal: eine Jugend in Deutschland, deutscher Taschenbuchverlag München, ISBN 978-3-423-25114-3

Steinhoff, Johannes; In letzter Stunde – Verschwörung der Jagdflieger, Flechsig Verlag 2005, ISBN 3-88189-592-2

Vann, Frank; Willy Messerschmitt, First Full Biography of an Aeronautical Genius; Patrick Stephens Limited (Part of the Haynes Publishing Group PLC), 1993; ISBN 1-85260-439-5

Wagner, Jens-Christian; Produktion des Todes: das KZ Mittelbau-Dora; Wallstein Verlag, 2001, ISBN 3892444390

Wagner, Wolfgang; Die ersten Strahlflugzeuge der Welt; Bernard & Graefe Verlag, Koblenz 1989; ISBN 3-7637-5297-8

Ziegler, Mano; Turbinenjäger Me 262 – die Geschichte des ersten einsatzfähigen Düsenjägers der Welt; Motor Buch Verlag, Stuttgart 1990; ISBN 3-87943-542-1

Filme

Spiegel-TV Reportage »Das unterirdische Reich – die geheimen Welten der Nazis« 10.1.2004 auf VOX
NS-Propagandafilm »Waffen, Hände, Herzen« von 1944 (Bundesarchiv-Filmarchiv 20071 / Transitfilm GmbH)

(NARA)

Spielwarenmesse 2020 | Neues Museum in Toulouse | Abgestürzt im Niemandsland
Klassiker der Luftfahrt
Das Magazin für Luftfahrtgeschichte 03|2020
Short Sunderland
Das Flugboot durchleuchtet
D-EHAF
Messerschmitt Bf 108 Taifun
Im Auge des Sturms
Bachem Natter
Der Flop mit dem Raketenjäger
Heinkel HD 33
Geheimbomber
Midway
So plante Japan
Bisnowat SK-1
Jäger im Renn-Outfit
Markierungen
Luftwaffe im Detail
Schlachtflieger
Von Henschel bis Junkers
Deutschland 6,50 €, Österreich € 7,20 • Schweiz sfr 11,00 Belgien € 7,40 • Luxemburg € 7,40 Niederlande € 7,40